大宗工业固体废弃物制备绿色建材技术研究丛书（第一辑）

建筑废弃物及污染物处置与综合利用

主　　编　王爱勤
副 主 编　李春萍　王奕仁

中国建材工业出版社

图书在版编目（CIP）数据

建筑废弃物及污染物处置与综合利用／王爱勤主编
. -- 北京：中国建材工业出版社，2021. 1
（大宗工业固体废弃物制备绿色建材技术研究丛书）
ISBN 978-7-5160-2967-1

Ⅰ. ①建… Ⅱ. ①王… Ⅲ. ①建筑工业—废物综合利用 Ⅳ. ①X799. 1

中国版本图书馆 CIP 数据核字（2020）第 112623 号

建筑废弃物及污染物处置与综合利用
Jianzhu Feiqiwu ji Wuranwu Chuzhi yu Zonghe Liyong
主　编　王爱勤
副主编　李春萍　王奕仁

出版发行：中国建材工业出版社
地　　址：北京市海淀区三里河路 1 号
邮　　编：100044
经　　销：全国各地新华书店
印　　刷：北京天恒嘉业印刷有限公司
开　　本：787mm × 1092mm　1/16
印　　张：18. 25
字　　数：310 千字
版　　次：2021 年 1 月第 1 版
印　　次：2021 年 1 月第 1 次
定　　价：198. 00 元

本社网址：www. jccbs. com，微信公众号：zgjcgycbs
请选用正版图书，采购、销售盗版图书属违法行为

《大宗工业固体废弃物制备绿色建材技术研究丛书》（第一辑）编委会

本书编委会

序 一

FOREWORD 1

大宗工业固体废弃物产生量远大于生活垃圾，是我国固体废弃物管理的重要对象。随着我国经济高速发展，社会生活水平不断提高以及工业化进程逐渐加快，大宗工业固体废弃物呈现了迅速增加的趋势。工业固体废弃物的污染具有隐蔽性、滞后性和持续性，给环境和人类健康带来巨大危害。对工业固体废弃物的妥善处置和再生利用已成为我国经济社会发展不可回避的重要环境问题之一。当然，随着科技的进步，我国大宗工业固体废弃物的综合利用量不断增加，综合利用和循环再生已成为工业固体废弃物的大势所趋，但近年来其综合利用率提升较慢，大宗工业固体废弃物仍有较大的综合利用潜力。

我国“十三五”规划纲要明确提出，牢固树立和贯彻落实创新、协调、绿色、开放、共享的新发展理念，坚持节约资源和保护环境的基本国策，推进资源节约集约利用，做好工业固体废弃物等大宗废弃物资源化利用。中国建材工业出版社携同中国硅酸盐学会固废与生态材料分会组织相关领域权威专家学者撰写《大宗工业固体废弃物制备绿色建材技术研究丛书》，阐述如何利用煤矸石、粉煤灰、冶金渣、尾矿、建筑废弃物等大宗固体废弃物来制备建筑材料的技术创新成果，适逢其时，很有价值。

本套丛书反映了建筑材料行业引领性研究的技术成果，符合国家绿色发展战略。祝贺丛书第一辑获得国家出版基金的资助，也很荣幸为丛书作序。希望这套丛书的出版，为我国大宗工业固废的利用起到积极的推动作用，造福国家与人民。

中国工程院　院士

东南大学　教授

序 二

FOREWORD 2

习近平总书记多次强调，绿水青山就是金山银山。随着生态文明建设的深入推进和环保要求的不断提升，化废弃物为资源，变负担为财富，逐渐成为我国生态文明建设的迫切需求，绿色发展观念不断深入人心。

建材工业是我国国民经济发展的支柱型基础产业之一，也是发展循环经济、开展资源综合利用的重点行业，对社会、经济和环境协调发展具有极其重要的作用。工业和信息化部发布的《建材工业发展规划（2016—2020年）》提出，要坚持绿色发展，加强节能减排和资源综合利用，大力发展循环经济、低碳经济，全面推进清洁生产，开发推广绿色建材，促进建材工业向绿色功能产业转变。

大宗工业固体废弃物产生量大，污染环境，影响生态发展，但也有良好的资源化再利用前景。中国建材工业出版社利用其专业优势，与中国硅酸盐学会固废与生态材料分会携手合作，在业内组织权威专家学者，撰写了《大宗工业固体废弃物制备绿色建材技术研究丛书》。丛书第一辑阐述如何利用粉煤灰、煤矸石、尾矿、冶金渣及建筑废弃物等大宗工业固体废弃物制备路基材料、胶凝材料、砂石、墙体及保温材料等建材，变废为宝，节能低碳；第二辑将阐述利用工业副产石膏、冶炼渣、赤泥等工业固体废弃物制备建材的相关技术。丛书第一辑得到了国家出版基金资助，在此表示祝贺。

这套丛书的出版，对于推动我国建材工业的绿色发展、促进循环经济运行、快速构建可持续的生产方式具有重大意义，将在构建美丽中国的进程中发挥重要作用。

中国工程院　院士
武汉理工大学　教授

序　三

FOREWORD 3

党的十九大报告明确指出："建设生态文明是中华民族永续发展的千年大计。"面对资源约束趋紧、环境污染严重、生态系统退化的严峻形势，必须把生态文明建设放在突出地位。建筑业作为耗能大户，对生态文明建设的影响至关重要。

自改革开放以来，我国进入一个大规模的建设时期。平房和一些低矮的小楼变成了高楼大厦，城镇变成了城市，小城市变成了现代化的大都市。城市规模不断扩大，高层建筑拔地而起，城市面貌日新月异。这些翻天覆地的变化是有目共睹的。

与此同时，由于诸多旧建筑物的拆除，产生了日益增多的建筑垃圾。本书作者在前期大量研究的基础上，对建筑垃圾的分类、处置以及资源化的利用，进行了归纳和总结。此外，旧的落后的生产方式，使得一些工业周边的土壤污染严重，本书对污染土的处置也进行了全面的总结和深入的研究。城市规模扩大了，城市人口的剧增导致废水量剧增，在这些废水的处理过程中，又产生了大量的污泥。这些废弃物和污染物已经对人类的生活环境构成了严重的威胁。

上述三个方面，是我们在城市建设过程中亟待处理的普遍问题。目前，我国仍然处于大规模建设时期，各种废弃物和污染物的数量还在不断地增加，如不能及时、妥善地处理，我们的城市将不堪重负，我们的国家将不堪重负，我们的地球将不堪重负！另一方面，大规模的建设需要大量的材料，这些材料的生产需要消耗大量的资源和能源。我国虽然幅员辽阔，但资源并不丰富。因此，必须科学地利用资源，寻找可替代的资源，充分地利用可再生资源。《建筑废弃物及污染物的处置与综合利用》一书就是在这种情况下应运而生的。

无论是从环境保护角度来说，还是从合理利用资源角度来说，建筑废弃物及污染物的处置与综合利用都有着非常重要的意义。建筑废弃物及污染物的处理与综合利用既可以保护人类的生存环境，又可以使废弃的资源得到循环再利用，这是一条可持续发展的道路，势在必行。作者在这一领域耕耘了10多年，做了一些开创性的研究工作，积累了相当丰富的经验，取得了一系列的科研成果。在研究过程中，作者坚持处置与利用相结合的原则。处置是为了更好地利用，而利用才是最好的处置，这是作者在长期的研究工作中总结出的一个理念，而且一直坚持这一理念。对于数量巨大废弃物的处置，必须遵循这一理念。作者将自己的工作与国内外的研究成果融合在一起，编著成书，在全书中始终贯彻着处置与利用相结合的理念。相信这本书的问世，对我国建筑废弃物及污染物的处置与综合利用事业将起到较大的推动作用。

本书内容包括木质废弃物、金属废弃物、塑料废弃物、玻璃废弃物、陶瓷废弃物、废弃混凝土、废弃砌体材料，以及污泥、污染土等处置和再利用，涉及面较广。对于各种建筑废弃物，作者从分离方式、综合利用机制，到综合利用的途径，都做了详尽的阐述。本书还详细地介绍了一些利用建筑废弃物和污染物制备的产品，包括产品的制备方法和性能，具有较强的实用性。

鉴于上述这些特点，特将此书推荐给广大读者，相信广大读者一定会从书中得到收益，共同推进我国的建筑废弃物及污染物的处置和综合利用工作，使我国的建设事业永远与环境保护同行，使我们美丽的家园永远与蓝天白云同在。

中国工程院　院士

丛书前言

PREFACE TO THE SERIES

中国建材工业出版社联合中国硅酸盐学会固废与生态材料分会组织国内该领域专家撰写《大宗工业固体废弃物制备绿色建材技术研究丛书》，旨在系统总结我国学者在本领域长期积累和深入研究的成果，希望行业中人通过阅读这套丛书而对大宗工业固废建立全面的认识，从而促进采用大宗固废制备绿色建材整体化解决方案的形成。

固废与建材是两个独立的领域，但是却有着天然的、潜在的联系。首先，在数量级上有对等的关系：我国每年的固废排出量都在百亿吨级，而我国建材的生产消耗量也在百亿吨级；其次，在成分和功能上有对等的性能，其中无机组分可以谋求作替代原料，有机组分可以考虑作替代燃料；第三，制备绿色建筑材料已经被认为是固废特别是大宗工业固废利用最主要的方向和出路。

吴中伟院士是混凝土材料科学的开拓者和学术泰斗，被称为“混凝土材料科学一代宗师”。他在二十几年前提出的“水泥混凝土可持续发展”的理论，为我国水泥混凝土行业的发展指明了方向，也得到了国际上的广泛认可。现在的固废资源化利用，也是这一思想的延伸与发展，符合可持续发展理论，是环保、资源、材料的协同解决方案。水泥混凝土可持续发展的主要特点是少用天然材料、多用二次材料（固废材料）；固废资源化利用不能仅仅局限在水泥、混凝土材料行业，还需要着眼于矿井回填、生态修复等领域，它们都是一脉相承、不可分割的。可持续发展是人类社会至关重要的主题，固废资源化利用是功在当代、造福后人的千年大计。

2015 年后，固废处理越来越受到重视，尤其是在党的十九大报告中，在论述生态文明建设时，特别强调了“加强固体废弃物和垃圾处置”。我国也先后提出“城市矿产”“无废城市”等概念，着力打造“无废城市”。“无废城市”并不是没有固体废弃物产生，也不意味着固体废弃物能完全资源化利用，而是一种先进的城市管理理念，旨在最终实现整个城市固体废弃物产生量最小、资源化利用充分、处置安全的目标，需要长期探索与实践。

这套丛书特色鲜明，聚焦大宗固废制备绿色建材主题。第一辑涉猎煤矸石、粉煤灰、建筑固废、冶金渣、尾矿等固废及其在水泥和混凝土材料、路基材料、地质聚合物、矿井充填材料等方面的研究与应用。作者们在书中针对煤电固废、冶金渣、建筑固废和矿业固废在制备绿色建材中的原理、配方、技术、生产工艺、应用技术、典型工程案例等方面都进行了详细阐述，对行业中人的教学、科研、生产和应用具有重要和积极的参考价值。

这套丛书的编撰工作得到缪昌文院士、张联盟院士、彭苏萍院士、何满潮院士、欧阳世翕教授和晋占平教授等专家的大力支持。缪昌文院士和张联盟院士还专门为丛书写序推荐，在此向以上专家表示衷心的感谢。丛书的编撰更是得到了国内一线科研工作者的大力支持，也向他们表示感谢。

《大宗工业固体废弃物制备绿色建材技术研究丛书》（第一辑）在出版之初即获得了国家出版基金的资助，这是一种荣誉，也是一个鞭策，促进我们的工作再接再厉，严格把关，出好每一本书，为行业服务。

我们的理想和奋斗目标是：让世间无废，让中国更美！

王栋民

中国硅酸盐学会固废与生态材料分会　理事长

中国矿业大学（北京）　教授、博导

前言

PREFACE

环境是人们赖以生存的空间。随着生活水平的提高，人民越来越深刻认识到保护环境的重要性。但是，随着人口的增长及现代社会的飞速发展，固体废弃物的产生量与日俱增。这些固体废弃物的排放污染着我们的环境，使天不再蓝，水不再绿，粉尘的漂浮引起了雾霾，细菌的繁衍威胁着我们的健康。在林林总总复杂多样的固体废弃物中，建筑废弃物及污染物又占有相当大比率。所谓建筑废弃物及污染物，是指建设单位、施工单位新建、改建、扩建和拆除各类建筑物、构筑物、管网等以及居民装饰装修房屋过程中所产生的弃土、弃料及其他废弃物。按产生源分类，建筑废弃物及污染物可分为工程渣土、装修垃圾、拆迁垃圾、工程泥浆等；按组成成分分类，建筑废弃物及污染物可分为渣土、混凝土块、碎石块、砖瓦碎块、废砂浆、泥浆、沥青块、废塑料、废金属、废竹木等。截至 2018 年，我国建筑垃圾年产建筑废物 18 亿吨，占城市垃圾的 30% ~40%，资源化率却不足 10%，远低于欧盟（90%）、日本（97%）和韩国（97%）等发达国家和地区。污染物是指废水处理后产生的污泥及遭受化工企业或各种原因形成的污染土等，目前在我国也有日益增加的趋势。建筑废弃物及污染物的处置及资源化利用事关城市生态环境的协调发展，研究、推广其科学的处置方法及综合利用途径已刻不容缓。

国家“十三五”引领着建筑废弃物及污染物向资源化方向发展，早在 2016 年的时候，建筑废弃物及污染物资源化就从广度和深度上得到了认同。中共中央、国务院印发《关于进一步加强城市规划建设管理工作的若干意见》中就首次明确提出，“力争用 5 年左右时间，基本建立建筑废弃物及污染物回收和再生利用体系”。同年 11 月，《“十三五”国家战略性新兴产业发展规划的通知》中要求加快建设城市餐厨废弃物、建筑废弃物和废旧纺织品等资源化、无害化处理系统，协同发挥各类固体废弃物处理设施作用，打造城市低值废弃物协同处理基地。2017 年 1 月 9 日，工业和信息化部、住房城乡建设部正式公布《建筑废弃物资源化利用行业规范条件》（暂行）、《建筑废弃物资源化利用行业规范条件公告管理暂行办法》，推进建筑废弃物资源化利用。2018 年，国务院办公厅下发了《关于印发“无废城市”建设试点工作方案的通知》，揭开了我国“无废城市”建设的序幕。2019 年 5 月 8 日，生态环境部办公厅下发了《关于印发〈“无废城市”建设试点实施方案编制指南〉和〈“无废城市”建设指标体系（试行）〉的函》，明确了“无废城市”建设的目标。对工业废弃物、农业废弃物、矿业废弃物、建筑废弃物、生活废弃物的处理和利用，都设定了明确的目标。这标志着我国向各种废弃物宣战进入实质性的阶段。其中，向建筑废弃物及污染物要资源是一项十分艰巨的任务。

由于建筑废弃物及污染物数量巨大，如不及时处理，不用多久，便会堆积如山。这些建筑废弃物及污染物可以飞上天污染空气，可以渗入地下污染水源。这些废弃物、污染物的组成相当复杂，性能差异相当大，有天然的无机矿物，也有合成的有机物，它们混杂在一起，给处理和利用带来很大的困难。另一方面，建筑业需要耗费相当多资源。大量的建筑工程使得我国的天然资源日趋匮乏。幸运的是经过人们多年来辛勤地探索，在固体废弃物的分离、处理和利用方面都取得了很大的进展。为了推动我国“无废城市”的建设，本书作者在分类研究各种建筑废弃物及污染物处置与综合利用技术的基础上，收集了国内外大量的研究成果，组织编写了《建筑废弃物及污染物处置与综合利用》一书。变固废为可以利用的资源，既解决人类环境问题困扰，又解决了建材企业面临的资源匮乏的问题。希望能通过此书为我国的“无废城市”建设贡献一份力量，为各级政府的决策出谋划策，为固体废弃物处理与利用企业排忧解难。

本书以提高建筑废弃物及污染物资源化率为出发点，积极响应国家相关政策的号召，针对上述不同组分的建筑废弃物及污染物，从其来源与特点、综合利用机制与途径以及在利用过程中的技术壁垒与瓶颈等方面，全面系统地介绍了资源化率较高的废弃混凝土与砌体材料，成分特殊且复杂的木质、金属、塑料、玻璃与陶瓷废弃物，以及较少关注但积存量较大的污泥与污染土等建筑废弃物及污染物资源化利用现状。本书旨在通过对建筑废弃物及污染物资源化过程中的制备工艺与技术、设备与标准体系、产品性能与典型案例的阐述，将建筑废弃物及污染物转化为各类可利用资源——“变废为宝”，提高自然资源利用效率，降低对社会生态环境产生的影响。从而为推动建筑废弃物及污染物的资源化利用提供一些理论知识和指导意见。

本书共分11章。第1章绪论；第2章建筑废弃物及污染物的资源化概述；第3章木质废弃物；第4章金属废弃物；第5章塑料废弃物；第6章玻璃废弃物；第7章陶瓷废弃物；第8章废弃混凝土；第9章废弃砌体材料；第10章污泥；第11章污染土。本书分别详细介绍了上述各类常见的建筑废弃物及污染物的来源和特点，组成以及处理与综合利用的途径及相应的工艺过程，对利用这些建筑废弃物及污染物制备的产品性能也作了简单介绍。对于这些废弃物及污染物在处理和利用过程中可能出现的问题，在综合利用过程中遇到的技术壁垒和瓶颈，本书也进行了详细的分析，给出解决的途径或方向。针对局部区域土壤受到污染的现象，给出资源化的政策建议及治理方法。这也是在“无废城市”建设中必须解决的关键问题。全书资料翔实，内容丰富，理论全面，技术实用。

大力推行建筑废弃物及污染物资源化是未来可持续发展战略的必然要求和主流趋势，是破解建筑废弃物及污染物围城困境的根本途径。秉承科学发展的理念，在不断实践与改进的过程中推动我国建筑废弃物及污染物资源化的进程，以期最终解决我国建筑废弃物及污染物资源化率低的这一难题。

本书以实用为主，介绍的各种建筑废弃物及污染物的处理和利用的方法，可供各级政府决策时参考，也为从事固体废弃物处理的企业和技术人员提供有益的帮助。本书是一本较为系统的建筑废弃物及污染物综合处理方面的专业书籍，可作为环境工程等相应专业的本科、专科教材。

在本书的编著过程中，参考了大量的相关文献资料，并汲取了近年来同行研究者们成果的精华，承蒙众多企业和学者们给予的大力支持，以及各位读者的赐教，在此一并感谢。

限于编者的经验与水平，书中难免存在不妥之处，敬请广大读者和有关专家批评指正。

编者

2020年10月

目 录

CONTENT

1 绪论 …… 1

1.1 自然资源与生态环境 …… 1

1.2 建筑废弃物再利用 …… 8

1.3 其他污染物再利用 …… 16

参考文献 …… 18

2 建筑废弃物及污染物的资源化概述 …… 20

2.1 建筑废弃物及污染物的定义 …… 20

2.2 各类建筑废弃物的来源 …… 21

2.3 各类建筑废弃物及污染物的资源化方式 …… 24

2.4 建筑废弃物及污染物对环境的影响 …… 29

2.5 建筑废弃物及污染物资源化存在的问题 …… 30

2.6 建筑废弃物资源化的政策建议 …… 32

参考文献 …… 33

3 木质废弃物 …… 36

3.1 木质废弃物的来源及化学组成 …… 36

3.2 木质废弃物的综合利用机制 …… 37

3.3 木质废弃物的综合利用途径 …… 38

3.4 废弃木质材料在综合利用过程中技术壁垒与瓶颈 …… 58

3.5 木质废弃物利用解决途径及发展方向 …… 59

参考文献 …… 60

4 金属废弃物 …… 62

4.1　金属废弃物的来源及特点 …… 63
4.2　金属废弃物的综合利用机制 …… 65
4.3　金属废弃物的综合利用途径 …… 65
4.4　在综合利用过程中技术壁垒与瓶颈 …… 74
4.5　解决途径及发展方向 …… 74
参考文献 …… 75

5　塑料废弃物 …… 76
5.1　塑料废弃物的来源及特点 …… 77
5.2　塑料废弃物的分离处理技术 …… 81
5.3　塑料废弃物的综合利用机制 …… 91
5.4　塑料废弃物的综合利用途径 …… 95
5.5　塑料废弃物在综合利用过程中技术壁垒与瓶颈 …… 104
5.6　解决途径及发展方向 …… 105
参考文献 …… 106

6　玻璃废弃物 …… 108
6.1　玻璃废弃物的来源及特点 …… 108
6.2　玻璃废弃物的分离方式 …… 109
6.3　玻璃废弃物的综合利用途径 …… 109
6.4　在综合利用过程中技术壁垒与瓶颈 …… 127
6.5　解决途径及发展方向 …… 127
参考文献 …… 128

7　陶瓷废弃物 …… 130
7.1　陶瓷废料的来源与特点 …… 131
7.2　陶瓷废弃物的综合利用机制 …… 133
7.3　陶瓷废弃物的综合利用途径 …… 133
7.4　在综合利用过程中技术壁垒与瓶颈 …… 148
7.5　解决途径及发展方向 …… 149
参考文献 …… 149

8　废弃混凝土 …… 151
8.1　废弃混凝土的来源及特点 …… 151

8.2 废弃混凝土的综合利用机制 …… 153
8.3 废弃混凝土的综合利用途径 …… 153
8.4 在综合利用过程中技术壁垒与瓶颈 …… 178
8.5 解决途径及发展方向 …… 180
参考文献 …… 181

9 废弃砌体材料 …… 182
9.1 废弃砌体材料的来源及特点 …… 182
9.2 废弃砌体材料的分离方式 …… 184
9.3 废弃砌体材料的综合利用途径 …… 184
9.4 在综合利用过程中技术壁垒与瓶颈 …… 197
9.5 解决途径及发展方向 …… 198
参考文献 …… 198

10 污泥 …… 200
10.1 污泥的来源及特点 …… 200
10.2 污泥的综合利用机制 …… 207
10.3 污泥的综合利用途径 …… 210
10.4 污泥潜能开发 …… 244
10.5 在综合利用过程中技术壁垒与瓶颈 …… 244
10.6 解决途径及发展方向 …… 244
参考文献 …… 246

11 污染土 …… 247
11.1 污染土的来源及特点 …… 247
11.2 污染土的综合利用机制 …… 256
11.3 污染土的综合利用途径 …… 258
11.4 污染土潜能开发 …… 268
11.5 在综合利用过程中技术壁垒与瓶颈 …… 269
11.6 解决途径及发展方向 …… 270
参考文献 …… 270

1 绪　论

1.1 自然资源与生态环境

1.1.1 自然资源

《辞海》中把自然资源定义为："一般指天然存在的自然物（不包括人类加工制造的原料），如土地资源、生物资源、水资源、矿产资源和海洋资源等，是生产的原料来源和布局场所"。这个定义强调了自然资源的天然特性。

联合国环境规划署把自然资源定义为："在一定时间条件下，能够产生经济价值以提高人类当前或未来福利的自然环境因素的总称"。这个定义是非常概括和抽象的。

《大不列颠百科全书》（简称EB）中把自然资源定义为："人类可以利用的自然生成物，以及生成这些成分的环境功能"。这个定义明确指出环境功能也是自然资源。

我国的一些学者认为：自然资源是指存在于自然界中且能被人类利用或在一定技术条件下可以作为生产、生活原材料的物质、能量的来源。

尽管以上对自然资源理解的深度与角度不同，定义也各不相同，但概括起来都有以下共同特征：

（1）自然资源是由自然过程所产生的天然生成物，与人力资源、资本资源有本质区别，即其天然性。

（2）任何自然产物之所以可以成为自然资源，有两个基本前提：人类的需要和有开发利用的价值。

（3）自然资源的范畴随着社会和技术的发展而不断变化。人类对自然资源的认识，以及对自然资源开发利用的广度和深度，都是不断变化的。

综上所述，自然资源是在一定经济、技术条件下，可以产生人类所期望的价值，以提高人类生存质量的自然物质和能量的总和。换而言之，自然资源是人类经过一定活动，可以从自然界获取的以满足其需要的任何自然生成物。

1.1.1.1 自然资源特征

（1）有限性。指资源的总量，与人类社会不断增长的需求相矛盾，必须加强资源的合理开发与保护。

（2）区域性。指资源分布的不平衡性，在数量或质量上存在显著的地域差异，并有其特殊的分布规律。

（3）整体性。在生态上，每个地区的自然要素彼此间有一定的联系，为一个整体，所以必须强调综合开发利用。

（4）可发展性。指随着社会的发展，人类对自然资源的利用范围、利用效率和利用途径都在不断进步。

1.1.1.2 自然资源分类

根据自然资源的自然特征（即形成条件、分布规律、组合情况等），可分为气候资源（大气圈）、土地资源（地表）、水资源（水圈）、矿产资源（地壳）、生物资源（生物圈）五大类，每一类又可进一步细化，如矿产资源可分为能源资源、金属矿产资源、非金属矿产资源等。

根据自然资源在各经济部门中的作用可以将其分成农业资源、林业资源、交通资源、工业资源、服务业资源等。

根据自然资源是否可以耗竭分成耗竭性自然资源与非耗竭性自然资源两大类（图 1-1）。耗竭性自然资源可分为可更新自然资源和不可更新自然资源两类：可更新自然资源是指正常情况下可以通过自然过程再生的资源，这类资源在开发利用限定在一定阈值内，其数量和质量能够得以恢复，如各种生物组成的生态系统。但如果此类资源被利用的速度超过其再生速度，它们可能会转化为不可更新自然资源。不可更新自然资源指自然界中有固定储量的资源，由于它们再生的速度远远小于被开采利用的速度（如石油和煤），因此，一般认为它们是可耗竭的。

非耗竭性自然资源是指在目前的生产条件和技术水平下，在利用过程中不会导致明显减少的资源，如太阳能、风能和海潮等，这些资源的更新过程不受人类活动的影响，在本质上是连续不断的。

1.1.2 生态环境

生态环境是“由生态关系组成的环境”的简称，指影响人类生存与发展的水资源、土地资源、生物资源以及气候资源数量与质量的总称，是关系到社会和经济持续发展的复合生态系统。由生态（生物之间和生物与周围环境之间的相互联系、相互作用）和环境（环境及其与人类的相互关系）两方面组成。

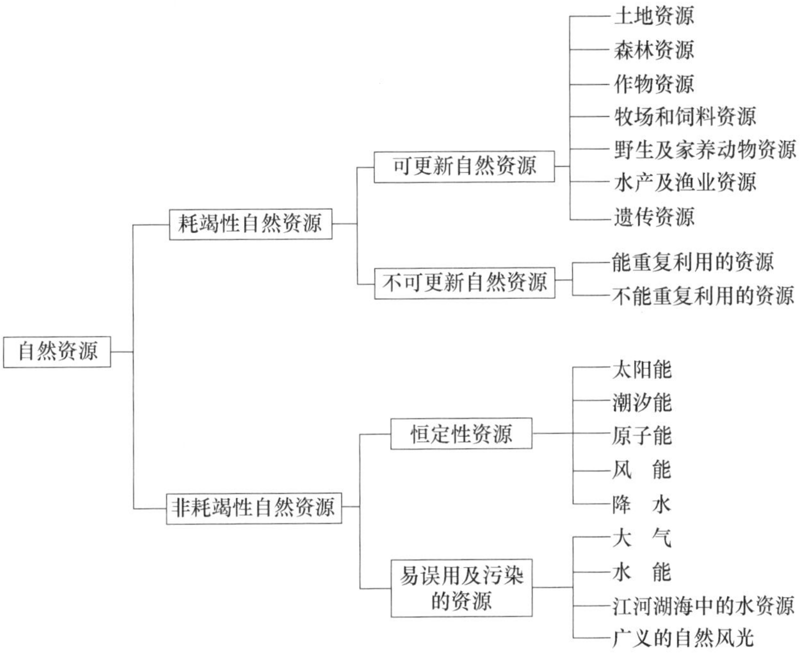

图 1-1　自然资源分类

生态环境与自然环境在含义上十分相近，有时人们将其混用，但严格说来，生态环境并不等同于自然环境。自然环境的外延比较广，各种天然因素的总体都可以说是自然环境，但只有具有一定生态关系构成的系统整体才能称为生态环境。仅有非生物因素组成的整体，虽然可以称为自然环境，但并不能叫作生态环境。

生态环境具有以下特点：

（1）脆弱性。指生态系统在特定时空尺度下对于外界干扰所具有的敏感反应和自恢复能力，是自然属性和人类行为共同作用的结果。

（2）区域性。指生态系统存在显著地域差异，并有其特殊分布规律。

（3）整体性。指生态系统中各要素彼此相互紧密联系，形成一个整体，其中任意一个发生问题，都会引起连锁反应。

1.1.3　资源枯竭与环境问题

1.1.3.1　资源枯竭

2008 年、2009 年、2011 年，国家分三批确定了 69 个资源枯竭型城市（县、区）。为支持资源枯竭城市转型，发展改革委设立了资源型城市吸纳就业、资源综合利用、发展接续替代产业和多元化产业体系培育中央预算内投资专项，中央财政给予69座城市财力性转移支付资金支持，投资有望超5000亿元。五千年来，中华民族在富足的自然资源中繁衍生存，“黄河之水天上来，奔流到海不复回”“两岸猿声啼不住，轻舟已过万重山”曾令人无限遐想。而如今，母亲河壮观不再、黄河变成十年八断流的干涸死河，沿流域干旱日渐严重；长江源头干枯，水质深度污染；近40%的资源城市矿物枯竭，生态危机迫在眉睫。

（1）黄河几近断流

1955年，中国政府拉开“治黄大战”的序幕。全国人大以全票通过包括三门峡工程的“治黄综合报告”，使三门峡等水利工程轰然而起，但建成不久，就形成渭河下游拦门沙，十五亿吨泥沙淤死八百里秦川和千万亩良田。虽经多次排沙改造，仍无济于事。最终很多库坝废弃，给关中平原带来“枯水沙尘满天，汛期小水大淹”的环境灾难。

尽管几十年“治黄”改变了黄河频繁决口改道的局面，但在数千座水坝的拦截下，黄河变成十年八断流的干涸死河。黄河首次断流出现于1972年，此后二十六年断流年份就达80%，从1990年到1998年，年年断流。1997年更出现断流七次、二百二十六天断流的千古生态奇观。

专家当时断言，黄河成为内陆河即季节性河流已成定局，不可逆转。

（2）旱灾日渐严重

从1999年开始，黄河水利委员会（以下简称黄委）实施黄河水统一调度分配水量，确保黄河下游利津站有一定的下泄流量，黄河断流得以缓解。可是，从此黄河流域的“枯水”及“旱灾”日渐严重。2002年夏季，黄委称黄河遭遇历史罕见的来水“特枯年”，2003年黄河流域遭遇五十年不遇干旱，兰州段黄河河床甚至大面积裸露见底，黄河上中下游用水全线告急。此后，旱情愈演愈烈。

中国北方更是曾出现五十九年来最严重旱灾，其中河北、山西、河南、山东、陕西、甘肃、安徽、江苏八省冬麦区受旱面积占全国的96%，三百四十六万人、一百六十六万头大牲畜发生饮水困难。

河南黄河河务局水调处处长谷慧林曾说，近几年，黄河下游没有断流，主要靠的是行政手段。按国际标准，一条河流的开发利用率不应超过40%，但多年来，黄河流域水资源利用率已接近70%，远远超过“警戒线”。黄河支持流域经济发展的功能早已超过极限。年复一年的旱情、日益干枯的河床、龟裂的河底警告着人们，黄河的生命在渐渐地消逝。

（3）水质深度污染

长江流域涉及中国19个省区市，提供全国36.5%的水资源。20世纪90年代后，中国水质迅速恶化，各城市都在将长江的纳污能力作为资源利用。中国水利部部长汪恕诚曾承认，中国农村有三亿多人饮水不安全，相当一部分城市水源污染严重，威胁到人的身体健康。

原中国水利专家维洛说，水利部的这个数字不准确，实际上，中国有七八亿人在喝脏水。他说，淮河、黄河、海河、辽河都被严重污染，现在长江有28%的河段也是水质很差的四类、五类水，在这些流域覆盖的地区，老百姓饮用水的质量是没有保障的。

（4）矿产枯竭

曾经“铜城”“煤城”等富含矿物著称的城市，因无节制开发矿山而逐渐枯竭，经济陷入困境。譬如，辽宁省阜新市是1949年后建立的最早煤电之城。阜新建成的海州露天矿曾是亚洲最大的第一座机械化、电气化露天煤矿。但经五十年开采，海州露天矿零五年因资源枯竭而关闭，成为迄今世界最大的废弃人工矿坑。

据国务院印发的《全国资源型城市可持续发展规划（2013—2020年）》，在全国确定了262个资源型城市，并分为成熟型141个、成长型31个、再生型23个和衰退型67个四类。衰退型城市在整个资源型城市中占比超四分之一，说明目前不少城市面临资源衰退的问题。《规划》还指出因资源枯竭，尚有近7000万平方米棚户区需要改造，约14万公顷沉陷区需要治理，失业矿工人数达60多万，城市低保人数超过180万。

（5）生态资源透支

国际环保组织《全球足迹网络》（GFN）发表2019年年度报告，指出人类于7月29日，已将2019年全年自然资源“指标”消耗一空，包括水、土壤和洁净空气均被用尽，使2019年的地球透支日成为历年来最早。“生态负债日”提前到7月29日意味着人类使用自然资源的速度比地球生态系统更新速度快1.75倍，相当于使用1.75颗地球。而中国的资源耗尽日则是6月14日，比全球平均时间更早。

由于大范围砍伐森林、土壤侵蚀、生物多样性丧失及大气中二氧化碳不断累积，全球生态系统透支情况变得越来越明显。二氧化碳会导致气候变迁及更频繁，出现极端气候现象。而最明显的就是现在越来越热的天气，厄尔尼诺现象便是其中一个。

1.1.3.2 环境问题

生态平衡是动态的平衡。一旦受到自然和人为因素的干扰，超过了生态系统自我调节能力而不能恢复到原来比较稳定的状态时，生态系统的结构和功能遭到破坏，物质和能量输出输入不能平衡，造成系统成分缺损（如生物多样性减少等）、结构变化（如动物种群的突增或突减、食物链的改变等）、能量流动受阻、物质循环中断，一般称为生态失调，严重的就是生态灾难。

（1）温室效应

温室效应是指二氧化碳、一氧化二氮、甲烷、氟利昂高温室气体大量排向大气层，使全球气温升高的现象。国家统计局编著的《国际统计年鉴 2018》收录 2000 年、2010 年、2014 年 CO_2 年排放量分别为 340520 万吨、877600 万吨、1029190 万吨，处于快速增长状态。同时《BP 世界能源统计年鉴》2020 年版本数据指出，能源消费所造成的碳排放量，相比 2018 年不同寻常的大幅增长 2.1%，2019 年增长为 0.5%，较 2018 年略有缓和。但 2018 年和 2019 年的碳排放量年均增长速度，仍然高于过去十年的平均增速。这必将导致全球气温变暖、生态系统破坏以及海平面上升的趋势加剧上升。

（2）臭氧层破坏

臭氧层是高空大气中臭氧浓度较高的气层，它能阻碍过多的太阳紫外线照射到地球表面，有效地保护地面一切生物的正常生长。臭氧层的破坏主要是现代生活大量使用的化学物质氟利昂进入平流层，在紫外线作用下分解产生的原子氯通过连锁反应而实现的。最近研究表明，南极上空 15～20 千米间的低平流层中臭氧含量已减少了 40%～50%，在某些高度，臭氧的损失可能高达 95%。北极的平流层中也发生了臭氧损耗。臭氧层的破坏将会增加紫外线 β 波的辐射强度。据资料统计分析，臭氧浓度降低 1%，皮肤癌增加 4%，白内障发生则增加 0.6%。到 21 世纪初，地球中部上空的臭氧层已减少了 5%～10%，使皮肤癌患者人数增加了 26%。

（3）土地退化和沙漠化

土地退化和沙漠化是指由于人们的过度放牧、耕作、滥垦滥伐等人为因素和一系列自然因素的共同作用，使土地质量下降并逐步沙漠化的过程。《联合国防治荒漠化公约（UNCCD）》资料显示：目前有 20 亿公顷生产土地已经退化；70% 以上的生态系统已经受改造，到 2050 年，这一比率将达到 90%；到 2030 年，粮食生产将额外需要 3 亿公顷土地；到 2030 年，预计时装产业使用的土地资源将增加 35%，超过 1.15 亿公顷，几乎是哥伦比亚的国土面积。第五次《中国荒漠化和沙化状况公报》数据显示，截至 2014 年，我国荒漠化土地面积 261.16 万平方公里，沙化土地面积172.12万平方公里。进入21世纪以来，尽管我国加大力度治理荒漠化和沙化土地，但荒漠化和沙化状况依然严重，防治形势依然严峻。

（4）废物质污染及转移

废物质污染及转移是指工业生产和居民生活向自然界或向他国排放的废气、废液、固体废物等，严重污染空气、河流、湖泊、海洋和陆地环境，以及危害人类健康的问题。目前，市场中有7万~8万种化学产品，其中对人体健康和生态系统有危害的约有3.5万种，具有致癌、致畸和致灾变的有500余种。据研究证实，一节一号电池能污染60升水，能使十平方米的土地失去使用价值，其污染可持续20年之久。塑料袋在自然状态下能存在450年之久。当代“空中死神”——酸雨，其对森林土壤、湖泊及各种建筑物的影响和侵蚀已得到公认。有害废物的转移常常会演变成国际交往的政治事件。发达国家非法向海洋和发展中国家倾倒危险废物，致使发展中国家蒙受巨大危害，直接导致接受地的环境污染和对居民的健康产生不良影响。《2019年全国大、中城市固体废物污染环境防治年报》显示：2018年，200个大、中城市一般工业固体废物产生量达15.5亿吨，综合利用量8.6亿吨，处置量3.9亿吨，贮存量8.1亿吨，倾倒丢弃量4.6万吨。工业危险废物产生量达4643.0万吨，综合利用量2367.3万吨，处置量2482.5万吨，贮存量562.4万吨。如何处理剩余废物已成为当务之急。

（5）森林面积减少

森林被誉为“地球之肺”“大自然的总调度室”，对环境具有重大的调节功能。因发达国家广泛进口和发展中国家开荒、采伐、放牧，使得森林面积大幅度减少。据绿色和平组织估计，100年来，全世界的原始森林有80%遭到破坏。另据联合国粮农组织最新报告显示，如果用陆地总面积来算，地球的森林覆盖率仅为26.6%。森林减少导致土壤流失、水灾频繁、全球变暖、物种消失等。一味向地球索取的人类，已将地球推到了一个十分危险的境地。

（6）生物多样性减少

生物多样性减少是指包括动植物和微生物的所有生物物种，由于生态环境的丧失、对资源的过度开发、环境污染和引进外来物种等原因，使这些物种不断消失的现象。生物多样性和生态系统服务政府间科学政策平台（IPBES）第七次全体会议（2019年）审议通过的《生物多样性和生态系统服务全球评估报告》显示，目前全球物种灭绝的速度比过去1000万年的平均值高几十到几百倍，在地球上大约800万个动植物物种中，有多达

100 万个物种面临灭绝威胁，其中许多将在未来数十年内消失。报告还指出，人类活动导致的生物多样性的衰退非常严重，已经对世界各地的经济、生计、粮食安全、饮用水，以及人们的生活质量造成危害。

（7）水资源枯竭

水是生命的源泉，水，似乎无所不在。然而饮用水短缺却威胁着人类的生存。目前，世界的年耗水量已达 7 万亿立方米，加之工业废水的排放，化学肥料的滥用，垃圾的任意倾倒，生活污水的剧增，使河流变成阴沟，湖泊变成污水地；滥垦滥伐造成大量水分蒸发和流失，饮用水在急剧减少。水荒，向人类敲响了警钟。据全球环境监测系统水质监测项目表明，全球大约有 10% 的监测河流受到污染，生化需氧量（BOD）值超过 6.5 毫克/升，水中氮和磷污染，污染河流含磷量均值为未受污染河流平均值的 2.5 倍。另据联合国统计，目前全世界已有 100 多个国家和地区生活用水告急，其中 43 个国家为严重缺水，危及 20 亿人口的生存，其主要分布在非洲和中东地区。许多科学家预言：水在 21 世纪将成为人类最缺乏的资源。正如人们所希望的，不要让人类的眼泪成为地球上最后一滴水。

（8）核污染

核污染是指由于各种原因产生核泄漏甚至核爆炸而引起的放射性污染。其危害范围大，对周围生物破坏极为严重，持续时间长，事后处理危险复杂。如 1986 年 4 月，苏联切尔诺贝利核电站发生核泄漏事故，13 万人被疏散，经济损失达 150 亿美元。

（9）海洋污染

海洋被誉为“国防的前线、贸易的通道、资源的宝库、云雨的故乡、生命的摇篮”。然而，她正受到严重的污染。海洋污染常见的主要有原油污染、漂浮物污染和有机化合物污染及其引起的赤潮、黑潮。海洋污染直接导致海洋环境的恶化，生物品种的减少。

（10）噪声污染

工业机器、建筑机械、汽车飞机等交通运输工具产生的高强度噪声，给人类生存环境造成极大破坏，严重影响了人类身体的健康。

生态环境部发布的《2019 中国环境噪声污染防治报告》显示，根据 2018 年全国“12369 环保举报联网管理平台”统计数据，涉及噪声的举报占比为 35.3%，仅次于大气污染，排第 2 位。

1.2 建筑废弃物再利用

随着我国经济不断发展、城市化进程不断加快，建筑工程项目日渐增多，建筑废弃物的数量和种类也陆续繁杂，建筑垃圾已经成为制约城市建设发展的重要因素，并且严重影响着城市居民的生活质量。目前，我国建筑垃圾的产量占城市垃圾总量的30%～40%，2017年我国建筑垃圾产生量达到约24亿吨，预测我国2020年建筑垃圾产生量达到30亿吨左右，产生量巨大。然而，我国建筑垃圾资源化利用率不到30%，大部分建筑垃圾的处理是直接被运往郊区堆放填埋，未进行资源化处理，还有部分建筑垃圾被送往生活垃圾填埋场，与生活垃圾混合填埋，增加了处理难度，同时，清运和堆放过程中的遗撒和粉尘、灰砂飞扬等问题又造成了严重的环境污染。

建筑垃圾随意堆放处理将占用大量土地资源，也给周边环境造成很大影响。如建筑垃圾长期堆放，将破坏土壤的结构、污染空气质量、加重水资源污染状况、严重影响城市环境卫生、存在安全隐患，这种随意处置的方式将阻碍城市的发展进程。因此，需要改变建筑垃圾随意堆放填埋的处置方式，推进和提倡环保可再生利用的建筑垃圾处理方式已是形势所趋，建筑废弃物的资源化综合利用已刻不容缓。

1.2.1 建筑废弃物的概念

建筑废弃物，从狭义的角度来看，是指旧建筑物及构筑物拆除后废弃的部分。从广义上说，是指整个施工过程的准备阶段、进行阶段及最后收尾阶段（包括装修装饰工程）中所产生的垃圾，以及旧建筑拆除后不能使用的废弃物。

目前学术界对建筑垃圾概念较认同的观点即建设单位、施工单位新建、改建、扩建和拆除各类建筑物、构筑物、管网等及居民装饰房屋过程中产生的弃土、弃料及其他废弃物。建筑垃圾通常是相对生活垃圾、工业垃圾而言，不同结构类型的建筑产生的垃圾成分有所不同，总体而言，建筑垃圾的组成主要包含废旧混凝土块、废砖瓦、废钢筋、废沥青、废木材、渣土和施工中散落的砂浆等。

1.2.2 建筑废弃物的特点

（1）数量多。

近几年城市新建、房屋改建、扩建、重建及重新规划后的拆旧建新建筑物所产生的建筑垃圾已达18亿吨/年。随着城市建设与改造的提速，建筑垃圾污染和垃圾围城问题日益严峻。到2020年，我国建筑垃圾年产生量将达到30亿吨，应当加大对建筑废弃物管理的重视度，尽量从建筑源头上减少建筑废弃物的产出量，降低其对环境的危害；同时要注重建筑废弃物产生后的处理措施，加大回收利用力度，使废弃物能够发挥其剩余价值。

（2）普遍性。

随着我国经济的发展，全国各地都在搞建设，普遍存在建筑垃圾问题。

（3）经常性。

建筑垃圾每天都在不间断的产生。

（4）污染性。

建筑废弃物如不经分类随意堆放，会使其受到周围环境的影响而发生一系列化学反应，从而生成多种有毒物质。这些有毒物质会渗入地下水层或流入河湖，影响水质；废弃物细微颗粒及产生的有毒气体会扩散到空气，污染大气；有毒物质杀死微生物，引起土壤结构性质变化，恶化土质。与此同时，建筑废弃物的随意堆放严重影响了市容市貌，与塑造城市的绿色形象背道而驰。

建筑废弃物主要包括泥土、石块、混凝土块、碎砖、沥青块、木料、金属、塑料等废料。其中无污染的无机物（包括泥土、石块、混凝土块、碎砖）占90%以上，具有耐水耐酸碱、化学和物理性质比较稳定等特点。建筑废弃物的这些性质决定其经过处理是一种很好的再生建筑材料。而金属、竹木料、各种包装塑料、玻璃等废弃物分拣后可作为再生资源利用。建筑废弃物在城市垃圾中属最清洁的垃圾，只要合理利用基本不会产生二次污染。

但是，目前由于建筑工地很少对建筑垃圾进行分类，加之生活垃圾也掺杂其中，增大了建筑垃圾的污染性，加大了处理难度。同时来自垃圾填埋场或处理设施等工业建筑项目中的拆建固废可能含有重金属和有机物等有害成分。这些受到污染的建筑垃圾，其组成和性质非常复杂，有害物质的相互混合将具有多路径效应的危害风险。尽管这些污染物所占总体建筑固废的比率相对较小，但对环境的危害可能非常严重，因此需要引起更多的关注与重视。

1.2.3 建筑废弃物的来源与分类

建筑废弃物的来源可以归纳为五种：设计错误、变更、不当等；施工操作不当、错误；材料的采购过多、质量差等；材料运输、装卸和储存中的损坏；加工过程产生的边角余料和作业过程产生的落地料等原因。其中，建筑固废中污染物的来源主要与建筑物或构筑物在建设、维护和拆除活动中所处的周围环境、场地位置及其使用功能等方面息息相关。例如从农药工厂等工业建筑中拆除产生的混合建筑固废中发现含有一些有毒有机物成分（如多环芳烃和硫化氢），从垃圾填埋场中拆除的混合石膏板的建筑固废会产生硫化氢气体。因此，必须采取相关技术措施以最大限度地减少建筑废弃物处置场所的污染物排放。

建筑废弃物主要由渣土、碎石块、废砂浆、砖瓦碎块、混凝土块、沥青块、废塑料、废金属料、废竹木等组成，可以根据建筑活动的性质、产生来源、组分性质以及利用价值进行分类。

1.2.3.1 按建筑活动的性质区分

根据建筑活动的性质，通常将建筑废弃物分为五类，即交通工程废弃物、挖掘工程废弃物、拆卸工程废弃物、清理工程废弃物和扩建翻新工程废弃物。

1.2.3.2 按产生来源区分

根据建筑垃圾的产生来源不同，可分为土地开挖垃圾、道路开挖垃圾、旧建筑物拆除垃圾、建筑施工垃圾和建材垃圾五类。

（1）土地开挖垃圾

分为表层土和深层土。前者可用于种植，后者主要用于回填、造景等。这种类型的建筑垃圾所具有的特点是产生量大，物理组成相对简单，产生时间集中，污染性较小。

（2）道路开挖垃圾

分为混凝土道路开挖和沥青道路开挖，包括废弃混凝土块、沥青混凝土块。道路开挖垃圾的物理组成较为复杂，具有可利用性，但同时也有较强的污染性。废弃的混凝土块、沥青混凝土块可回收后进行处理，分离出可再利用的碎石等，从而减少土地污染及土地资源浪费。

（3）旧建筑物拆除垃圾

旧建筑物拆除垃圾是指建筑物和其他市政基础设施在拆毁活动中产生的废弃物，占建筑垃圾总量的70%以上。被拆除建筑大多为二十世纪七八十年代的旧建筑，拆除的建筑物多以烧结黏土砖和混凝土预制构件组合结构为主，屋面多为预制混凝土空心楼板，砌筑抹面以水泥砂浆、水泥石灰浆为主。一般来说，旧建筑物的拆除主要原因是旧城、旧房改造；旧建筑物服役期满；大灾（如失火、地震等）造成的坍塌等。旧建筑物拆除垃圾的组成基本相似，主要是各种碎砖块（混有砂浆）、混凝土块、废旧木料（主要是门窗）、房瓦、废金属如钢筋、铝合金等，以及少量装饰装修材料（如陶瓷片、玻璃片等）。

拆除垃圾的成分比率与被拆除建筑物的结构类型有关，不同时代的建筑物，在材料组成上具有很大的差异。以我国为例，20 世纪 50 年代以前的建筑物，主要以砖、石、木材为结构材料，石灰砂浆砌筑与抹面；60 ~ 80 年代，主要以混凝土、砖瓦为主要材料，这部分建筑是现在拆除建筑物的主体；90 年代以后，由于新型建筑材料的大量使用，建筑物的组成材料趋向多元化，尤以化学建材的广泛应用为标志，但从总量上看，混凝土与水泥制品、砖瓦、陶瓷等黏土烧结制品仍占建筑物组成材料的主导地位；从近年拆毁建筑物的组成上看，混凝土与砂浆占 30% ~ 40%，砖瓦占 35% ~ 45%，陶瓷和玻璃占 5% ~ 8%，其他占 10%。具体组成如图 1-2 所示。

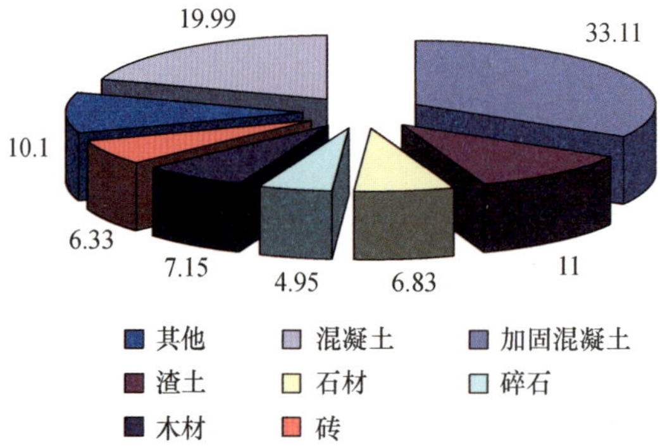

图 1-2　建筑拆除废弃物各组分比率（%）

（4）建筑施工垃圾

建筑施工垃圾主要分为剩余混凝土、建筑碎料以及房屋装饰装修产生的废料。剩余混凝土是指工程中没有使用掉而多余出来的混凝土，也包括由于某种原因（如天气变化）而暂停施工而未及时使用的混凝土。建筑碎料包括凿除、抹灰等产生的旧混凝土、砂浆等矿物材料，以及木材、纸板、金属和其他废料。房屋装饰装修产生的废料主要有废钢筋、废铁丝和各种非钢配件、金属管线废料，废竹木、木屑、刨花、各种装饰材料的包装箱、包装袋、散落的砂浆和混凝土、碎砖和混凝土碎块，搬运过程中散落的黄砂、石子和块石等，其中，主要成分为碎砖、混凝土、砂浆、桩头、包装材料等，约占建筑施工废弃物总量的 80%。

不同结构类型建筑物所产生的建筑施工废弃物成分有所不同，但其基本组成一致，主要由建筑工地产生的土、渣土、散落的砂浆和混凝土、剔凿产生的碎砖瓦、砂石和混凝土碎块、打桩截下的钢筋混凝土桩头、废金属料、陶瓷边角料、废竹木材、各种包装材料和其他废弃物等。一般废混凝土与废砂浆占施工建筑垃圾 40% ~ 50%，废砖瓦、陶瓷占 30% ~ 40%，其余废料占 5% ~ 10%。建筑施工废弃物各组分比率如图 1-3 所示。

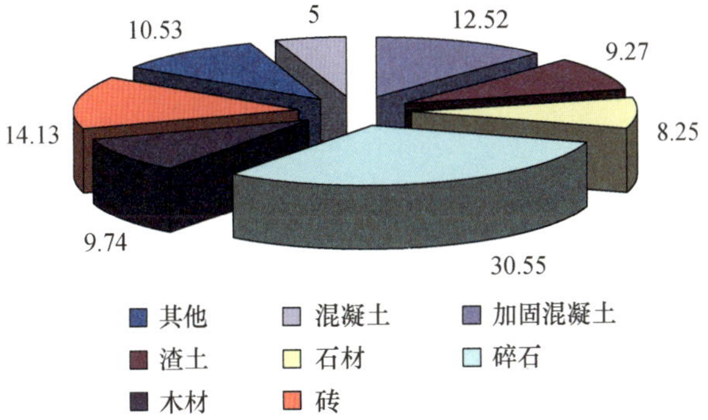

图 1-3 建筑施工废弃物各组分比率（%）

近年来，由于新开工商品房及住宅建筑量有较大增长，以北京市为例，建筑装饰垃圾的比率持续增长，可见装饰装修垃圾的比率在不断上升，如图 1-4 所示。

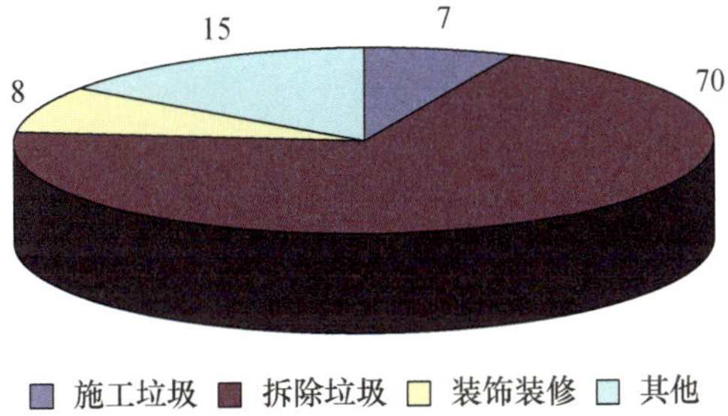

图 1-4 北京市建筑垃圾组成（%）

由图 1-2、图 1-3 可知，建筑物拆除时产生的废弃物主要是加固混凝土、混凝土、渣土，其总和达到 65%。而建筑施工中产生的废弃物主要是渣土、碎石、木材，其总和达到 55%。

（5）建材垃圾

建材垃圾主要是指各种建筑材料及制品在生产、加工和搬运过程中所产生的废料、废渣、碎块、碎片等。如在生产混凝土过程中难免产生的多余混凝土以及因质量问题不能使用的废弃混凝土，长期以来一直是困扰着商品混凝土厂家的棘手问题。经测算，平均每生产 $100m^3$ 的混凝土，将产生 $1 \sim 1.5m^3$ 的废弃混凝土。建材垃圾的产生主要是由于生产工具或者生产方式、生产条件的不完善导致的。

欧盟按照建筑废弃物的来源将其分为 4 类：

（1）建筑物或土木工程全部或部分拆除产生的废弃物。

（2）建筑物或土木工程结构建设（包括新建、改建、扩建、翻新等）过程中产生的废弃物。

（3）土地平整、土建工程或一般的基础设施建设产生的渣土、石头和植被等。

（4）道路规划和养护活动中产生的相关材料。

1.2.3.3 按组分性质区分

建筑废弃物曾经一度被认为是惰性无害的，因此常常把它和城市固体废弃物混合在一起。但是人们逐渐认识到建筑废弃物产生的浸出物和其他有毒物质会对人和环境有害，建筑废弃物的正确处理也渐渐得到重视。按照建筑废弃物的组分性质差异及其是否具有活性，建筑废弃物可分为惰性组分和非惰性组分。在建筑废弃物中超过80%都是惰性物质，被定义为公共填料。它包括废混凝土、废石料、碎料、瓦砾、泥土、废沥青、废砖及工程渣土等，如果惰性建筑废弃物未被活性或非惰性废弃物污染，则其中一部分惰性建筑废弃物可直接用作土地复垦和场地平整的回填材料或经过一定程度的资源化技术处理之后进行再生利用。如果进行合理的分类，干净的水泥和沥青可以在建筑过程中循环使用。剩下的20%建筑废弃物就是非惰性的材料，它包括一般固体废物，如废金属、废木材、废塑料、废纸、废弃混合物、建筑污泥等，还有少量有毒有害组分，即含石棉废料、废弃有机溶剂、废胶粘剂、化学处理的木料、含铅涂料、含汞废料等。和惰性物质相比，这种建筑废弃物不能进行土地复垦和填埋，图1-5给出了建筑废弃物按组分性质的分类。

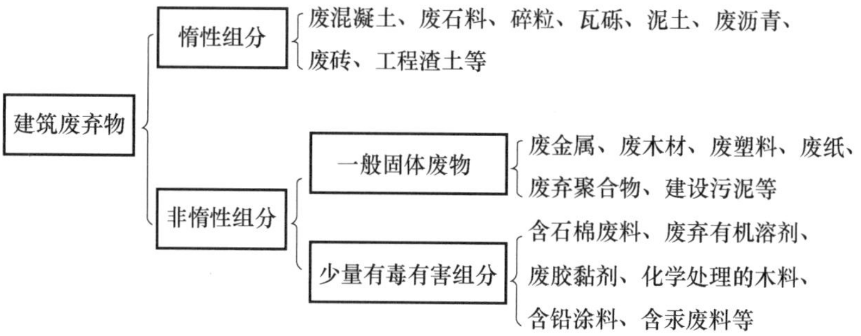

图1-5　建筑废弃物按组分性质分类

我国建筑主要废弃物（如废混凝土块、沥青混凝土块、施工散落的砂浆和混凝土、碎砖渣、金属残料、竹木材以及装修中产生的废料、包装料和其他固体废弃物等）的组成比率，如图1-6所示。

1.2.3.4 按照废弃物可再生性和可利用价值分类

按可再生和可利用价值，建筑废弃物通常分为可直接利用的材料；

可作为材料再生或可以用于热回收的材料；没有利用价值的废弃物等 3 类。

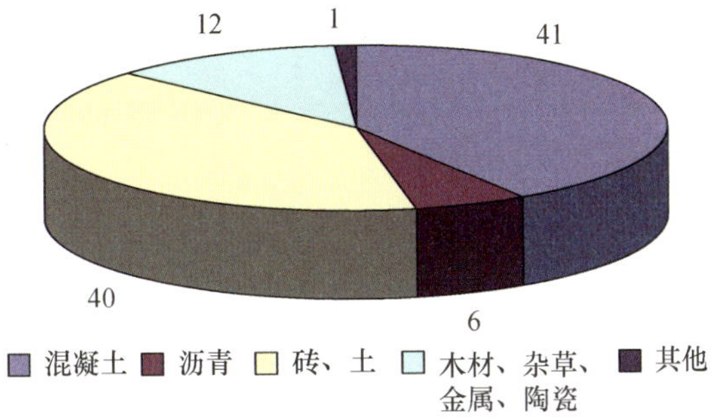

图 1-6 我国建筑废弃物的组成比率（%）

1.2.4 建筑废弃物处理利用发展趋势

1.2.4.1 建筑垃圾资源化理念

随着我国的城市现代化进程的开展，建筑物被大量的翻新，建筑工地随处可见的建筑垃圾，在传统垃圾处理过程中，一般将这类建筑垃圾放置郊外进行堆放或者掩埋，这种处理方法具备一定的短期发展效益，其解决成本比较低，处理程序较为简单，但从城市发展的长远效益来看，传统的处理方法会影响到土壤质量，造成大面积的土地滞留生长，造成生态平衡的破坏。随着国家“可持续发展战略”的提出，建筑垃圾的资源化理念应运而生，需将建筑垃圾中可用资源进行利用，实现相关垃圾的回收、分类、再利用、再生产，达到少垃圾甚至无垃圾的理想效果，使建筑垃圾变成放错地方的资源。

1.2.4.2 建筑垃圾资源化发展趋势

针对我国建筑行业快速发展产生的大量建筑垃圾，以及我国对建筑垃圾综合利用的现状，对未来建筑垃圾的资源化发展提出以下建议，从而提高经济效益，改善生态环境，促进社会和谐发展。

（1）强化资源化意识，高效利用产业链。针对当前的局势，需要实现从城市规划设计，到施工、拆除、分类、处置，再到建筑垃圾资源化产业链的高效利用。

（2）建立健全政策法规。政府应当结合城市管理体制改革，出台相关政策法规，实行有效地奖惩制度，从而提高建筑垃圾管理的针对性、有效性。建立建筑垃圾分类管控，联合住建、交通、城管、环保等管理部门，形成联动机制，协作推进，达到长效管理的目的。

（3）提高资源化技术研发水平，推进信息化管理。应借鉴发达国家先进经验，合理制定建筑垃圾处理方案，以便更高效地利用建筑垃圾；建立建筑垃圾全过程实时监测与智能管控平台能更高效地实现建筑垃圾减量化、资源化、无害化利用。

1.3 其他污染物再利用

伴随着我国的日渐强盛和社会的不断发展，由于过去不重视环境的发展，带来了许多环境污染问题，其中城市污泥、土壤重金属污染问题备受关注。特别是“十八大”以来，我国高度重视环境保护及环保产业的发展，“美丽中国”首次位列“十三五”规划的十个任务目标之一，并相应出台《环境保护法》（修订版）、《土壤污染防治行动计划》《关于加快推进生态文明建设的意见》等多个法律法规及政策，以保证环境防治计划可以平稳有序地前进。

1.3.1 城市污泥

城市污泥是城市污水处理过程中产生的体积最大的副产品，污泥的成分很复杂，是由多种微生物形成的菌胶团与其吸附的有机物和无机物组成的聚合物，除含有大量的水分外，还含有易腐败的有机物质和无机营养元素，也含有大量的病原菌、寄生虫（卵），还有 Cu、Zn、Cr 和 Hg 等重金属，以及部分有害的难降解有机物，如多环芳香族碳氢化合物等。这些化学物质不仅会污染地表水和地下水源，污泥散发的臭气也会污染空气，病原体对人类健康也是潜在的威胁。

城市污水处理厂产生的污泥如果只进行简单的填埋处理，将会引起严重的二次污染。如何将产量巨大、含水率高、成分复杂的污泥进行妥善安全处理，使其无害化处理和资源化利用，已经成为社会广泛关注的重大课题。

据中国产业信息网发布的《2013—2017 年中国污泥处理行业深度研究及投资前景分析报告》指出：按照住房城乡建设部数据推算，每处理 1 万吨污水可产生污泥 180 吨（含水率 99%，通过压滤后产生的污泥（含水率 80%）仍有 9 吨之重。我国 2013 年污泥（含水率 80%）突破 4000 万吨。按照 2020 年的污水处理能力规划，预计 2020 年污泥产量将达到 6000 万 ~9000 万吨。伴随着经济的飞速发展和城镇化进程的不断深入，城市污水处理量和污泥产量将呈逐年增长趋势。

我国污泥产业投资相对发达国家明显不足。据了解，发达国家污泥处理处置设施的投资占到污水处理厂投资总额的50% ~70%；而在中国，已建处理处置设施的投资占比通常仅为20% ~50%，而且存在严重的“重水轻泥”现象，导致大量污泥“积压”，不能得到合理安全的处置。目前，国内城市污泥处理工艺路线基本按照浓缩、调治、脱水、稳定、干化等，处置技术以卫生填埋、土地利用、焚烧、堆肥为主；工业污泥处理更是一大难题，处理技术以脱水为主，处置方式大致是回收利用、隔离填埋、无害化焚烧的思路。

尽管城市污泥的处理方法多种多样，我们应根据污泥量、污泥性质、重金属含量等具体情况作具体分析；同时，要考虑环境生态、经济效益、处理成本、技术发展趋势等因素，还要积极探索污泥处理的新方法、新技术、新工艺。从长远观点来看，搞好污泥的处理处置及其无害化，作为再生资源有效综合利用是世界各国共同重视的问题。我国是一个农业大国，经济基础较为薄弱，污泥的资源化利用尤其是农业利用不但可以节省大量的污泥终端处置费用，更可以为肥力低下的农田增添有机质、提高肥力，促进农业生产发展、实现农业生态环境的良性循环。

1.3.2 污染土壤

土壤是人类赖以生存和发展的基础，不科学的工农业生产是造成土壤重金属污染的主要原因。土壤中重金属离子铅、锌、镉、砷（类金属）等，因土壤胶体和颗粒物的吸附和生成其他物质的原因，很难被微生物降解，而会长期存在于土壤中，重金属可以通过被地上植物吸收，通过食物链在人体富集，或通过皮肤接触、呼吸等途径进入人体，最终使人体致癌、致病，对人类的生命安全造成危害。

2005—2013年，我国开展了首次全国土壤污染状况调查，结果表明，全国土壤总的点位超标率为16.1%，其中轻微、轻度、中度和重度污染点位比率分别为11.2%、2.3%、1.5%和1.1%。农用地方面，环境质量不容乐观，耕地、林地、草地土壤点位超标率分别为19.4%、10.0%、10.4%。其中，耕地土壤轻微、轻度、中度和重度污染点位比率分别为13.7%、2.8%、1.8%和1.1%，主要污染物为镉、镍、铜、砷、汞、铅、滴滴涕和多环芳烃。典型地块及周边土壤污染较为突出。在调查的690家重污染企业用地及周边的5846个土壤点位中，超标点位占36.3%；在81块工业废弃地的775个土壤点位中，超标点位占34.9%；在146家工业园区的2523个土壤点位中，超标点位占29.4%。针对目前土壤污染底数不清、监测监管和风险防控体系不健全等突出问题，环境保护部、财政部、国土资源部等五部委联合部署全国土壤污染状况详查，按要求将于2020年年底前摸清农用地和重点行业企业用地污染状况。

近年来，土地资源日益紧张、土壤污染趋向恶化，虽然与污染土壤相关的修复技术已经逐渐发展起来，比如：微生物修复、电动修复、植物修复、固化/稳定化、热处理、化学淋洗等处理技术，且各具特点。微生物修复有不污染环保等优点，但其缺点是微生物降解速度太慢周期太长；电动修复处理是一种原位处理方法，可以回收多种重金属元素，但对土壤性质要求较高，并且成本也比较高；植物修复也属于原位处理，其处理费用低，具有保护水土流失的功效，对环境影响小等优点，但植物生长修复的周期相对也比较长，很难满足实际需要情况；水泥固化处理是现阶段利用得比较多的，以其修复速度快，固化效果明显而普遍应用，但水泥固化处理后的土壤生物利用性能将大大降低甚至完全丧失。尽管上述一些技术已经应用于工程实践，如上海世博会园区曾利用稳定固化技术对污染土壤进行修复处理，然而，目前土壤修复市场由于技术和人才储备的不足，法律及法规的缺失使得修复进度并不尽如人意。更重要的是，目前估算出全国土壤修复成本令人望而生畏，让人在思考如何才能以有限资源完成必需的修复之时，也增加了未来国家战略的不确定性。

因此，在对污染土壤进行修复的同时，如何实现污染土壤的无害化、减量化、资源化是目前研究的热点与重点，在土壤修复的基础上，实现资源化利用，既是土壤修复产业突破高成本桎梏的重要途径之一，也是现今社会循环经济发展的需求。

参考文献

[1] 陈吉宁，徐绍史，郭声琨．国家危险废物名录［J］．上海建材，2016（4）：1-11.

[2] 侯小洁．我国固体废弃物处理现状及对策分析［J］．中国高新技术企业，2014（1）：79-81.

[3] 中华人民共和国环境保护部．中国环境状况公报（2015）．2016（5）．

[4] 王绍文．固体废弃物资源化技术与应用［M］．北京：冶金工业出版社，2003.

[5] 中华人民共和国统计局．中国统计年鉴（2015）［M］．北京：中国统计出版社，2016.

[6] 吕浩阳，费杨，王爱勤，等．甘肃白银东大沟铅锌镉复合污染场地水泥固化稳定化原位修复［J］．环境科学，2017，38（9）：3897-3906.

[7] 2013—2017 年中国污泥处理行业深度研究及投资前景分析报告 [M]. 智研咨询集团, 2013 (6): 1-2.

[8] 戴晓虎. 我国城镇污泥处理处置现状及思考 [J]. 给水排水, 2012 (02): 1-5.

[9] 赵维妍, 张爽, 常瑞峰. 建筑垃圾资源化利用发展历程 [J]. 环境与发展, 2020, 32 (07), 205-205 +207.

[10] 刘启施, 王冠. 浅谈可持续发展理念下建筑垃圾资源化现状及发展趋势 [J]. 四川水泥, 2017, (11), 307-307 +179.

[11] 叶胜兰. 我国建筑垃圾综合利用的现状及发展趋势 [J]. 绿色科技, 2018, (18), 124-127.

[12] 时乐. 我国建筑垃圾现状分析及其资源化利用进程发展 [J]. 建材与装饰, 2020, (10), 161-162.

[13] 赵兴建. 建筑垃圾资源化利用 [J]. 工程建设与设计, 2018 (02): 246-247.

[14] 吴访非, 吴楠. 建筑垃圾资源利用的问题研究 [J]. 沈阳建筑大学学报 (社会科学版), 2014 (3): 294-296.

[15] 李海明. 我国城市建筑垃圾资源化利用研究进展与展望 [J]. 建筑技术, 2013 (09): 795-797.

[16] 向荣理. 建筑废弃物减量化管理研究 [D]. 重庆: 重庆大学, 2011.

[17] WU H X, ZUO J, ZILLANTE G, et al. Status quo and future directions of construction and demolition waste research: A critical review [J]. Journal of Cleaner Production, 2019 (240): 118163.

2 建筑废弃物及污染物的资源化概述

本章重点针对建筑过程中（建筑物、构筑物的建设、拆迁、修缮及房屋装饰）产生的各类废弃物及污染物，主要从其定义、特点、分类、各组分来源及资源化方式，以及资源化过程中存在的问题与政策建议等方面，全面概述了建筑废弃物及污染物的基本概念、发展现状及综合利用途径，旨在为建筑废弃物的全组分资源化及污染物研究提供整体解决思路和相关指导性意见。

此外，本书还主要针对人类生产生活和城市化建设过程中产生的两种典型难处理污染物——城市污泥和污染土壤，对其资源属性及综合利用途径开展了系统深入的阐述，旨在为全面实现建筑废弃物及城市污染物的资源化利用提供技术参考，加快推进“无废城市”的发展建设，从而推动我国生态文明建设迈上新台阶。

2.1 建筑废弃物及污染物的定义

从全球范围来说，建筑废弃物并没有一个明确统一的定义，它主要是以来源和建筑废弃物的成分来分类的。

在美国，建筑废弃物被定义为“在建设、扩建或拆迁建筑结构过程中产生的物质，建筑结构包括各种形态和用途的建筑物和构筑物（民用住宅或非民用住宅类、道路及桥梁）。其成分主要包括混凝土、沥青、木材、钢筋、石膏、墙板及屋顶材料”。

在我国，根据《城市建筑垃圾管理规定》的规定，建筑废弃物是指“建设单位或施工单位新建、改建、扩建和拆除各类建筑物、构筑物、管网等以及居民装饰装修房屋过程中所产生的弃土、弃料及其他废弃物”。主要包括废混凝土块、废沥青混凝土块以及施工过程中散落的砂浆、混凝土、碎砖渣、废陶瓷、金属、木材等。

日本将建筑废弃物定义为建设工程副产物，它包括再生资源和废弃物两类。其中，再生资源主要包括建设工程排出土和可以再生利用作为原材料使用的物质，如混凝土块；废弃物包括建设污泥等不能作为原材料使用的物质。

香港环保署（EPD）将建筑废弃物定义为“任何物质、物体或东西因建筑工程而产生，不管是否经过处理或储存，而最终被弃置。工地平整、掘土、楼宇建筑、装修、翻新、拆卸及道路等工程所产生的剩余物料，统称为建筑废弃物”。

不同的国家和地区对建筑废弃物的定义都存在一定的差别，主要体现在以下几个方面：来源上是否包括建筑材料生产过程中产生的废弃物和场地清理、基础开挖废弃物；建设活动是否包括所有类型土木工程；内涵上是否包括现场直接利用的部分；形态上是否仅为固体废弃物等。

建筑污染物是指旧建筑拆除和新建筑施工过程中所产生的含有污染物成分的固体废弃物，例如含有重金属（如铜、铬和汞）和有机物（如多环芳烃、碳、甲烷、硫化物和硫化氢）等污染成分的建筑弃料、建筑污泥、建筑渣土及其他固体废弃物，其中建筑弃料主要包括自身含有少量污染成分的石棉废料、废弃有机溶剂、废胶粘剂、化学处理的木料、含铅涂料、含汞废料等，其他含有污染成分的建筑废弃物常见于被拆除的工业建筑中。与普通建筑废弃物相比，建筑污染废弃物的组分比率虽然相对较小，但其对影响环境和健康的污染风险不容忽视，建议将来对来自工业建筑的拆建废弃物中的污染物进行研究。

2.2 各类建筑废弃物的来源

（1）木质废弃物

木质废弃物建筑材料是指建筑和装修过程中废弃的木结构材料、木质包装材料以及建筑模板材料等。城市基本建设，尤其是旧城改造、房屋动拆过程中会产生大量的木质废料，此外城市建筑以及居民住房装修等也会产生大量的废旧木材，其主要来源有以下四个方面：①建筑施工所用的模板、表面覆膜的三聚氰胺水泥模板以及各种实木模板；②建筑物的木制构件如门窗、地板、横梁、楼板、扶梯、隔板等；③新建房屋所用的木材产生的废料；④新房装修过程中形成的剩余物，如端头、废板、刨花等。

（2）金属废弃物

① 钢筋

大批旧房的改造，特别是对旧的框架式结构以及砖混结构房屋的拆除，少数施工队伍常把旧房柱、梁内的钢筋回收。通常的做法是单独把钢筋从金属大项里分离出来，因为钢筋在建设过程中无论是在价格上还是在数量上都是巨大的，且产生的阶段比较固定，有必要单独列项、专项管理。钢筋在施工过程中产生的废料一般都是在钢筋加工阶段产生的，钢筋废料主要成分是铁，无有害成分，可以回收利用。

② 金属废弃物

金属废弃物包括铁件（预埋铁件）、各种铁丝、各种钢板、铁丝网、各种铁钉、钢板网、铸铁、型钢等施工中使用的金属，这类金属无有害成分，可以回收，其产生方式与上述钢筋一致。

（3）塑料制品废弃物

建筑塑料大部分属于消费后塑料废料，这类废旧塑料来源广、使用情况复杂，必须经过处理才能回收再用。主要来源是建筑行业中的建材、管材等，罐装工业中的收缩膜、拉伸膜等。建筑废弃塑料可能还包括生活垃圾中的废旧塑料，比如各种瓶类、膜类、罐类包装制品；桶、盆、杯、盘等日用制品；玩具饰物、娱乐用品、服装鞋类、捆扎绳、打包带、编织袋、卫生保健用品等。

（4）玻璃废弃物

玻璃被广泛应用于房屋建设和人民的日常生活之中，而且已经发展成为科研生产以及尖端技术所不可缺少的新材料。其来源主要是玻璃制品在运输和使用过程中的损耗，或者是人们日常生活中丢弃的玻璃包装瓶罐及打碎的玻璃窗碎片等。玻璃废弃物，其化学性质稳定，不腐烂、不燃烧、不能降解，大量玻璃废弃物既给人们的生产和生活带来了不便，又对环境产生危害。因此，如何开展废玻璃资源化成了一个当今亟待解决的问题。

（5）陶瓷废弃物

建筑陶瓷废弃物是指用于修饰墙面、铺设地面、装备卫生间等各类陶瓷制品，在运输、使用及拆除过程中产生的破碎陶瓷，主要来源有各类墙地砖、耐火砖、瓦、排水管、卫生洁具等，我国建筑陶瓷占全球产量的64%。有统计表明，在建筑施工过程中瓷砖废弃物的产出水平（用废料率表示，即建筑材料转变为废弃物的比率）在工业、住宅、公共和商业项目中分别是2.5%、4.18%、6%和2%。除建筑行业中产生的陶瓷废弃物外，大部分陶瓷废弃物来源于陶瓷工业生产过程中，主要是指成型、干燥、上釉、搬运、烧成、贮存等工序中产生的固体陶瓷废料。据统计，每年陶瓷行业所产生的陶瓷工业固体废弃物就可达1300万吨，包括不合格陶瓷原料、原料车间污泥、抛光废渣污泥、不合格陶瓷粉料、不合格陶瓷坯料、不合格陶瓷釉料等工艺废弃物，还有燃料废弃物、生产易耗品废弃物和包装辅材等工业垃圾。大量的陶瓷废弃物造成了土地、矿产资源的巨大浪费和环境污染，因此，研究如何开发利用这些陶瓷废弃物是一项重大的课题。

（6）废弃混凝土块

混凝土是重要的建筑材料，主要用于基础、构造柱、圈梁、柱、楼板和剪力墙等现浇结构部位。废弃混凝土是指建筑物拆除、路面返修、混凝土生产、工程施工或其他状况下产生的废混凝土块。目前废弃混凝土的主要来源有：①混凝土建筑物由于使用年限期满或因老化被拆除，这是废弃混凝土的主要来源之一；②市政工程的动迁以及重大基础设施的新建或改造产生的废弃混凝土，其数量通常较大；③商品混凝土厂和预制构件厂的不合格产品或因其他原因产生的不能加以使用的混凝土；④建筑物施工和装修过程中的散落混凝土，主要是浇筑时的散落和溢出、运输时的散落以及商品混凝土订货过多或由于某种原因（如天气变化）暂停施工而未及时使用等情况下产生的；⑤施工单位实验室和科研机构测试完毕的混凝土试块或构件，其数量相对较小；⑥地震、风灾和火灾等自然灾害和战争等人为因素造成的建筑物倒塌等。

（7）废弃砌体材料

砖（砌块）主要用于建筑物承重及围护结构。碎砖（碎砌块）的产生来源主要有：①组砌不当、砖（砌块）尺寸及形状不准、设计不符合建筑模数或砖（砌块）规格选择不当等原因引起的在砌筑过程中不得不进行的砍砖；②设计选用的砖（砌块）强度等级过低或砖（砌块）本身的质量差；③运输过程的破损；④承包商管理不当；⑤订货太多等。

（8）废弃砂浆

砂浆主要用于砌筑和抹灰。砂浆废料的产生主要原因是施工过程中不可避免的散落，其他如拌和过多、运输散落等也是造成砂浆废料产生的原因。

（9）建筑污泥

我国建筑污泥的产生主要来源是抹灰作业中从墙体脱落的砂石以及建筑工地中因雨水天气受潮被污染的大型土方工程与水泥沙堆，从而形成了建筑污泥。建筑污泥是一种具有疏水性的粗颗粒无机污泥，可压缩性能和脱水性能很好，较含水量高、有害物多的化工污泥相比相对容易处理。

国外建筑污泥主要来自建筑垃圾回收工厂中，是建筑垃圾经洗涤和/或压碎等湿法工艺将惰性组分转变为可回收骨料的过程中产生的，如图 2-1 所示。湿法工艺在去除骨料杂质的过程中会减少空气污染，但会产生大量废水，因此国外的建筑污泥是一种具有含水量高（接近

93%）的极细颗粒。日本先端建设技术中心早于1999年11月就发布了“建筑污泥重复利用指南”，称因开挖工程生成的泥状渣料及泥水，其圆锥贯入指数 < $200kN/m^2$ 和轴压强度 < $50kN/m^2$ 的为建筑污泥，它是由钻孔桩、泥水式盾构、地下连续墙等工法产生的。

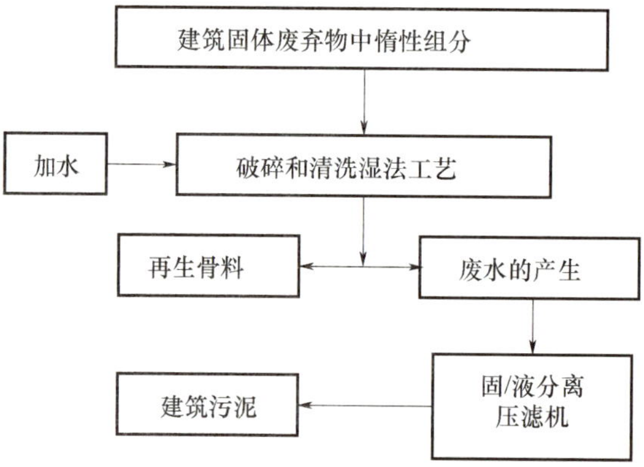

图2-1　建筑固废回收工厂中建筑污泥的生产流程

（10）建筑渣土

建筑渣土一般是指以城市新建、改建等工程基坑开挖的弃土、淤泥为主的建筑垃圾。其主要来源于建筑施工工地产生的土方、废渣、泥浆，一般由土、渣土、灌注桩施工中形成的泥浆固结物、散落的砂浆、施工剩余的混凝土浆等组成，还含有少量的柏油废料、碎砖石、混凝土碎块和断桩等。相较于其他固体废弃物而言，建筑工程渣土在物质组成、理化性质等方面具有较单一的特性，且有的含有毒有害物质较少。据统计，我国目前大中城市中建筑弃土的排放数量已占到城市垃圾排放总量的15%～20%。面对如此大量的建筑废弃渣土，其有效处置和合理利用已成为高等院校、研究机构、建筑企业与环保部门面临的一个重要课题。

2.3　各类建筑废弃物及污染物的资源化方式

各类建筑物、构筑物等在建设、拆迁、修缮及居民装饰房屋过程中产生的建筑废弃物种类很多，如果可以分类收集再加以利用的话，其用途也是非常广泛的。这些建筑废弃物可以被分离成单组分使用，也可以混合使用，成分不同，其利用方式和形成的产品也是不同的。建筑废弃物的主要种类及其资源化利用方式如表2-1所示。

表 2-1 各类建筑废弃物的资源化利用方式

废弃物种类	资源化利用方式
建筑渣土	回填、堆山造景、造田堆肥、热处理
碎砖瓦	砌块、墙体材料、路基垫层
混凝土块	再生混凝土骨料、路基垫层、再生水泥、碎石桩、再生砖和砌块
砂浆	砌块、填料
钢材	再次使用、回炉
木材、纸板	直接利用、加工复合板材、燃烧发电
塑料	粉碎、热分解、用于再生塑料
沥青	再生沥青混凝土
玻璃	直接利用、回炉、粉碎
陶瓷	化学、物理加工再利用，直接再利用
建筑污泥	固/液分离、烧结、回填绿化
其他	填埋

为了控制和减轻建筑废弃物中污染物组分对周围环境和人类健康造成污染与危害，目前针对污染物组分主要开展了吸附、吸收、释放、固化、焚烧和热解等相关机理与处理措施的研究，通过测定建筑废弃物中污染物的种类及释放量来评估其对环境的影响，从而采取相应技术措施以最大限度地减少资源化过程中污染物的排放。尽管这些污染物在总的建筑废弃物中所占的比率相对较小，但掺杂于各类建筑废弃组分当中，因此，在处理这类建筑废弃物时，应优先考虑对污染物成分的识别和污染物的全面控制。本节对于污染物的处置方式不再单独阐述，各类建筑废弃物的资源化方式具体内容如下所述。

（1）木质废弃物

从建筑物拆卸下来的废旧木材，一部分可以直接当作木材重新利用。对于建筑施工产生的多余木料（木条），清除其表面污染物后，根据尺寸大小直接利用，而不用降低其使用等级。可加工成楼梯、栏杆（或栅栏）、室内地板、护壁板和饰条等，也可加入胶粘剂支撑复合板材。无油漆、没经过防腐处理的不含有毒、有害物质的碎木、木屑和锯末等废木料，可作为燃料直接燃烧处理，也可作为堆肥原料和侵蚀防护工程的覆盖物，也可用于生产黏土-木料-水泥复合材料，与普通混凝土相比，具有质量轻、导热系数小等优点，可作为特殊的绝热材料使用。

（2）金属废弃物

① 钢筋

直接利用是钢材最为有效的再利用方式。若受条件限制不能直接利用，应将废钢筋融化后用于新钢制作。目前在国内外，废钢筋的资源化利用率是建筑固体废弃物中最高的，有报告显示，80% 以上的钢筋和 25% 以上的型钢，都是通过回收废钢筋制成的。我国目前也已形成了较为成熟的废钢筋回收市场，废钢筋回收交易较为活跃，对废钢筋的利用已有一定程度的开展。

② 铁丝、钢管等金属废弃物

拆除的废铁丝、钢管、暖气片、水电管线和各种废钢配件等金属卖给钢铁厂或有色金属冶炼厂。钢铁厂或有色金属冶炼厂分拣、集中、重新回炉后，可以再加工制造成各种规格的产品，实现再利用。

（3）塑料制品废弃物

塑料如聚乙烯（PE）、聚丙烯（PP）、聚苯乙烯（PS）和聚氯乙烯（PVC）材料可以高度回收利用，但是这些材料需单独收集并保持清洁。回收塑料废物比较麻烦，因为塑料废物常混有其他塑料制品或污染物。由于旧塑料性能会恶化，高度回收范围有限，回收时必须加入纯净物料。在荷兰，回收塑料材料被用于新塑料型材的生产，其中回收塑料占 70%。剩下的 30% 采用原物料，因其可确保足够的抗紫外线能力。未来，塑料废料替代率经过技术改进可能高达 80% 或 90%。

（4）玻璃废弃物

在建筑施工过程中，废玻璃在很多情况下可以得到很大程度的再利用，一般处理方法有以下四种：①从窗户上拆除下来的玻璃，经过处理、保护和清洗后，可以直接再利用。②废玻璃可用于制造玻璃纤维，玻璃纤维可用于制造绝缘材料或隔声材料。③将废玻璃粉碎加工处理后，用于制作细骨料。用此种细骨料搅拌的混凝土，其强度和密实度将大大增强，被称为“玻璃混凝土”。在搅拌混凝土时，也可将这些玻璃粉细骨料与其他组分结合使用，玻璃粉细骨料可发挥火山灰材料的作用。④将废玻璃粉碎加工处理后，用于制作铺路砖，此种铺路砖经表面抛光处理后其表面更加光洁美观，同时可大大提高铺路砖密实度，降低吸水率，提高抗压强度。

（5）陶瓷废弃物

目前，我国陶瓷废弃物的资源化利用方式主要分为以下两方面：①陶瓷工业废弃物的再生利用，是指将陶瓷废弃物回收后，对其进行化学、物理加工，使其成为一种新材料，将其再利用于陶瓷工业或其他工业中。例如将废瓷粉加工成日用陶瓷原料，利用陶瓷废料制备陶瓷透水砖、瓷渣陶粒、仿古砖等新型再生建材产品，作为水泥混合材和混凝土矿物掺合料以及从废弃陶瓷中回收贵金属等。②陶瓷废弃物的直接再利用，是指将废弃陶瓷直接作为产品或经修复、翻新、再制造后继续作为产品使用，或将废弃陶瓷的全部或者部分作为其他产品的部件予以使用。例如利用废弃陶瓷重新组合制成陶瓷组合灯具、陶瓷拼贴装饰画、陶瓷饰品等生活用瓷或艺术陶瓷装饰品，将废弃的陶瓷碎片直接用于城市景观设计中，将废弃的匣钵作为承重材料或作为建筑装饰材料等。

（6）废弃混凝土块

废弃混凝土是建筑业中排出量最大的废弃物，其资源化利用情况直接影响到建筑固体废弃物资源化利用的前景和方向。目前，废弃混凝土的利用方式主要有以下几个方面：

① 作为基础和道路垫层。将废弃混凝土破碎、筛分后的再生骨料作为建筑物基础垫层或道路基层的骨料使用，是目前我国废弃混凝土最常见的再利用方法。

② 生产再生砖和砌块。废弃混凝土破碎后，经筛分、清洗和干燥等工艺加工而成的再生骨料可用于生产混凝土砌块砖、铺道砖、花格砖等建材制品，也可以制作混凝土空心砌块。

③ 生产再生水泥。可用作再生水泥原料，废弃混凝土中含有的部分钙质、硅质原料及硬化水泥浆体在高温下脱水可形成氧化钙、氧化硅和氧化铁等氧化物，都是制造水泥所必需的氧化物。也用作再生水泥混合材。在低水胶比的高强度等级废弃混凝土中，未水化水泥的量可达到水泥用量的30%以上，这部分未水化的水泥颗粒在混凝土中仅充当微集料，没有发挥其水化活性，因而这些未水化的水泥和辅助性胶凝材料可继续发生水化反应，发挥胶凝作用。因此，废弃混凝土中的砂浆经处理和磨细后，可作为水泥的混合材和混凝土的掺合料使用。

④ 生产再生混凝土。再生混凝土是指利用再生骨料（将废弃混凝土块经过分拣、破碎、清洗和筛分分级后，按一定级配生产的骨料，分为再生粗骨料和再生细骨料两类）部分或全部代替天然骨料所配制的混凝土。根据所用再生骨料的种类，再生混凝土分为再生粗骨料混凝土、再生细骨料混凝土和再生粗、细骨料混凝土三种。但目前再生混凝土材料的耐久性、抗氯离子渗透性等性能与同原料、同配比普通混凝土相比还存在一定差距，全面推广应用还处于探索阶段。

（7）废弃砌体材料

废弃砌体材料形状多为块状和颗粒状，对其的回收处理方法一般有以下 4 种：

①通过分拣，将部分较为完整的碎砖等通过清洗后直接利用。②用于路基及填埋等低级要求的工程。③经过破碎后用作再生砌体骨料，可用于代替空心砖、多孔砖原料——黏土；但当再生砌体骨料用于烧结普

通砖时，可能会造成烧结普通砖成品强度低、干缩大、耐久性差，可通过在原料中添加石灰减少这种不利影响。④将碎砖等焚烧成煤泥灰，用于生产建筑胶凝材料。

（8）废弃砂浆

建筑物拆除过程中会产生粉末状水泥砂浆。硬化的水泥砂浆包裹在砂颗粒周围，增大了骨料的粒径，同时水泥水化颗粒改善了骨料的级配，可作为细骨料来用。而在拆除过程中产生的水泥砂浆块较大的可作为粗骨料，较小的经粉碎后可作为细骨料，都是可以物尽其用的。施工中散落的湿砂浆、混凝土可通过冲洗将其还原为水泥浆、石子和砂进行回收，英国已经开发了专门用来回收湿润砂浆和混凝土的冲洗机器。另一种方法是化学回收法，它利用聚合物将砂浆、混凝土直接黏结形成砌块。另外，凝固的砂浆、混凝土还可作为再生骨料回收利用。

（9）建筑污泥

建筑污泥通常是使用密封的大型罐车装运，运输到政府环保部门批准的指定地方遗弃。也可通过物理沉淀筛选与混凝沉淀脱水两种方法，将悬浮颗粒与胶体进行沉淀，分离出水和固体组分，再分别排放、处置。基于其污染性低、危害性小的特点，通常将分离后得到的水作为循环水使用。而固体组分经破碎处理或化学改良后，可作为建材制备的辅助原料、工程回填土、园林绿化用土等再利用。

国外建筑污泥的预处理同样采用了固/液分离的方式，污泥在压滤机中经絮凝、沉淀和脱水后进行资源化利用，分离后的固体组分含水量约为30%。目前针对脱水后的建筑污泥大多数用于建筑材料制备，资源化方式主要包括烧结、熔融、脱水、干燥、稳定化等处理方法。有研究表明建筑污泥中的惰性矿物组分是制备烧结砖的极佳原料，可与泥土原料混合制备出满足不同标准要求的烧结砖，其制备工艺如图2-2所示。近期研究发现，建筑污泥可作为吸附剂去除废水中的磷酸盐，并探讨了这种含磷建筑污泥吸附剂作为肥料在农业上的潜在应用。

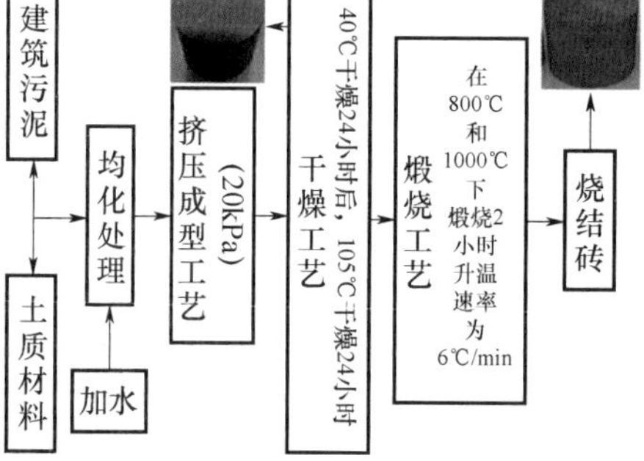

图2-2 建筑污泥制备烧结砖的工艺流程

与目前产量最大、污染性强的化工污泥相比，建筑污泥的产量相对较少、污染性低，相对容易处理，但对其污染物的可能释放及迁移仍需长期关注。关于城市化工污泥的特点及资源化利用，本书将在第10章详细阐述。

（10）建筑渣土

目前，我国对于建筑渣土的应用还未形成足够的规模，大量的建筑渣土仍是采用露天堆放或填埋的传统方式处理。而日本和美国等工业发达国家已具有相对成熟的建筑渣土利用技术。其中，美国建筑渣土综合利用率已达100%，新加坡早在2006年时建筑渣土的循环利用率已达50%～60%，日本东京建筑渣土的再利用率更是于1988年就已达56%。

通过借鉴国外建筑渣土的利用技术，一般是采用分选—破碎—固化剂等一系列处理改良措施后，将建筑渣土转变为再生利用资源。根据我国相关国情政策和发展趋势，结合现有技术手段及工程实际情况，将目前建筑渣土的资源化利用方式分为以下几个方面：①在道路等工程中利用，可以作为道路路基、路堑等填筑材料；②利用弃土造田堆肥，修复山体建防护林，也可用于景观园区建设修建人工景点等；③经过热处理等工艺，制作成砖瓦、陶瓷等工艺制品；④优质的弃渣经过筛选可以作为混凝土骨料料源；⑤弃土掺高岭土尾矿制烧结保温砌块。建筑渣土资源化是一个复杂的废弃物循环利用过程，须同时处理好此过程中建筑渣土的分类回收和资源再利用的两个重要环节，有效推进建筑渣土的综合利用。此外，本书除建筑业废弃渣土外，还重点针对广义上的工农业污染土壤这类污染物质的进行了详细阐述，从而共同实现土壤的无害化、减量化及资源化。

2.4 建筑废弃物及污染物对环境的影响

城市建筑废弃物及污染物处理不当，将严重影响城市环境，其主要表现为以下六个方面。

（1）占用土地

随着城市建筑垃圾量的增加，土地被占用面积也逐渐加大，大多数垃圾以露天堆放为主，经长期日晒雨淋后，废弃物中有害物质通过垃圾渗滤进入土壤，而发生了一系列物理、化学、生物反应，或为植物根系吸收或被微生物合成吸收，造成土壤的污染。

（2）影响空气质量

建筑垃圾在堆放过程中，在温度、水分等作用下，某些有机物质发生分解，产生有害气体，如一些腐败的垃圾发出的恶臭气味。垃圾中的细菌、粉尘飘散，少量可燃建筑垃圾在焚烧过程中也会产生有毒的物质，都会造成空气污染；废石膏中含有大量硫酸根离子，硫酸根离子在厌氧条件下会转化为具有臭鸡蛋味的硫化氢气体，废纸板或废木材在厌氧条件下可溶出木质素和单宁酸并分解生成挥发性有机酸，这些有害气体排放到空气中也会污染大气。

（3）对水域的影响

建筑垃圾在堆放和填埋过程中，因发酵和雨水的冲淋以及被地表水和地下水的浸泡而产生的渗滤液或淋滤液，会造成周围地表水和地下水的严重污染；如不加强控制让其流入江河湖泊或渗入地下，则会导致地表和地下水的污染。水体被污染后会直接影响和危害水生生物的生存和水资源的利用。

（4）影响土壤质量

建筑垃圾及其渗滤液所含的有害物质对土壤会造成污染，其对土壤的污染包括改变土壤的物理结构和化学性质，影响植物营养吸收和生长；影响土壤中微生物的活动，破坏土壤内部的生态平衡；有害物质在土壤中发生积累，致使土壤中有害物质超标，妨碍植物生长，严重时甚至导致植物死亡；有害物质还会通过植物吸收，转移到果实体内，通过食物链影响人体健康和饲喂的动物；此外，建筑垃圾携带的病菌会传播疾病，对环境形成生物污染等。

（5）破坏市容、恶化城市环境卫生

城市建筑垃圾占用空间大、堆放无序，甚至侵占了城市的各个角落，恶化了城市环境卫生，与城市的美化与文明的发展极不协调，影响了城市的形象。

（6）存在安全隐患

大多数城市对建筑垃圾堆放未制定有效合理的方案，因而产生不同程度的安全隐患，例如建筑垃圾的崩塌现象时有发生，甚至有的会导致地表排水和泄洪能力的降低。此外，由于管理不到位，不少地方城市的建筑垃圾被随意倾倒于路边、田边等，车辆往来和风会带起厚厚的尘土，严重影响城市环境，给周边居民的身体健康也带来威胁。

2.5 建筑废弃物及污染物资源化存在的问题

在法律控制和各方共同努力下，我国建筑废弃物处理工作取得了一定的进展。但与发达国家相比，还存在较大差距。资源化技术发展速度较慢，废弃物包围城市、污染城市的现象仍然十分普遍。同时，建筑废弃物分类收集工作刚刚起步，建筑废弃物回收尚处在原始的粗放阶段，与废弃物处理减量化、资源化的要求不相适应。社会、公众和单位对废弃物的危害及处理过程中应负的责任认识不清，废弃物处理的巨大压力和费用都由政府独自承担。废弃物管理还不够完善，对于废弃物处置缺乏长远的规划。就目前我国建筑废弃物处理情况来看，主要存在以下几点问题：

（1）建筑废弃物中污染物缺乏有效识别

研究表明建筑废弃物可能包含重金属和有机物等污染组分，这些研究的重点主要是针对住宅、商业建筑和市政项目在拆建过程中产生的建筑废弃物，但是其中可能存在来自垃圾填埋场或处理设施等工业建筑的拆建废弃物，这些拆建废弃物的组成和性质非常复杂，尽管这些有害污染物所占的比率相对较小，但对环境的危害可能非常严重。此问题已日益受到研究者们的关注，因此，建议未来对来自工业建筑的拆建废弃物中的污染物进行调查研究。

（2）建筑废弃物分类收集程度不高，回收利用率低

我国建筑废弃物处理及资源化利用技术水平落后，缺乏新技术、新工艺开发能力。绝大部分的建筑废弃物依然是混合收集，增大了垃圾资源化、无害化处理的难度。虽然部分城市采取分类垃圾箱，但利用程度不高。同时设备的落后，导致绝大部分建筑垃圾未经处理就被直接运往郊外或乡村采用露天堆放或简单填埋的方式进行处理，既浪费资源、增加成本，又污染环境。因此，建立建筑垃圾分类回收利用制度，加强建筑垃圾资源化科研工作，是提高其利用率的有效措施。

（3）施工管理及工艺技术落后

施工管理及工艺技术的落后直接导致施工过程中建筑材料的利用率较低，成为建筑垃圾大量产生的主要原因。我国现如今的施工手段仍以人工作业为主，机械化水平较低，必然造成材料的损坏和浪费；此外，施工管理不善，施工人员素质有待提高，也是产生大量建筑垃圾的主要原因。

（4）缺乏建筑垃圾监管体制与资源化推动机制

建筑垃圾处理的管理监督机制、法律法规还不够健全，执行力度不够，管理体系不够完善。同时，建筑垃圾治理的产业化建设没有跟上时代步伐，资源化产业链不够完善，建筑垃圾治理的价格体系未完全理顺，缺乏有利于扶持建筑垃圾治理产业化的优惠政策。因此，健全建筑垃圾的监管体制和实施再生产品的优惠政策，可有效推动建筑垃圾资源

化工作。

（5）缺乏环保与节约意识

企业单位的管理者和现场施工人员环保意识参差不齐、观念落后，节约意识淡薄。作业人员在建筑施工过程中不注意节约建筑材料而增加了建筑废弃物的产生量，施工现场形成了一种保质保量但并不注重环保节约的氛围。因此，提高施工人员的环保与节约意识，可有效减少施工过程中建筑垃圾的排放。

2.6 建筑废弃物资源化的政策建议

发达国家的经验表明，实现建筑废弃物的循环利用与政策、法律息息相关。政府或相关机构应发挥其作用，完善相关政策性法规，实现综合效益最大化，从而实现对建筑废弃物的循环利用。通过借鉴发达国家的经验政策，结合我国在建筑废弃物循环利用过程中的问题，笔者对我国建筑废弃物循环利用的管理提出以下建议：

（1）健全建筑废弃物循环利用政策体系

我国建筑废弃物的政策管理尚处于起步阶段，我国虽已出台多部关于建筑废弃物循环利用的法律，但只是一些笼统的条款，这使得建筑废弃物的循环利用没有法律保障。因此，要尽快完善建筑废弃物的循环利用的专项法律法规，出台适应我国国情的政策与措施，形成建筑废弃物的源头管理、过程控制、末端资源化的体系。同时，各监管部门应明确各自的职责范围，成立建筑废弃物处理专项委员会，使得各部门既可以各司其职，又能做到相互配合。

（2）明确建筑废弃物循环利用政策责任

具体的政策中应明确生产者的责任及责任延伸的范围，并细化各主体在建筑废弃物循环利用过程中的责任分配，政府对企业进行监督，以保证政策的有效实施。其中，在建筑废弃物的产生阶段，责任方主要是设计单位与建设单位；在处理阶段，责任方主要是施工单位和建筑废弃物处理企业；在回收阶段，责任方为再生建材生产企业。各个机构各司其职，明确各参与方的责任。

（3）制定激励性经济政策

我国的建筑废物回收企业普遍存在以下不足之处：规模小，投入大，生产成本高，产品质量不稳定，这些先天的缺陷使得企业发展具有不确定性。政府可利用经济手段，对从事垃圾处理投资经营活动的企业给予贷款贴息的优惠，以确保建筑废弃物循环利用活动的顺利开展。政府可带头购买绿色建材，从而形成示范作用，带动再生建材产业的发展。政府可通过各种媒介，引导企业进行建筑废弃物的循环利用。

参考文献

[1] 郝建丽，陈顺甜，吴海燕，等．香港建筑废弃物的管理概况［J］．重庆环境科学，2003，25（12）：177-179.

[2]《〈中华人民共和国固体废弃物污染环境防治法〉实施情况的报告》，2017-11-01.

[3] 建设部．《城市建筑垃圾和工程渣土管理规定》，2003-01-20.

[4] Wu H Y，Jian Zuo J，Zillante G，et al. Status quo and future directions of construction and demolition waste research：A critical review［J］. Journal of Cleaner Production，2019，240（118163）：1-13.

[5] 向荣理．建筑废弃物减量化管理研究［D］．重庆：重庆大学，2011.

[6] 徐惠忠．固体废弃物资源化技术［M］．北京：化学工业出版社，2004.

[7] Poon C S，Ann T W. On-site sorting of construction and demolition waste in Hong Kong［J］. Resources Conservation and Recycling，2001（32）：157-172.

[8] 刘晓芳．武汉市建筑垃圾处理中的问题及对策［J］．墙材革新与建筑节能，2013（11）：48-50.

[9] 李湘洲．建筑材料的再生循环与利用［J］．建筑工人，2008（2）：38-39.

[10] 胡晓华．回收钢筋的利用［J］．建筑工人，1996（11）：55-56.

[11] 李环宇，赵安，袁彩虹，等．塑料废弃物的危害及回收利用技术研究［J］．城市建设理论研究：电子版，2014（23）：2839-2840.

[12] 徐美君．国际国内废玻璃的回收与利用（上）［J］．建材发展导向，2007（1）：51-55.

[13] 董虚怀．陶瓷工业废弃物在建筑中的可循环利用设计研究——以彭城镇为例［D］．北京：北方工业大学，2019.

[14] 李景茹，丁志坤，米旭明，等．建筑废弃物产出水平影响因素分析［J］．华中科技大学学报：城市科学版，2010（03）：42-45.

[15] 王智威．不同来源再生骨料的基本性能及其对混凝土抗压强度的影响［J］．新型建筑材料，2007，34（7）：57-60.

[16] 雷大鹏．城市剩余污泥处置与利用技术研究新进展［J］．地产，2019，17：117.

[17] Reis G S D，Cazacliu B G，Correa C R，et al. Adsorption and recovery of phosphate from aqueous solution by the construction and demolition wastes sludge and its potential use as phosphate-based fertilizer［J］. Journal of Environmental Chemical Engineering，2020（8）：103605，1-11.

[18] 孟庆伶．建筑污泥再生资源化及其利用［J］．铁道建筑，2001（1）：12.
[19] 洪月菊，杜遂．城市弃土资源化途径探索及管理实践——以武汉市为例［J］．环境卫生工程，2019，27（3）：85-88.
[20] 黄万千．城市建筑弃土消纳场布局规划研究——以南宁市为例［J］．大众科技，2011（7）：103-105.
[21] 姜健，蒋承杰，蒋学．建筑固体废弃物资源化利用及可行性技术［J］．科技通报，2013，29（3）：212-216.
[22] 陈家珑．建筑废弃物（建筑垃圾）的资源化利用及再生工艺［J］．混凝土世界，2010（9）：44-49.
[23] Tam V W Y, Tam C M. A review on the viable technology for construction waste recycling [J]. Resources, Conservation and Recycling, 2006, 47 (3): 209-221.
[24] 刘鸣，索建，于辉．地震建筑废弃物资源化再生技术与对策研究［J］．大连理工大学学报，2009，49（5）：699-704.
[25] 华军舰．建筑垃圾再生混凝土的研究［D］．北京：北京建筑工程学院，2007.
[26] 陈国云．合理利用建筑渣土建设资源节约型社会［J］．交通节能与环保，2011（2）：28-32.
[27] 巴格娜．浅议建筑渣土的资源化利用［J］．建材发展导向：下，2016，14（3）：55.
[28] Reis G S D, Cazacliu B G, Cothenet A, et al. Fabrication, microstructure, and properties of fired clay bricks using construction and demolition waste sludge as the main additive [J]. Journal of Cleaner Production, 2020 (258): 120733, 1-14.
[29] 谭丽，余峰，陈学文．陶瓷废弃物资源化利用之浅谈［J］．中国陶瓷工业，2011（03）：26-28.
[30] 张波．废弃混凝土再生资源化利用研究［J］．砖瓦，2013（6）：60-62.
[31] 李建明，王志刚，王一峰，等．基于固体废弃物资源化利用的“无废城市”建设初探［J］．中国水土保持，2019（7）：25-29.
[32] 王里奥，陶玉，罗书鸾，等．利用城市污泥堆肥及建筑弃土种植麦冬研究［J］．环境工程学报，2010（10）：209-214.
[33] 刘萌，甄理，李飞．利用建筑弃土制备可控低强材料试验研究［J］．江西建材，2015（12）：56-60.
[34] 刘兆秀，丁惠群，袁凯．建筑弃土掺高岭土尾矿制烧结保温砌块技术研究［J］．墙材革新与建筑节能，2017（2）：29-34.
[35] 张英慧．浅析建筑垃圾的循环利用［J］．中国新技术新产品，2011（1）：162.
[36] 关攀博，王琳瑞，付凌波，等．城市建筑废弃物的科学管理与有效利用研究［J］．环境科学与管理，2016，41（4）：7-11.
[37] 宋日范，夏伟东．城市建筑废弃物处理现状及资源化利用技术［J］．再生资源与循环经济，2014，7（9）：40-41.
[38] 李湘洲．国外建筑垃圾利用现状及我国的差距［J］．砖瓦世界，2012（6）：

9-13.

[39] 王秋菲，王盛楠，李学峰．国内外建筑废弃物循环利用政策比较分析［J］．建筑经济，2015（6）：95-99.

[40] 王秋菲，王盛楠．基于欧洲各国及新加坡建筑废弃物循环利用的政策研究［J］．沈阳建筑大学学报：社会科学版，2015（3）：290-295.

3 木质废弃物

3.1 木质废弃物的来源及化学组成

木质废弃物是指建筑和装修过程中废弃的木结构材料、木质包装材料以及建筑模板材料等。目前，我国每年的建筑竣工面积约有12亿平方米，建筑和装修过程中产生了大量废弃木质材料。据估算，我国每年废弃木质材料的数量巨大，其中加工剩余物约2800万吨，各类木质废弃物约6000万吨，这些废弃木质材料不仅占用了很大的堆放空间，而且处理起来要花费大量费用，包括运输费、填埋费等。合理地利用这些废弃木质材料，使其再生循环利用，不仅可以解决上述问题，而且还可以变废为宝，从而缓解我国木材的供需矛盾。

3.1.1 木质废弃物的来源

（1）木材加工、人造板、家具及木制品制造工业的加工剩余物。

（2）在始终高热不下的城市建筑及住房的装饰装修大潮中，所产生的木质抛弃料（如边角料、下脚料等）。

（3）城市基本建设，特别是旧城区改造，房舍动拆迁过程中，建筑物的木制构件（如门窗、地板、横梁、檩条、木椽、楼板、扶梯、隔板等）。

（4）家庭或企事业单位在家具更新换代过程中所抛弃的旧的木制家具和木制品（如橱柜、沙发、椅凳、床桌及写字台、电脑桌、书橱等办公家具）。

（5）工业产品、物流仓储、会议展览、百货超市等行业木制品抛弃物（如大量的木质包装箱、垫板、隔架、广告牌、电缆电线盘等）。

（6）各类建筑工程工地抛弃的木制品（如各类人造板、模板、跳板、脚手架等）。

（7）城市园林绿化过程中淘汰的老、枯、病、朽以及不适应城市栽培的树木，以及大量的修剪枝桠材。

（8）其他类别城市木制品废弃物。

综上所述诸多类型城市木材抛弃物，几乎每时每刻都在产生。长期以来，人们熟视无睹。它们之中的绝大部分都被当作城市垃圾处理掉了。我国每年产生的城市垃圾总量约为60亿吨。以最保守的数字计算，即各类木材制品抛弃物只占其中的1%，那么也有6000万吨，折合木材材积计算，约为8500万立方米。

此外，在农村地区也会产生大量的秸秆类废弃物，如稻秆、麦秆、棉花秆、玉米秆这也是木质废弃物的主要来源之一。

3.1.2 木质废弃物的化学组成

木质废弃物的化学组成包括木质纤维素（纤维素、半纤维素、木质素）及次要成分，包括树脂、单宁、香精油、色素、生物碱、果胶、蛋白质、淀粉、无机物等。组成木材基本元素和平均含量：碳49.5%~50%、氢6.3%~6.4%、氧42.6%~44%、氮0.1%~0.2%。此外，还有少量无机物即灰分组成，总含量为0.2%~1.7%，主要是钾、钠、钙、磷、镁、铁、锰等元素。

3.2 木质废弃物的综合利用机制

目前，国内外木质废弃物综合处理机制主要分为废旧物资源化处理及废旧物废弃处理两种方式。其中，资源化处理是将木材废弃物作为再生资源，经过一些必要的技术进行生产、加工及再次合成，使其成为其他重要资源能被循环利用；还有一种处理方式是直接废弃处理，即将废旧木材通过焚烧、填埋及自然分解等形式处理，从低碳经济角度考虑，包括我国在内的一些已经以法律的形式禁止将废旧木材直接焚烧的做法。

木质废弃物回收利用资源化利用技术方面，主要以热解、水解、能源生产和新材料制造为主要技术和手段。目前，在木质材料的热解利用、气化和压缩成型方面的技术较为成熟，并已经成为规模化模式进行产业化发展。由于快速热解利用及压缩成型方面的技术回收期短，在我国已经实现了产业化方面的开发研究，并在生物质燃料方面有了突破性进展。目前，国内外主要的木质废弃物资源回收利用处理模式如图3-1所示。

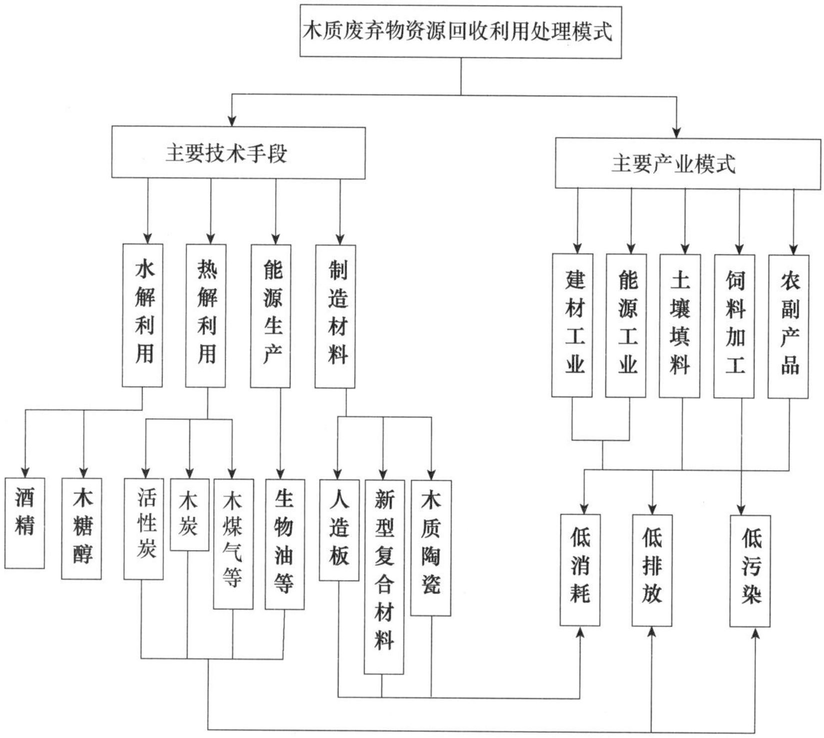

图 3-1　木质废弃物资源回收利用处理模式图

3.3　木质废弃物的综合利用途径

3.3.1　木质废弃物制备建筑制品

1. 制造木质人造板

人造板是利用木质或非木质原料，通过一定的工艺过程，施加胶粘剂（包括有机胶粘剂和无机胶粘剂），或不施加胶粘剂，在一定的条件下压制而成地板材或型材。人造板工业化生产已有60多年的历史了，加工技术相当成熟。人造板是代替实木的上好木质材料，利用建筑木质废弃物生产人造板尽管是传统的利用方式，但是它对缓解日益突出的木质资源匮乏问题、缓解木材供需矛盾、减少环境污染和增加社会效益方面具有极其重要的现实意义。建筑木质废弃物通过一定的处理可以用来生产纸质人造板、纸质结构板、再生刨花板（包括普通刨花板、水泥刨花板等无机刨花板等）和无机胶结人造板等木质人造板。

1）制备方法

制造木质人造板是木质废弃物的主要利用途径。生产实践表明，用木质废弃物生产人造板时原材料的清洗是关键，其他工序同常规生产相同。

纸质人造板的制备有湿法和干法成型两种工艺。其中湿法成型的制造工艺类似我国目前的湿法成型纤维板，但无热压工段，以目前美国市场较为有名 Homasote 纸板为例，其制造工艺为废纸→水池搅拌去除杂物→精磨→成型→脱水、烘干等。可根据需要在制造过程中加入胶粘剂、石蜡和阻燃剂。

干法成型纸质板是采用气流铺装成型，原料大部分为废旧的新闻纸，其制造工艺和干法硬质纤维板类似。美国的一项研究表明，采用旧新闻纸和木材纤维混合，混合比例为 1∶1，采用热固性树脂胶粘剂，施胶量为 7% 时，硬质板的性能达到或超过了美国国家标准的要求。

纸质结构板是美国公司研制成功的，原名为 Spaceboard（空间板），制造也是采用湿法制造工艺，废纸纸浆进入模具后，利用真空将水分吸走，纤维在模具中被压成类似蜂窝形状的平板。该类板可单独使用，也可将两块板对拼成厚板使用。该板的优点是原料来源广，废纸基本无须清理和脱墨，可根据需要调整板中的蜂窝尺寸。

再生刨花板是采用一部分废弃木质材料（如建筑物废弃木质材料、废弃包装材和废弃包装箱等）作为原料制成的。制造工艺和普通刨花板有所类似，但在原料制备工段有所不同。为了减少废弃木质材料中的铁钉、石块等对削片机、刨片机刀具的损坏，先采用无刀锤式粉碎机将废弃木质材料粉碎，再利用磁选、水洗机和气流分选机对粗刨花进行一次或多次的筛选，除去铁钉、石块等杂物后，进行削片、刨片等加工。

定向刨花板是日本积水化学公司利用旧房和木材加工厂的边角废料等废弃木材制造的再生建筑材料，其强度与新木材大体相当。通过将废弃木材切成长 40mm、宽 5 ~ 15mm、厚 1 ~ 5mm 的碎片，然后涂上胶粘剂，再进行蒸汽加热和压缩而成，用作建筑材料。

2）产品性能

木质废弃物制备人造板或刨花板，其产品性能最低应达到国家标准《刨花板》（GB/T 4897—2015）的技术要求。

（1）厚度，由供需双方协商确定。

（2）幅面，刨花板幅面尺寸为 1220mm × 2440mm。经供需双方协议，可生产其他幅面尺寸的刨花板。

（3）尺寸偏差应符合表 3-1 的要求。

表 3-1　尺寸偏差

项目		基本厚度范围	
		≤12mm	>12mm
厚度偏差	未砂光板	$^{+1.5}_{-0.3}$mm	$^{+1.7}_{-0.5}$mm
	砂光板	±0.3mm	
长度和宽度偏差		±2mm/m，最大值±5mm	
垂直度		<2mm/m	
边缘直度		≤1mm/m	
平整度		≤12mm	

（4）外观质量应符合表 3-2 规定。

表 3-2　外观质量

缺陷名称	允许值
压痕	肉眼不允许
断痕、透裂	不允许
单个面积>40mm^{2}的胶斑、石蜡斑、油污斑等污染点	不允许
边角残损	在公称尺寸内不允许

（5）刨花板出厂时的共同指标应符合表 3-3 规定。

表 3-3　刨花板出厂时的共同指标

序号	项目	共同要求
1	含水率	3%~13%
2	板内密度偏差	10%
3	甲醛释放量（穿孔值）	应符合 GB 18580 的现行国家标准规定

（6）其他物理力学性能应符合 GB 18580 现行国家标准的规定。

3）案例分析

以废弃木材生产 E_1级刨花板为例，意大利 Mauro Saviola 集团的 SIT 工厂，以 100% 的城市废弃木材为原料，生产 E_1级刨花板。废弃木材来自欧洲（意大利、西班牙、法国、瑞士等国）的大城市，以城市建设中拆下的废木材、窗户、家具等为主。工厂年设计产能为 60 万立方米，质量可达 E_1级，此外工厂每天还能从废料中回收 20t 废旧金属。

工厂的生产工艺过程如下：城市废弃木材到厂后露天堆放，用铲车推到水洗池内对废弃木材进行水洗清除泥沙污物，同时提高木材含水率；洗涤水经沉淀、分离清淤后回用；然后将废弃木材由水池捞出，经金属探测器清除金属铁磁物质后，送入削片机削片；木片经过筛选进入锤式打磨机，打磨成刨花再经筛选后进入湿刨花料仓；湿刨花进入烟气滚筒式干燥机进行干燥；干刨花通过筛选后经气流分选，然后进入干刨花料仓；废烟气经静电除尘后排入大气（含尘量 $<5mg/m^3$）。

干刨花和胶粘剂通过称重计量后进入拌胶机施胶，施胶量精确控制可达 ±0.2%。已施胶刨花送入四头铺装机，铺装机为气流机械混合式，四个铺装头按顺序为气流、机械、机械、气流，铺装密度误差在 ±0.5% 以内。刨花板表面为细结构，芯表层比例可以根据工艺要求进行控制。铺装好的板坯进入预压机，预压后的板坯进行密度和含水率的在线连续检测，并通过金属探测器，合格板坯送入连续热压机，热压机长 50.2m。热压后的板材，经厚度和密实度检测，再经横截锯锯成规格板，进入翻板冷却系统，最后堆垛。堆垛两天后的板材送入十头砂光机砂光，砂光后即成品可入库待售。

2. 制造木质陶瓷

目前森林资源严重不足，为了保护自然资源，高效利用生物资源，废弃物的回收、再利用以及资源化，很多国家都在研究木材废料再利用和尝试用木材废料制造木质新材料。木质陶瓷就是基于这种理念而开发的一种典型的新型环境友好材料。其概念最早是由日本工业试验场的冈部敏弘等人在 1990 年提出来的，是指将木材在热固性树脂中浸渍后，经高温炭化后得到的一种多孔炭材料。生产木质陶瓷的原材料可以为废弃木料、农作物秸秆、甘蔗渣、废纸等，因此，对于资源的重复利用具有十分重要的意义。

木质陶瓷具有较高的硬度，良好的耐摩擦、耐腐蚀及电磁屏蔽等性能。在工业领域应用十分广泛，既可作为结构材料使用，又可作为功能材料使用。

1）制备方法

将木材或其他木质材料初加工成粉末、纤维等形态，再将其浸渍在酚醛树脂中，一定温度下压制成型。固化后，在焙烧炉中经 300 ~ 2800℃高温炭化，得到木质陶瓷。其制品可根据需要切割成各种形状，也可以直接以中密度纤维板为原料，浸渍在酚醛树脂中，再经高温炭化得来。反应结束后，木材生成软质的多孔炭，树脂生成硬质的玻璃炭。图 3-2 为木材陶瓷的生产工艺流程图。

（1）合成酚醛树脂

合成酚醛树脂有两种单体：一种是苯酚，来自石油工业，为不可回收资源；另一种单体是甲醛，为一种有毒的化合物。此外，酚醛树脂虽然能够提高木质陶瓷的强度，但也会降低其表面面积。因此，有研究者以液化木材（固体木材被过量的液态有机物苯酚或乙醇的化合物处理后在硫酸的催化作用下，转化成液体状态）代替酚醛树脂。其方法可降低酚醛树脂的用量，提高可再生资源的利用效率。

（2）树脂的浸渍

提高木材原料的浸渍率及其均匀性是保证木材陶瓷形状稳定和性能均匀的重要条件，采用超声波浸注技术，其浸渍率可提高到10%。

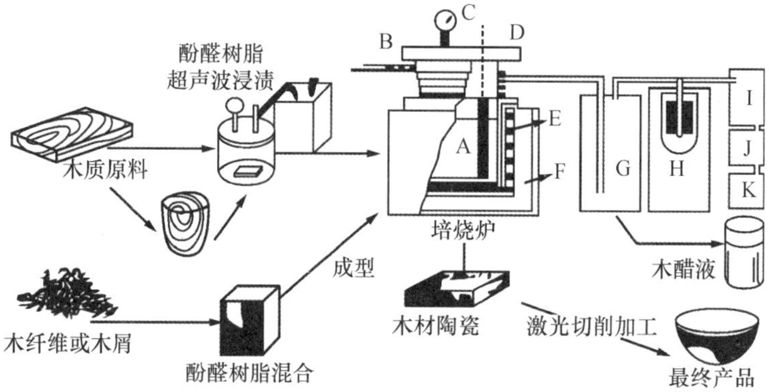

图3-2 木质陶瓷的生产工艺流程

A. 原料试样；B. 冷凝管；C. 压力表；D. 温度计；E. 加热器；F. 绝热材料；G. 水阱；H. 冷阱；I. 活性炭过滤层；J. 空气过滤层；K. 真空泵

图3-3是超声波树脂浸渍装置示意图，包括浸渍槽、树脂储槽、真空泵、压缩机和超声波发生器等几个部分。浸渍槽内有一个可运动的超声波振荡器，在减压情况下，能够迅速降低试样内部的空气，同时由于产生超声振动，提高了原料的浸渍率和树脂浸渍的均匀性。树脂浸渍率与木材陶瓷的密度密切相关，但树种不同所受影响的程度也不同。

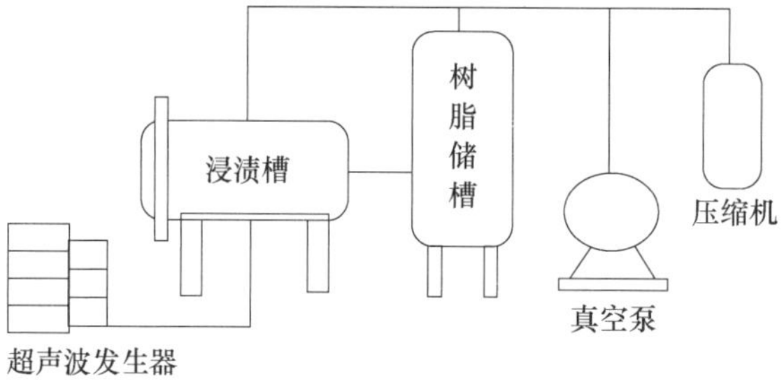

图3-3 超声波树脂浸渍装置

（3）高温炭化

高温炭化装置主要包括焙烧炉和排出分解物质的真空系统。焙烧炉须是密闭的系统，加热系统为间接加热，以保护加热体和产生均匀加热。真空装置包括冷凝器和真空泵，大多数热分解产物经水冷凝后成为溶液或含焦油的块状物，这种分解物可经过水槽捕捉，也可经过冷阱（－80℃）或活性炭过滤层。

浸渍树脂后的木材，应在惰性气体的保护下高温炭化，但在这种条件下木材受热分解形成木焦油和木醋液，腐蚀加热体表面。如果加热不均匀，将会产生皱缩、开裂和翘曲。为了防止这种现象的产生，要在焙烧炉内形成负压，以保证热分解气体及时被抽出。

炭化在300～2800℃温度范围内进行，木材和树脂的分子链皆发生了一系列重大变化。对于木材组分，炭化温度位于250～310℃时，脱水作用发生，纤维素解聚形成新的碳氢化合物结构；炭化温度位于400～500℃时，碳氢化合物缩合形成芳香族化合物的多环结构；与此同时，酚醛树脂在300～400℃发生解聚，在400～500℃缩合形成芳香族多核结构。随着炭化温度的进一步升高，木炭排列的有序化程度提高，但当温度高于650℃时，由于温度继续升高，引起裂纹等缺陷出现，使得木炭最终只能部分结晶，即木炭中包含了无定形组分及石墨晶体组分。

（4）木质陶瓷加工

初加工的木质陶瓷多为表面多孔而粗糙的块状产品，为满足应用要求，须加工成适用于木质陶瓷的形状和大小。其中研究最多的是激光加工，其优点是加工精度高、效率高、加工表面光滑、形状容易控制、环境污染小。现已开发出脉冲式CO_2激光器，具有热应力小、无加工裂纹的特点，是有发展前景的木质陶瓷加工工具。

2）产品性能

虽然最近十几年木质陶瓷开始发展，但总体来说对它的研究依然还是处于初级阶段。对木质陶瓷的研究往往只是在性能和制备工艺上，还没有形成相关的行业标准和产品性能指标。目前，木质陶瓷主要具有以下特性：

（1）力学性能

关于木质陶瓷的力学性能，其中包括炭得率、硬度、抗压强度、抗弯强度、杨氏模量和断裂韧性都随树脂浸渍率或烧结温度的提高而增加。因此，影响木质陶瓷力学性能的主要因素是碳化温度和酚醛树脂的用量。一般情况下，木质陶瓷的杨氏模量、弯曲强度、压缩强度和断裂韧性在碳化温度为500℃左右时出现极小值，此时木材和酚醛树脂的热解反应最为剧烈，缺陷较多。随着酚醛树脂含量的增高，杨氏模量、压缩强度和断裂韧性出现最优值，分别为5GPa、80MPa、0.6MPa·$m^{\frac{16}{2}}$。

（2）体积阻抗特性

木质陶瓷的体积阻抗与烧结温度密切相关。电阻率随着烧结温度的升高而下降，木质陶瓷从绝缘体过渡到导体。烧结温度在700～900℃以下，木质陶瓷的导电性有急剧的变化，而超过这个范围后，其导电性随烧结温度上升的变化不显著，表现出半导体的性质。研究表明，在10% ~70%湿度范围内，相对湿度与木质陶瓷的阻抗间有极好的线性关系，且温度和阻抗间也存在与半导体类似的较好负相关。因此，木质陶瓷可以作为温湿度传感器的感应元件。

（3）电磁屏蔽性能

木质陶瓷具有导电性，能够抑制电磁波的穿透，并且低温炭化时呈现半导体特征；多孔性结构使它能够散射和吸收电磁波辐射，具有很低的电磁波反射率，所以木质陶瓷可以作为一种优良的电磁屏蔽材料。研究表明：炭化温度在650 ~700℃时，木质陶瓷在频率为7GHz时具有优良的电磁波吸收性（约50dB）；炭化温度在750 ~800℃时，木质陶瓷在频率为0.8GHz时的电磁波吸收约为40dB；并且随着炭化温度的升高，吸收性降低；可知炭化温度对木质陶瓷的电磁屏蔽性有较大程度的影响。因此，用它既可作为电磁波屏蔽体又可充当电波吸收体（多孔性所决定）。

（4）耐磨性能

耐磨性好是一些碳材料突出的性能，国外绝大多数民航客机和军用飞机都采用碳—碳复合材料刹车片，其正常摩擦系数为0.1 ~0.2。木质陶瓷不仅耐磨性好，而且有很好的自润滑作用。在无润滑、水或油润滑条件下，木质陶瓷的摩擦系数都为0.13 ~0.15，几乎不受滑动速度影响。在两物体接触压力低于临界值时，木质陶瓷的磨损速率很低，不到$10^{-8}mm^2/N$，足可以满足实际应用，可以作为轮胎防滑钉、电机的碳刷、汽车刹车材料、轴承、轴瓦等，现已有木质陶瓷在制动装置和无心磨床上的应用研究。

（5）其他性能

木质陶瓷的远红外放射率是黑体的80%左右，在波长为5μm时，放射率达到峰值。由于人体多靠远红外线获取热量，因此，木质陶瓷极有潜力发展成为房屋取暖材料，另外可用于铺路，有利于冬季化雪。木质陶瓷具有的多孔性特征，还可以作为高温过滤材料、催化剂和固定化载体。

3）案例分析

西北农林科技大学公开了一种制备碳化锆木质陶瓷的方法，该方法包括如下步骤：（1）将生物质材料粉碎至50 ~800目，调整含水率至1% ~10%后，采用热压成型或辊压成型制成坯体，进一步炭化后获得炭模板。（2）采用硝酸氧锆、氧氯化锆、硝酸锆等无机锆盐为锆源，乙酸或柠檬酸为螯合剂、水和乙醇为溶剂制备锆溶胶。（3）将锆溶胶渗透到上述所得的炭模板中，干燥后，在一定的温度下热处理即获得碳化锆木质陶瓷，碳化锆木质陶瓷的扫描电镜照片如图 3-4 所示。

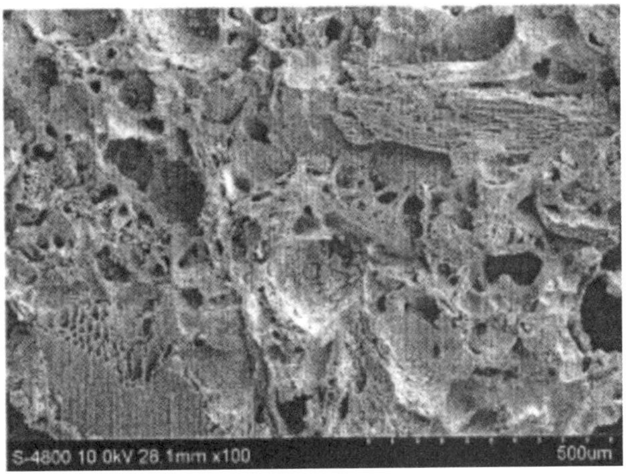

图 3-4 碳化锆木质陶瓷的扫描电镜照片

其中，以一种木质材料为原料制备碳化锆木质陶瓷。首先，将木质材料粉碎至400 目，调湿至含水率为 10%（质量分数），用平板硫化机在金属模具内热压成型，成型温度 130℃、成型时间控制在 40min，获得密度为 0.96g/cm^{3}的坯体。将上述坯体置于高温炭化炉中，以2℃/min的速度升温至 900℃，保温炭化 2h，获得炭模板。然后，将 100g 硝酸氧锆溶于乙醇和水（体积比为 2∶1）的混合溶剂中，控制锆盐溶液浓度在 0.4mol/L。按乙酸与硝酸氧锆摩尔比例为 1∶2 称取螯合剂乙酸，加入上述锆盐溶液，搅拌使其混合均匀，然后向混合液中滴加氨水，调节混合溶液的 pH 值为 6～7，进一步将混合溶液置于 90℃的恒温水浴锅中搅拌加热，反应4h，得到锆溶胶。接着截取上述多孔炭模板一定尺寸放入浸渍罐，抽取真空，使罐内压力达到 -0.09MPa后，向浸渍罐中通入锆溶胶，然后向浸渍罐中充入氮气使压力达到 2MPa 后，关闭氮气，保持压力 3h，取出炭模板，使其在 30℃陈化 24h，然后置于 80℃干燥箱内干燥 24h，获得锆凝胶/炭复合材料。最后，将锆凝胶/炭复合材料置于高温炉中并通以氩气保护，以 3℃/min 的速率加热到 1600℃，保温 4h，然后自然降至室温，获得碳化锆木质陶瓷。

经测试，所得碳化锆木质陶瓷的密度为（4.64 ±0.05）g/cm^3，弯曲强度为（412 ±18）MPa，断裂韧性为（3.8 ±0.2）MPa · m$^{\frac{1}{2}}$。所制备的碳化锆木质陶瓷具有高比表面积、高力学强度、多孔、抗热冲击性能好和膨胀系数小的特性，以及良好的隔热、耐腐蚀、耐摩擦磨损、电磁屏蔽等优异性能。同时，制备方法和工艺简单，原料廉价易得。

3. 制造木塑复合材料

木塑复合材料（WPC）是以低值或废弃的生物质材料为主原料，利用高分子界面化学原理和塑料填充改性的特点，混合一定比例的塑料基料，经专业工艺加工成型的一种可循环利用的材料。其中，生物质材料包含木粉、木屑和废弃木材等。通常将没有直接再利用价值的废弃木材作为木塑材料的原料。

木塑复合材料综合了植物纤维与聚合物材料的双重特性，是理想的木材替代品，具有优良的综合性能，有效地满足了相关领域的材料需求。其特性主要包括：

（1）成本低，原料来源广泛；可回收再利用，于环境友好。

（2）较木材相比，机械性能，强度、耐磨性具有明显的改善。

（3）类似木材的外观，但可压制出不同形状图案；尺寸稳定性好，不易翘曲变形。

（4）使用寿命长，耐热、耐候、耐腐蚀、耐潮湿性能好。

（5）可塑性能强，灵活性大，既可用挤出、热压等工艺成型生产，也可用锯、刨、钉、钻等加工，易于维修。

（6）可调整性强，加入着色剂或者其他不同功能性助剂，改变材料颜色、静电、老化、燃烧等性能。

1）制备方法

木塑复合材料的性能不仅仅与原料、添加剂的种类含量等因素有关，成型加工工艺与设备也有很大影响。木塑复合材料成型工艺主要有三种：

（1）热压成型

热压成型包括两种形式：模压成型和层压成型。模压成型是将混合好的物料直接放入模具，再经油压机加热加压成型。层压成型是先将物料用密炼机炼塑后，辊压成 1mm 的薄片，再切割层叠后放入热压机压制成型。压制成型的物料所受压力大，具有较好的力学性能，但是成型过程是间歇式的，影响工业生产效率。

（2）挤出成型

挤出成型先将处理后物料通过单螺杆或者双螺杆挤出机挤出成型板材，是发展最迅速、技术较成熟的成型工艺。主要设备有单螺杆挤出机、同向双螺杆挤出机、异向平行双螺杆挤出机、异向锥形双螺杆挤出机等。挤出成型分为一步法和两步法：一步法不经过中间造粒，直接将混料加入挤出机，混炼、塑化和挤出在一组设备中完成；两步法先用双螺杆挤出机进行混炼造粒，再用挤出机挤出成型。前者可以连续生产，效率高，但是对设备、工艺的要求较高，控制较难；后者将混合造粒和挤出成型分开进行，相对比较灵活，操作简单，目前为大多数企业所采用。

（3）注塑成型

注塑成型主要设备为注塑机，成型工艺也分为一步法和两步法：一步法不包括造粒步骤，直接注塑成型；两步法先通过挤出机混炼造粒，再将粒料加入注塑机注塑成型。与挤出成型制品相比，注塑成型可以高效成型各种复杂非连续的制品，拓宽了木塑复合材料的应用范围，越来越受到研究者与生产厂家的关注。

2）产品性能

目前规定，木质废弃物制备木塑复合材料一般为型材或板材，主要应用在家具、建筑材料、物流包装等领域。

产品性能和技术要求应符合国家标准《建筑模板用木塑复合板》（GB/T 29500—2013）中的要求，适用于挤出工艺和模压工艺制造而成的建筑模板用木塑复合板。

（1）外观质量

表面不应有影响使用的划伤、匹痕、孔点、气泡、裂纹和其他明显杂质等缺陷。

（2）尺寸允许偏差

尺寸允许偏差应符合表 3-4 的规定，两对角线长度之差应符合表 3-5 的规定。

表 3-4　尺寸允许偏差

项目	要求
厚度（mm）	厚度 < 12 时，偏差 ±0.4；厚度 ≥12 时，偏差 ±0.5
长度和宽度（mm/m）	0 ~ 1

表 3-5　两对角线长度之差　　单位：mm

长度	宽度	两对角线长度之差
1835	915	≤3
2440	1220	≤5

注：其他规格尺寸产品两对角线长度之差由供需双方商定。

（3）物理性能

建筑模板用木塑复合板的物理性能应符合表 3-6 的规定。

表 3-6　建筑模板用木塑复合板的物理性能

检验项目		指标			
		实芯			空芯
		Ⅰ类	Ⅱ类	Ⅲ类	
静曲强度（MPa）		≥18	≥24	≥35	—
弹性模量（MPa）		≥1200	≥2200	≥3500	—
最大破坏荷载（N）		—		≥1500	
维卡软化湿度（℃）		≥75			
落球冲击试验（mm）		—		凹坑直径小于 12mm，且表面无裂痕	
简支梁冲击强度（kJ/m^2）		≥12.0		—	
耐碱性		表面无鼓泡、龟裂			
抗冻融性能	静曲强度（或最大荷载）保留率（%）	≥80			
	外观质量	无开裂、龟裂、鼓泡			
高温试验	静曲强度（或最大荷载）保留率（%）	≥80			
	外观质量	无开裂、龟裂、鼓泡			
表观密度（g/cm^3）		—			
邵氏硬度 D		—			
握螺钉力（N）		—			
吸水率（%）		—			

注：表观密度、邵氏硬度 D、握螺钉力和吸水率等性能指标由供需双方商定。

3）案例分析

以一种木塑混合材及其制作方法为例，本例介绍主要由木屑或废木材与塑料混合而成的新型材料及其制作方法。木塑混合材的材料包括木粉、木屑或废木材与塑料，其中，木屑或废木材须粉碎成木粉。其材料的配比组分为（质量%）：木粉 50% ~65%，强化剂 8% ~12%，其余为塑料。其木塑混合材料的配比组分（质量%）中可添加有建筑色素为 0.5% ~1.0%，阻燃剂 1% ~10%。其木粉细度为过 80 ~150 目筛，水分含量为 8% ~12%。其配比中强化剂可选用强度等级为 42.5 和 52.5 级水泥，塑料可选用聚氯乙烯（PVC）、聚丙烯（PP）、聚乙烯（PE）等粉料，阻燃剂可选用滑石粉，细度为过 250 ~300 目筛。

木塑混合材的制作方法，包括选材、粉碎、配比、搅拌加热、挤压成型、冷却固化、切割成品等工艺步骤。其搅拌加热、挤压成型两道工序可同时进行，边搅拌加热，边通过模具、芯棒挤压成型，其工艺条件：压力为 7 ~9MPa，加热温度为 85 ~90℃，如果添加阻燃剂，加热温度为 115～150℃，时间为 1～50min。

与现有木塑材料相比，该木塑材料具有以下优点：

（1）无污染，解决了废旧木材与塑料的再加工对环境造成的二次污染问题。

（2）耐冷热性能好，在 -30～120℃不变形，耐湿性强，水分吸收率仅为 0.2%。

（3）强度高，抗弯强度为 580MPa，引张强度为 27～33MPa。

（4）硬度高，耐腐蚀，防虫蛀。

（5）工艺简单，降低设备成本和人工成本。

（6）加工性强，螺钉嵌入力为 227kN。

（7）采用挤压工艺制作板材、型材，无屑加工，成品率高。

（8）产品颜色多样，适用范围广泛，主要用于室内地板材，顶棚板材，墙面材，楼梯材，门窗型材，浴室、厨房及外墙装饰材料，家具材料，防潮材料等。

3.3.2　木质废弃物的深加工

1. 制备活性炭

1）制备方法

活性炭是一种具有高度发达的孔隙结构和极大比表面积的炭质吸附材料，具有化学稳定性好、机械强度高、使用失效后易再生等特点，它能适合多相且分子直径不一的吸附质，与其他吸附剂相比，可以在更宽的 pH 值范围内使用。因此，在化工、石油、医药、食品、废水处理、大气净化等领域得到广泛的应用。

（1）原料

几乎所有含碳材料都可用来制作活性炭，例如木材、锯屑、泥炭、稻草等含纤维素材料通常仅以化学品活化法处理。有使用稻草和玉米秆的中间试验，也有以豆渣为原料用碳酸钾的活化制成活性炭。很适用于气体活化法的原料是木炭、坚果壳、褐煤或泥炭制得的焦炭。

（2）分类

由于原料来源、制造方法、外观形状和应用场合不同，活性炭的种类很多，到目前为止尚无精确的统计材料，大约有上千个品种。

活性炭按材质可分为果壳活性炭（包括杏壳活性炭、核桃壳活性炭等）、椰壳活性炭、木质活性炭、煤质活性炭等。下面只介绍常用的几种活性炭。

① 果壳活性炭

果壳活性炭主要以果壳和木屑为原料，经炭化、活化、精制加工而成，具有比表面积大、强度高、粒度均匀、孔隙结构发达、吸附性能强等特点。它能有效吸附水中的游离氯、酚、硫、油、胶质、农药残留物和其他有机污染物以及有机溶剂，特别是致突变物（Mutagen）的前驱物质，达到净化、除杂、去异味的效果。

果壳活性炭适用于制药、石油化工、制糖、饮料、酒类净化行业，以及有机物溶剂的脱色、精制、提纯和污水处理等方面。果壳活性炭也被广泛应用于饮用水、工业用水和废水的深度净化，生活、工业水质净化及气相吸附，如电厂、石化、炼油厂、食品饮料、制糖制酒、医药、电子、养鱼、海运等行业水质净化处理，还可用于工业尾气净化、气体脱硫、石油催化重整，气体分离、变压吸附、空气干燥、食品保鲜、防毒面具、催化剂载体，工业溶剂过滤、脱色、提纯等。

② 椰壳活性炭

椰壳活性炭是选用优质椰子壳为原料，经过高温活化及特殊孔径调节工艺处理得到的，外观呈黑色颗粒状、片状。它的孔隙结构发达，是普通活性炭的 5 倍，其比表面积为 $1500m^2/g$（一般活性炭比表面积为 $700m^2/g$），孔隙直径大于 0.45nm 且小于 2nm 的微孔占总数 90% 以上，吸附能力很强。

椰壳活性炭主要用于食品、饮料、酒类、空气净化和高纯饮用水的除臭、去除水中重金属、除氯及液体脱色，并可广泛用于化学工业的溶剂回收和气体分离等。

③ 木质活性炭

木质活性炭是以优质木材为原料，外形为粉末状，经高温炭化、活化及多种工序精制而成的。木质活性炭具有比表面积大、活性高、微孔发达、脱色力强及孔隙结构较大等特点。其孔隙结构大，能有较吸附液体中的颜色等较大的各种物质、杂质。

木质活性炭主要用于食品、酒类、油类、饮料、染料、化工、自来水净化、污水处理或作为药用活性炭等。

其中，木质柱状活性炭采用优质木屑、椰壳等为原料，经粉碎、混合、挤压、成型、干燥、炭化、活化而制成。

独创性：采用非粘结成型活性炭专有技术，改变传统用煤焦油、淀粉等传统粘结剂成型的办法。不含胶粘剂成分，完全靠炭分子之间的亲和力和原料本身的特殊性质。其采用科学配方制作而成，有效避免炭孔堵塞，充分发挥炭孔的吸附功能。

先进性：由于采用优质木屑、椰壳为原料，制成的柱状活性炭比传统的煤质柱状活性炭灰分低、杂质少、气相吸附值高、四氯化碳吸附值（CTC）占绝对优势。产品孔径分布合理，能达到最大吸附与脱附，从而大大提高产品的使用寿命（平均2~3年），是普通煤质炭的1.4倍，有柱状和球形颗粒等规格。

木质柱状活性炭适用于气相吸附、有机溶剂回收［苯系气体（甲苯、二甲苯）、醋酸纤维行业中的丙酮回收］、杂质和有害气体去除，废气回收及炼油厂、加油站、油库过量汽油回收。

④ 煤质活性炭

该产品选用优质无烟煤作为原料精制而成，外形分别为柱、颗粒、粉末、蜂窝、球形等形状，具有强度高、吸附速度快、吸附容量高、比表面积较大、孔隙结构发达等优点，孔隙大小介于椰壳活性炭和木质活性炭之间。

煤质活性炭主要用于高端空气净化、废气净化、高纯水处理、废水处理、污水处理、脱硫、水处理活性炭脱硝并可有效去除气体与液体中的杂质和污染物以及各种气体分离和提纯，还可广泛用于各种低沸点物质的吸附回收、脱臭除油等。

其中，煤质柱状活性炭选用优质无烟煤为原料，采用先进工艺精制加工而成，外观呈黑色圆柱状颗粒；具有合理的孔隙结构、良好的吸附性能、机械强度高、易反复再生、造价低等特点；常用于有毒气体的净化、废气处理、工业和生活用水的净化处理、溶剂回收方面等。

煤质柱状活性炭广泛应用于工农业生产的各个方面，如石化行业的无碱脱臭（精制脱硫醇）、乙烯脱盐水（精制填料）、催化剂载体（钯、铂、铑等）、水净化及污水处理；电力行业的电厂水质处理及保护；化工行业的化工催化剂及载体、气体净化、溶剂回收及油脂等的脱色、精制；食品行业的饮料、酒厂、味精母液及食品的脱色；黄金行业的黄金提取、尾液回收；环保行业的污水处理及有害气体的治理、净化；以及相关行业的香烟滤嘴、木地板防潮、吸味等。

2）活化

制造活性炭的关键工艺是活化。由于所用活化剂不同，活化可采用两类方法：一类是用氯化锌或磷酸等化学品为活化剂的化学品活化法；另一类是用水蒸气或二氧化碳等为活化剂的气体活化法。前者称为化学活化法，后者称为物理活化法。其实两类活化过程都有新物质生成，都是化学变化的过程。

（1）化学品活化法

氯化锌活化法：以化学品氯化锌为活化剂。将0.4~0.5份氯化锌浓溶液和1份泥炭或锯屑混合，在转炉中干燥，加热到600~700℃，对成品进行酸洗和水洗回收锌盐。有时化学品活化后继续进行水蒸气活化，借以增加活性炭内的细孔。氯化锌活化的活性炭具有较多优点。虽然这是有效和简单的方法，但因锌化合物对环境有污染而逐渐弃用。

磷酸活化法：以化学品磷酸为活化剂。炭化的或未炭化的含碳物作起始原料。例如，将研细的锯屑和磷酸混成浆状，在转炉中干燥，加热到400~600℃。萃取回收磷酸，有时中和后回收磷酸盐。干燥后得活性炭，一般比氯化锌法得到的活性炭具有更细的细孔。

也可采用磷酸和水蒸气联合活化法。近年磷酸活化法渐渐被广泛应用，磷酸回收新方法未见发表。

氢氧化钾活化法：以化学品氢氧化钾为活化剂、将含碳原料以熔融的无水氢氧化钾处理，激烈的反应产生非常好的多孔性，比表面积可高达3000m^2/g。

其他化学品（如硫酸、硫化钾、氯化铝、氯化铵、硼酸盐、硼酸、氯化钙、氢氧化钙、氯气、氯化氢、铁盐、镍盐、硝酸、亚硝气、三氧化二磷、金属钾、高锰酸钾、金属钠、氧化钠和二氧化硫）均可用于活化。

（2）气体活化法

气体活化法是以水蒸气、二氧化碳或两者混合气体为活化剂，将含碳物料和气体在转炉或者沸腾炉内，在800~1000℃高温下进行碳的氧化反应，制成细孔结构发达的活性炭。水蒸气、二氧化碳和碳的反应是吸热反应，而氧和碳的反应是很强的放热反应，因此炉内反应温度难以控制，尤其要避免局部过热，防止不均匀活化更难，故氧气或空气不宜作为活化剂。有时使用空气和水蒸气的混合气体，用碳的燃烧作为热源。多数情况下用烟道气和水蒸气的混合气体，由于不可避免地会混入少量氯气，造成水蒸气、二氧化碳和氧气三种气体同时参与活化。

值得注意：在混合气体中少量的氧气会使活性炭具有很大的孔隙。氧与碳的作用速度百倍于与二氧化碳的作用速度，而且因钾盐存在而大增，因此含钾的原料在含氧的气体中会剧烈反应，以致发生失控的燃烧而不是活化。各种少量化合物，例如碱金属和碱土金属的盐类，几乎全部氯化物、硫酸盐、醋酸盐和碳酸盐，还有大多酸类和氢氧化物，在气体活化中具有催化加速作用。工业上常用的催化剂是氢氧化钾和碳酸钾，用量为0.1%~5%。以固态催化剂和含碳物料混合，或以溶液加入，或成型低温炭化。

如果烟煤中加碱金属盐类活化，那么不单用水蒸气活化，而要用含二氧化碳的混合气体活化。

（3）活化设备（活化炉）

活化炉的形式很多。国外活性炭制造工厂采用的炉型主要有竖炉、转炉和流化床炉等。

竖炉。由几个简单垂直的燃烧室构成，室壁砌以耐火砖。后来改进混料，又设法控制炉内气流的方向、速度和温度。该炉还可用来再生回收炭。

转炉。是最通用的卧式活化炉。

流化床炉。又称沸腾床炉，是固体粒子被流体吹成悬浮状态，气固之间传热、传质速率快，但粒子磨损大。以前流化床炉常以间歇法生产粉炭，现已发展成连续生产，并能制成耐磨的粒炭。

我国目前常用的活化炉主要如下：

斯列普炉。又称鞍式炉，因其活化带的耐火砖是马鞍形，原为法国专利，20 世纪 50 年代由苏联引进我国。后经过一系列改进，成为我国目前生产颗粒状活性炭的最主要炉型。其活化气体采用水蒸气。主要优点是连续生产、产量大、质量高、过热蒸汽温度高、稳定、不需外部供热。主要问题是对原料要求高、造价高、技术要求高、维修费用大。

焖烧炉。活化气体采用燃煤所产生的高温烟道气。主要优点是简单、投资少。主要问题是耗燃料多、活化不均匀、劳动强度大、粉尘大。

土耙炉。活化气体采用水蒸气（空气）。主要优点是炉型最简易。主要问题是产率低、质量不高、原始作坊式、污染环境。

多管炉。活化气体采用水蒸气。主要优点是不需要燃料、稳定、易控制、产量较大。主要问题是活化不均匀、炭质量不高、过热蒸汽温度低、耐火管易损坏、投资较大。

回转炉。活化气体采用烟道气、水蒸气。主要优点是连续操作、活化较均匀、适合生产气相活性炭。主要问题是设备庞大、热效率差、耗燃料、成品质量较低。

沸腾炉。活化气体采用空气、水蒸气。主要优点是气固接触好、活化均匀、机械化占地面积小。主要问题是间歇生产、易结渣影响正常操作、耗燃料。

多层耙式炉。活化气体采用烟道气、水蒸气。主要优点是国外引进大型设备、活化强度高、产量大，适应多种产品。主要问题是投资大、技术要求高、操作费用较高。

此外，还有多管沸腾炉、外溢流式沸腾炉、旋流喷动活化炉、隧道窑活化炉、斜板式活化炉等。

（4）活化后处理

① 去杂：活化时加催化剂（如氯化锌、磷酸、碳酸钾）的活性炭常用酸洗或用水洗处理，以减少各种化合物含量。

低灰分活性炭可用水、盐酸或硝酸洗涤，去除一些杂质，用于精细化学品、药物、催化剂、催化剂载体的活性炭，需要特殊的充分洗涤。

② 浸渍：活性炭的浸渍是针对特定用途的一种后处理。

用于防护毒气的活性炭以铜盐和铬盐浸渍。

用于去氮的活性炭以锌盐浸渍。

用于从含氧气体中去硫化氢、从废气中去汞蒸汽的活性炭以碘化合物处理。

用于提取核装置发生的放射性甲基碘和其他气体的活性炭也以碘化合物处理。

用于将硫化氢和甲醛氧化为无毒物的活性炭以二氧化锰浸渍。高温下甲醛不氧化成甲酸，而直接生成二氧化碳。

用于从低氧的气体混合物中除去二价化合物的活性炭以铁盐浸渍，再加热转变为三价的氧化铁。

用于从天然气、氢气和其他气体中消除汞蒸汽的活性炭以元素硫处理。

用于饮用水净化的活性炭以银盐浸渍。

用于各种目的的催化剂的活性炭以贵金属化合物浸渍。例如涂钯的活性炭是典型的氢化催化剂。

用于矿物油中硫醇的氧化的活性炭以酞菁钴浸渍。

3）产品性能

活性炭强的吸附力主要取决于碘值、丁烷值、灰分、堆积重等数值。

（1）碘值：是指活性炭在水溶液中吸附的碘的量。碘值是判断活性炭价格的标准之一。

（2）丁烷值：是饱和空气与丁烷在特定温度和特定的压力下通过炭床后，每单位质量的活性炭吸附的丁烷的量。

（3）灰分：活性炭的灰分有两种：一种是表面灰分，另一种是内在灰分。平时说的活性炭的灰分是指内在灰分。

（4）水分：是活性炭中被吸附的水的质量的百分比。

（5）硬度值：是指颗粒活性炭在RO-TAP振动筛中对钢球衰变运动的阻力。硬度是测量活性炭机械强度的指标。

（6）四氯化碳值：是总孔容的指示参数，是用饱和的0℃的四氯化碳气流通过25℃的炭床来测量的。

（7）糖蜜值：是测量活性炭在沸腾糖蜜溶液的相对脱色能力的指标。糖蜜值被解读为孔直径大于28Å的表面积。因为糖蜜是多组分的混合物，必须严格按照说明测试本参数。糖蜜值用活性炭标样和要测试的活性炭的样品处理糖蜜液，通过计算过滤物的光学密度的比率而得。

（8）堆积重：是测量特定量炭的质量的方法。通过逐渐把活性炭添加一个有刻度圆桶内至100mL，并测量其质量。该值被用于计算填充特定吸附装置所需活性炭数量。简单地说，堆积重是活性炭每单位体积的质量。

（9）颗粒密度：是每单位体积颗粒炭的质量，不包括颗粒以及大于0.1mm裂隙间的空间。

（10）亚甲蓝值：是指1.0g炭与1.0mg/L浓度的亚甲蓝溶液达到平衡状态时吸收的亚甲蓝的毫克数。

（11）磨损值：是测量活性炭的耐磨阻力的指标。颗粒活性炭的磨损值说明颗粒在处理过程中降低颗粒的阻力。根据测定最终的颗粒平均直径与原始颗粒的平均直径的比率来计算。

4）案例分析

20世纪50年代以前，我们国家还没有活性炭的加工企业，每年进口30~50t活性炭；20世纪50年代到80年代，国产活性炭开始上市，特别是1966年，从苏联引进斯列普活化炉后有了规模化生产，国内生产能力逐步提升至10000t/a；改革开放以后，国内开始建设大量的活性炭厂，其规模也飞速发展，生产能力逐步从10万吨/年发展到12万吨/年；2000年到2008年，生产能力持续增长，现已达到每年20余万吨。

活性炭工艺过程包括碳化、活化及后处理三部分。

（1）碳化：活性炭的制备首先要对原料进行碳化。碳化是在隔绝空气的条件下对原材料加热，温度在600℃以下。

（2）活化：对活性炭半成品进行活化。控制温度在800℃，一般蒸汽为氧化剂，在活化过程中，烧掉了碳化时吸附的碳氢化合物，把原有空隙边上的碳氢原子烧掉，起了扩大孔隙的作用，并把孔隙与孔隙之间烧穿。活化使活性炭变成一种良好的多孔结构。

（3）活化炉：采用斯列普炉，如图3-5所示。

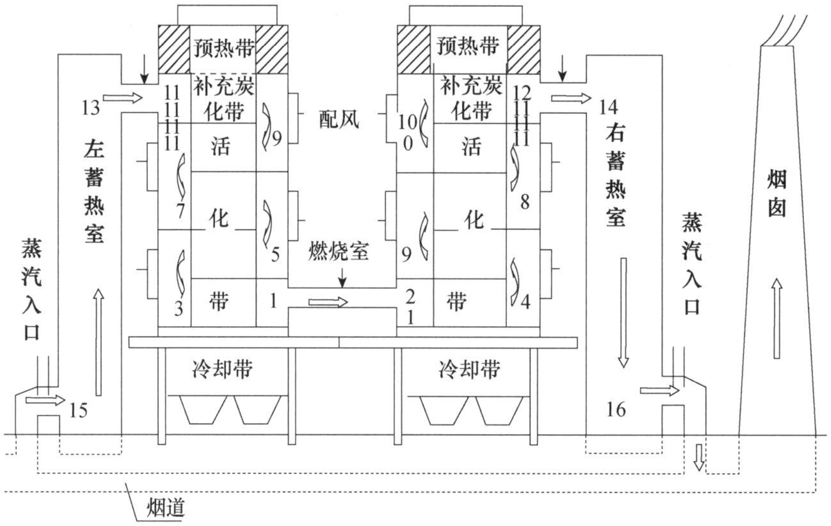

图 3-5 斯列普炉

物料流程：物料进入加料槽后，借重力作用沿着产品道缓慢下行，依次经过预热带、补充炭化带、活化带、冷却带，完成全部活化过程，最后由下部卸料器卸出。炭化预热段利用炉内热量预热除去水分。在补充炭化段，炭化料被高温活化气体间接加热使炭的温度不断提高进行补充炭化。在活化段，活化道与活化气体道垂直方向相通，炭与活化气体直接接触进行活化。在冷却段，用循环水对活化料进行冷却（或采用风冷），这样所得到的活化料温度可以降到60℃以下，便于物料运输和直接进行筛分包装。

气体流程：左半炉烟道闸阀关闭，右半炉烟道闸阀开启，水蒸气从左半炉蓄热室底部进入，经格子砖加热到变成高温蒸汽，从上连烟道进入，蒸汽与物料反应后产生的水煤气与残余蒸汽依次经过左半炉上、中下烟道进入右半炉。在右半炉内混合气体经过下、中部及上烟道及上连烟道进入右半炉蓄热室顶部，然后通过格子砖往下流动，同时加热格子砖，尾气冷却，进入烟道排出完成循环；第二次循环与上述循环相反。第一、二次循环每半小时切换一次，从而使活化过程连续不断地进行。

2. 制备木醋液

1）制备方法

木醋液是以醋酸为主要成分 pH 值为 3 的酸性液体，与食醋的成分和色调极为相似（原来为威士忌色或完全除去木焦油的透明的浅黄色液体），各自按不同的方法精制而成。木醋液是把在木头烧成木炭的过程中冒出的烟气自然冷却液化而得到的。因此，木醋液是把树木炭化，将其能量转换成气体再自然冷却成浓缩液体而成。含有 K、Ca、Mg、Zn、

Ge、Mn、Fe 等元素，此外还含有维生素 B_1 和 B_2。

木醋液生产技术原理如图 3-6 所示。

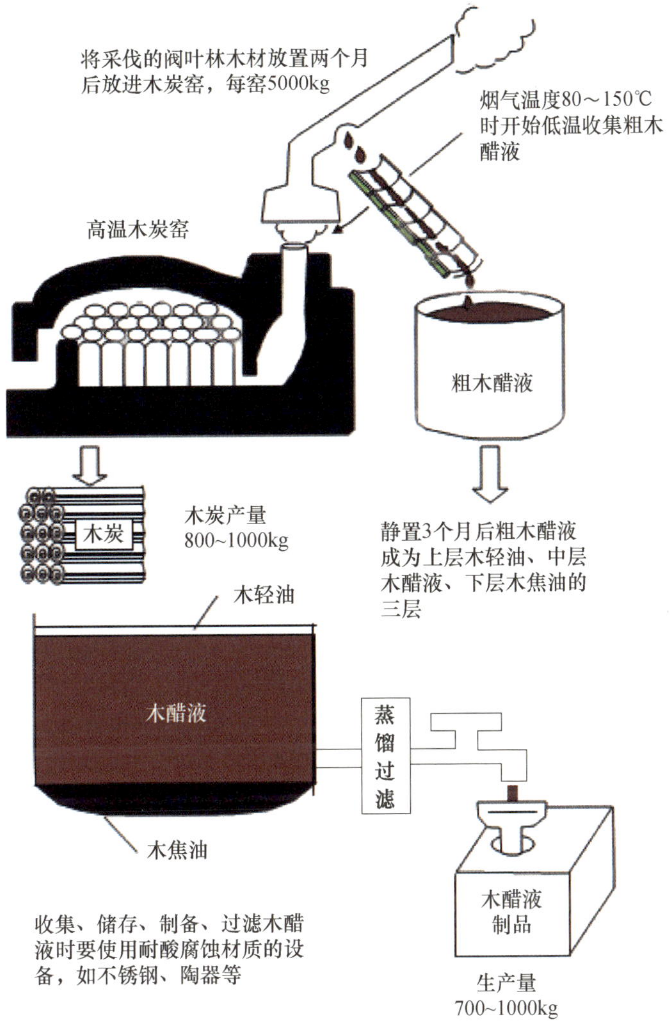

图 3-6　木醋液生产技术原理

2）产品性能

苹果木木醋液、梨木木醋液和秸秆木醋液的含水率分别为 92.12%、91.55% 和 95.57%，有机成分均十分复杂，主要是有机酸类、酚类和酮类，其中有机酸类为 50%～60%，主要是乙酸内酸等。酚类为愈创木酚、苯酚等。酮类为 1-羟基-2-丙酮、3-羟基-2，3-酮等。苹果木木醋液和梨木木醋液的有机成分相似，而秸秆木醋液中含较多的含氮化合物。

3）案例分析

河北某木醋液生产厂家。物料来源为饮料生产厂家废弃物。木醋液为活性炭的副产品。活性炭生产工艺如图 3-7 所示。产生的烟气经过冷凝收集，形成木醋液原液销售。

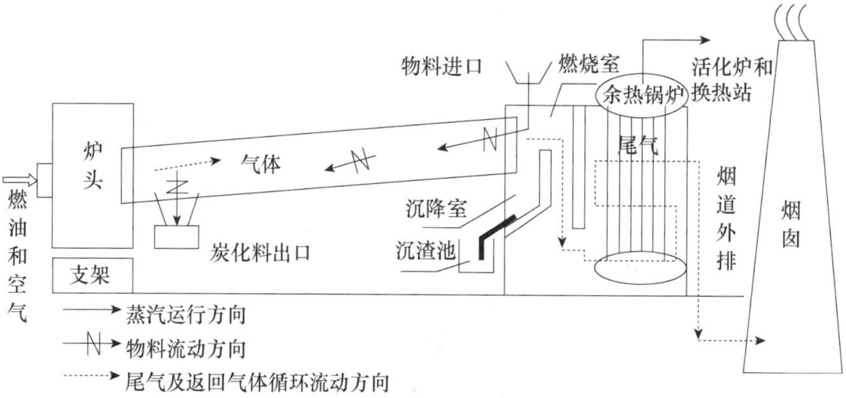

注：换热器出口蒸汽3.0t/h，温度194℃；外排烟道温度250~450℃；炉尾温度350℃；表面温度350～380℃；炉头温度550～650℃；中间温度450～500℃

图 3-7　活性炭生产工艺

3.4　废弃木质材料在综合利用过程中技术壁垒与瓶颈

（1）废弃木质材料回收利用率低、技术设备落后

废弃木质材料由于在长期使用过程中内应力释放较为彻底，不易变形，但由于其使用场所的复杂性，导致其中常含有铁钉、连接件和铜铝等磁性或非磁性的金属杂质，玻璃、砂石等非金属夹杂物，再利用前必须将其清除。但目前废弃木质材料的分拣、分选、破碎、除杂、清洁技术尚未完全过关，尤其是对含铁钉、砂石杂质较多的建筑废旧木材、旧家具板件的破碎、分选、除杂、清洁，以及对旧家具板件表面的漆膜、塑料贴面的清除尚缺乏有效手段，影响了回收利用率。废弃木质材料再利用的关键是有效地分离出各种杂质，以获得理想的“原材料”。

（2）废弃木质材料原材料质量控制性较差

由于木质废弃物来自各种渠道，其树种、质量、规格、含水率和污染程度差异非常大，增大了回收与资源化过程中的设备及工艺的复杂性，也会影响制品质量。例如，废弃木质材料受到温度、湿度、化学和生物腐蚀等环境的影响，木材组织会受到破坏；其中混杂的矿物质、泥沙、化学防腐剂、涂料等废料，会降低木材与胶粘剂之间的胶合性能；原料单元处理时，含有金属、砂石等杂质可能损坏生产设备。目前，我们对各种废弃木材的原料特性、污染程度、污染物对现有生产工艺的影响程度等还缺乏深刻的了解，相应的生产设备和工艺也需调整改进。

（3）废弃木质材料再利用与现有生产技术体系脱节

由于目前国内尚未有成套成熟的废弃木质材料加工生产的工艺技术和设备，同时回收后的废弃木质材料品质不等。因此，在再生废弃木质材料回收利用的过程中，无法实现高效高值利用，难以形成规模产业化。例如，某公司生产纤板的热磨机与废旧木质材料生产的木片适用性较差，主要体现在料仓易搭桥、木塞螺旋打滑和反喷、蒸煮缸易搭桥的热磨参数、产量不稳定，还有在生产中纤板和刨花板中产品的力学强度性能偏低且较难控制。

（4）废弃木质材料资源化未形成技术支持体系

废弃木质材料资源化利用是一个多学科交叉融合的产业体系，涉及较多先进处理技术，如材料工程技术、环境工程技术、新产品制造技术、资源再利用技术、传统工业原料减量化技术等。目前，在全国范围内，科研单位和高校独立研究多，综合研究少，缺乏系统地开展相关的基础研究，大部分停留在理论阶段或实验室阶段，没有很好地与企业实际结合起来，而现有企业缺乏研究能动性，导致产学研各自为政、互不对接，造成人力资源和资金浪费，在一定程度上限制了废弃木质材料的开发利用。

3.5 木质废弃物利用解决途径及发展方向

废旧木质材料被国外称为“第四森林”，是倒在地上的森林，已经成为不可忽视的资源，对它的利用应符合循环经济的发展模式，应组成“资源—产品—再生资源”的物质反复循环流动。针对上述存在的问题，可见对废弃木质材料的研究以及产品开发任重道远，应从以下四个技术和政策方面开展重点研究：

（1）研发木质废弃材料资源调查和性能评价技术

研究废弃木质材料种类、数量的调查技术，摸清其资源总量；开发对废弃物材料性能的快速评价技术，为新产品研究奠定基础。

（2）开发木质废弃材料复合材料和产品加工利用技术

开发废弃的木质材料回收后生产各种木质或非木质人造板与木塑复合材料技术，使产品增值利用。

（3）开发木质废弃材料化学利用技术

开发废弃木质材料化学利用技术，生产活性炭、工业炭，开发防治环境污染的新型生物质海水吸油净化与重金属吸附材料、可降解的木材塑料、木质藻礁等产品。

（4）制定木质废弃材料回收利用的法律

为了便于回收与利用，德国颁布“废旧木材管理法令”，日本、英国也制定了相关的政策。我国也应尽快制定废弃木质材料回收利用相应的法律及政策，建立健全废弃木质材料回收利用责任制和监督检查机构，以保证各项规划、法规、标准的实现，建立社会化的废弃木质材料回收系统。

参考文献

[1] 李新功，郑霞．废弃木质建筑材料再生循环利用的途径［J］．木工机床，2007（3）：17-18.

[2] 金申．我国城市木材抛弃物亟待重视——关于废旧木材资源再生利用的建议［J］．中国林业产业，2004，34（9）：30-31.

[3] 林艳，谢向前，陈宏文．农业废弃物木质纤维素化学组成数据库的建立［J］．现代化工，2008，28（S2）：177-179.

[4] 楚杰，段新芳，虞华强．基于低碳经济的废旧木材资源回收利用研究进展［J］．林产工业，2014，41（4）：7-10.

[5] 马力，史文萍，张双保．利用木质废弃物生产人造板的研究现状及存在的问题［J］．木材加工机械，2007，18（4）：41-43.

[6] 王珊珊，孙芳利，段新芳，等．废弃木质材料的循环利用技术及我国未来的研究重点［J］．西北林学院学报，2005，20（2）：183-185.

[7] Setterholm V C. FPL Space board-A new structural sandwich concept［J］. Tappi Journal，1985，68（6）：40-42.

[8] 中华人民共和国国家质量监督检验检疫总局．刨花板：GB/T 4897—2015［S］．北京：中国标准出版社，2015.

[9] 刘曼红，周玉申，马延军．城市废弃木材的回收利用及其处理工艺［J］．广东林业科技，2010，26（2）：55-59.

[10] 杨小翠，吴庆定，杨越飞．木质陶瓷复合材料的制备与性能分析［J］．林业机械与木工设备，2011，39（1）：19-22.

[11] 燕东明，梁西瑶，高晓菊，等．木质陶瓷的研究现状及应用［J］．兵器材料科学与工程，2011，34（2）：107-112.

[12] 周蔚虹，魏新莉．木质陶瓷研究新进展［J］．中南林业科技大学学报，2007，27（5）：149-152.

[13] 吴庆定，向仕龙．木基陶瓷材料制造技术的研究进展［J］．中南林业科技大学学报，2006，26（4）：132-140.

[14] 陈志林，王群，毛倩瑾，等．值得关注的新型材料——木材陶瓷［J］．木材工业，2002，16（5）：10-13.

[15] 吴文涛，谭方良，聂志芳，等．麦秸基木质陶瓷/凹凸棒石复合材料制备与性能表征［J］．再生资源与循环经济，2012，05（2）：35-38.
[16] 陶毓博．木质材料/酚醛树脂烧结制造网络形态木陶瓷的研究［D］．东北林业大学，2006.
[17] 武海棠，张军华，刘艳萍．一种制备碳化锆木质陶瓷的方法：CN 105060894 A［P］．2015-11-18.
[18] 沈凡成，贾润礼．木塑复合材料的研究进展与发展前景［J］．塑料助剂，2010（1）：5-9.
[19] 窦立岩，汪丽梅，陈晨．国内木塑复合材料研究进展及应用现状［J］．科技视界，2015（14）：103-104.
[20] 王爱梅．PVC 基木塑复合材料的制备及其性能研究［D］．天津：河北工业大学，2013.
[21] 金魁星．木塑混合材料及其制作方法：CN 1464009 A［P］．2003-12-31.
[22] 中华人民共和国国家质量监督检验检疫总局．建筑模板用木塑复合板：GB/T 29500—2013［S］．北京：中国标准出版社，2013.
[23] 蒋建国．固体废物处置与资源化利用［M］．北京：化学工业出版社，2007.
[24] 李国学，周立祥，李彦明．固体废物处理与资源化［M］．北京：中国环境科学出版社，2005.
[25] 聂永丰．三废处理工程技术手册－固体废物卷［M］．北京：化学工业出版社，2001.
[26] 李春萍，王奕仁，蔡先明，等．自制调理剂对垃圾生物干化和臭气排放的影响［J］．环境工程，2017，35（S）：226-229.
[27] 李春萍．北京北天堂填埋场矿化垃圾筛上物特性分析［J］．环境工程，2012，30（s）：296-298.
[28] 李伟光，张杰，卞兆娟．废弃实体木材回收循环利用技术探讨［J］．江苏农机化，2011（1）：45-47.
[29] 吉发，汤胜真，程明华，等．废弃木材循环利用产业化实践中遇到的技术和政策问题［C］// 全国农作物剩余物，2007：87-94.
[30] 邓建新，巫桂洽，苏凯琳，等．广州市城市木质废弃物资源化利用的初步探讨［J］．再生资源与循环经济，2014，7（4）：41-44.

4 金属废弃物

金属是一种具有光泽（即对可见光强烈反射）、富有延展性、容易导电、导热等性质的物质。金属的上述特质都跟金属晶体内含有自由电子有关。在自然界中，绝大多数金属以化合态存在，少数金属例如金、铂、银、铋以游离态存在。金属矿物多数是氧化物及硫化物。金属的其他存在形式有氯化物、硫酸盐、碳酸盐及硅酸盐。按照我国的产业分类，通常将铁、锰、铬及其合金称为黑色金属，除此以外的其他金属均列为有色金属。

在当今社会，金属及其合金已成为机械制造业、建筑业、电子工业、航空航天、核能利用等领域不可缺少的结构材料和功能材料，是决定一个国家经济、科学技术、国防建设等发展的重要物质基础，是提升国家综合实力和保障国家安全的关键性战略资源。

我国冶金工业近 40 年来发展迅速，产量连年来都居世界首位，金属科技在国民经济建设和现代化国防建设中发挥着越来越重要的作用。与此同时，金属资源短缺与国民经济发展需求之间的矛盾也日益突出，对国外资源的依赖程度逐年增加，严重影响我国国民经济的健康发展。

随着经济的发展，已经探明的优质矿产资源接近枯竭，不仅使我国面临金属材料供应严重短缺的危机，而且因为“难探、难采、难选、难冶”的复杂低品位矿石资源逐步成为主体原料后，对传统的地质、采矿、选矿、冶金、材料、加工、环境等科学技术提出了巨大挑战。资源的低质化将会使我国金属工业及相关产业面临生存竞争的危机。我国金属工业的发展迫切需要适应我国资源特点的新理论、新技术。综合利用金属资源对确保我国金属产业的可持续发展具有重大的推动作用。

金属再生利用是将因陈旧、破损、污染等原因不能继续使用的金属废弃物，经加工处理后变成符合使用要求的纯金属或合金，或者是从品位较低的金属废料中提取价值较高的金属的过程。金属废弃物再生利用的生产工艺相对简单，流程短，工序少，有害杂质少。如果分类回收管理得较好，许多废金属均可以直接再利用，几乎没有污染，还可节约投资，降低成本，提高经济效益（图 4-1）。

图 4-1 废金属分类回收

由于再生金属省去了找矿、勘探、采矿、选矿等环节，生产成本较低，故近年来得到快速发展，生产和消费规模不断扩大，产业比重逐步提高。2002 年以来，再生有色金属产量连续 10 年保持快速增长，主要再生金属中再生铜、再生铝产量的年均增长率为 27%，而再生铅产量的年均增长率达到 81%。2011 年，我国主要再生有色金属产量从 2002 年的 239 万吨增加至 835 万吨，较 2002 年增长 249.37%，基本与 2000 年的全国十种有色金属总产量相持平。其中再生铜、再生铝、再生铅的产量分别达到 260 万吨、440 万吨、135 万吨，分别较 2002 年增加 172 万吨、308 万吨、116 万吨。2019 年我国再生有色金属产量约 1437 万吨。其中再生铜产量为 330 万吨，再生铝产量 725 万吨，再生铅产量 237 万吨。与 2011 年相比，又有较大幅度的提高。由此可见，在我国，再生有色金属正处于一个快速发展的时期。

4.1 金属废弃物的来源及特点

从类别来看，金属废弃物可分为废旧金属和电子垃圾，废旧金属一般指的是黑色金属，电子垃圾一般指的是有色金属。从来源看，金属废弃物可分为生产性废旧金属、生活性废旧金属和其他特定废弃物品。

（1）生产性废旧金属，是指用于冶金、化工、机械、建筑、通信、交通、电力、水利及其他生产领域，在生产过程中失去原有使用价值的金属材料、金属制品和生产设备。它包括生产过程中产生的渣钢、切头、板边、氧化铁皮、废次材、废铸钢等；报废和淘汰的生产设备及其他金属设施等。

（2）生活性废旧金属，是指生活过程中产生的废旧金属、各种含有金属的生活用品等。如废炉具、自行车、金属餐具、镰刀、锄头、废牙膏皮等。

（3）其他特定废弃物品，包括：废弃电子产品、医疗器械、电池等。

中国是有色金属的消费大国，却也是有色金属资源短缺的国家。当前国内有色金属资源的基本态势是：铜资源严重不足，铝、铅、锌、镍资源保证程度不高，钨、锡、锑开采过度，有色金属矿产资源供给不足，这已经成为我国可持续发展的重要制约因素。在矿产资源争夺处于劣势的情况下，发展再生有色金属产业成为国内有色金属产业发展的必经之路。

与其他种类的废料相比，金属废料有以下两个重要特性：

（1）可塑性。这是因为废金属的物理特性与原生金属相差不大，因此，原生金属的可塑性则“遗传”给了废金属，使其具有可重塑性，这也是废金属具有再利用价值的重要原因之一。例如，机械加工中产生的边角余料可以制造一些农具或小五金工具；废旧钢丝绳轧制成钢球等。

（2）可熔性。可熔性是废金属另一个重要的特征，也是原生金属“遗传”所致。目前，我国钢产量的4%左右是通过废钢铁重熔而生产的。由于废金属重熔不改变其理化特性，同时，又可以在重熔过程中进行单金属提纯、或进行多金属重组而形成新种类的金属。这在有色冶金、特种钢、合金钢生产中被广泛应用。

废金属除了可塑性、可熔性两个重要特性之外，从资源的角度来看，还具有如下一些特征：

（1）废金属分布的不均衡性：在现代社会中，凡是存在社会生产及生活的地域都有可能产生废金属。同时，受生产力及生活水平的影响，使资源数量在区域分布上呈现出不均衡性。例如，我国东南沿海工业较发达地区，废金属产量就较大，而西北地区相对少得多。

（2）废金属的复杂性：因为废金属产生于不同领域、不同产业和不同生产部门及不同层次的消费群，所以废金属物理特性差异极大。例如，机械加工产生的各种碎屑末；废水中的金属物质；废旧机械设备。它们形状各异、大小不等，这些都给资源的回收、贮运、分选、加工带来较大的困难。

（3）废金属再生的无限循环性：与原金属相比，废金属仅仅是在几何形状、尺寸等方面有所变化，而它的理化特性并没有发生改变。例如，废钢铁的使用价值在炼钢时与生铁是等同的，边角料在制作小五金方面与完好的钢材的使用价值也是同等的。废金属的可塑性与可熔性，使其可以无限次地循环利用，这是其他再生资源都无法比拟的。

4.2 金属废弃物的综合利用机制

金属回收是指从废旧金属中分离出来的有用物质经过物理或机械加工成为再生利用的制品。世界大部分金属都能以再生金属的形式循环利用。再生金属资源的利用、处理方法有以下三种：

（1）直接利用。直接利用是最便捷、简单的利用方法，最常见的是将某一产品的边角余料，供给其他产品使用，即大材大用，小材小用。

（2）加工改制。报废设备或修理换下来的金属结构件、废旧零部件，通过拆卸、整理、改制、加工仍可供其他方面使用。

（3）回炉重熔和重新提炼。上述无法利用的金属废料，都可归入这一范畴，如废钢铁重熔炼等。

4.3 金属废弃物的综合利用途径

4.3.1 金属废弃物的分离方式

（1）重力分选：是将物料加入活动或流动的介质中，因为颗粒密度的差异而导致物体运动速度或运动轨迹不同，进而分选出不同密度物质的分选方法。重力分选常用的介质有水、空气和悬浮液。重选的优点是生产成本低，处理物料的粒度范围宽，对环境的污染少。

（2）浮选：主要用于分选出不易被重力分选所分离的细小固体颗粒。浮选的原理是利用矿物表面物理化学特性，在一定条件下加入各种浮选剂（起泡剂、抑制剂、介质调整剂等），进行机械搅拌，使悬浮固体附在空气泡或浮选剂上，并随其一起浮到水面上来，然后加以回收利用。

（3）磁选。磁选是利用废物中各种物质的磁性差异在不均匀的磁场中进行分选的一种处理技术。废弃物通过磁选机的磁场时，同时受到磁力和重力、摩擦力、离心力等机械力的作用。作用在各物质上的磁力与机械力的合力不同，使它们的运动轨迹也不同，因此实现分离。

4.3.2 废钢铁的综合利用

4.3.2.1 废钢铁的回收与预处理

铁在自然界中的分布极为广泛，是地壳中含量第二高的金属元素。但由于天然的单质铁在地球上非常稀少，而且它容易被氧化生锈，另外它的熔点（1812K）比铜（1356K）要高，所以人类发现和利用铁比黄金和银要晚。我国从东周时出现炼铁技术，至春秋战国时期普及，是较早掌握冶铁技术的国家之一。铁的发现和大规模使用，是人类发展史上的一个里程碑。它把人类从石器时代、铜器时代带到了铁器时代，推动了人类文明的发展。

废钢铁具有外形各异、轻重不等、长短不齐等特点，回收部门必须通过各种手段，把不同种类、不同规格的废钢铁，按炼钢生产的要求，加工成为规格符合要求的炉料。目前我国废钢铁加工，一般采用人工分选、氧气切割，剪切、破碎打包和压块等方法。随着国民经济不断发展的需要，在全国重点城市，建立大型废钢铁加工厂已是势在必行的迫切任务。逐步实现废钢铁加工设备大型化、生产连续化、操作自动化，使加工产品达到高纯度、高密度，为钢厂提供更多的优质炉料，从而促进我国钢铁工业的发展。

金属废弃物的预处理是指将各种金属废件、废料的状态变成能够有效进行后续冶金加工的过程。这一过程包括：去除非金属夹杂物、水分、油质；将有色金属与黑色金属分离；使各种废件、废料达到规定的尺寸或质量标准等。对金属废弃物进行精细、高质量的准备，使之适用于相应冶金工序，可以使金属废弃物损失减少到最低程度，使燃料、电力等材料的单位消耗量降低，使劳动生产率及产品的质量得到提高。

金属废弃物预处理的主要工序有：分选，切割，剪切，破碎与粉磨，除油与干燥，打包与压块等。

（1）分选。对混有杂质的金属废弃物进行分选的目的，是将废件和废料分选成单一的金属和合金，除去其中的非金属物质。主要的分选方法有重力分选、浮选、磁选、拣选等。由于回收的废钢铁来自各行各业，种类混杂，规格不一，不能直接回炉炼钢，必须经过分选加工才能变为合格炉料。因此，分选是废钢铁加工的第一道工序。通过感官或其他鉴别方法，首先将废钢和废铁分开，然后根据废钢和废铁的化学成分和用途进行分选归类。

（2）切割。分解大块废料并使其达到规定的尺寸或重量，一般采用火焰切割和机械剪切法。氧气切割，简称气割，具有灵活方便、设备简单、切口质量好等优点，适用于切割厚度较大、尺寸较长的废钢，如大块废钢板、废锅炉、铸钢件等。它不受场地狭窄或物件大小的局限，可以在任何场合下进行作业，在金属回收部门应用十分广泛。但是氧气切割需要掌握操作要领，懂得操作规程，以防止发生爆炸、烧伤等事故。

（3）剪切。为了把尺寸较长的废钢或大块废钢变为适合于炼钢的炉料或供轻工生产的原料，除需采用气割加工外，对于各种板材、型钢等废结构件，还可采用剪切的方法，加工成一定规格的炉料和供生产轻工产品使用的原材料。在剪切过程中，可与气割配合使用。

（4）破碎与粉磨。在固体废物处理和利用中占有重要的地位，一般有三个目的：使其中各种成分单体分离，为下一步分选创造条件；对各种废物原料进行粉磨，起到把它们混合均匀的作用；增加物料比表面积，为缩短物料化学反应时间创造条件。废钢铁破碎的方法包括钢屑破碎、废钢铁铸件落锤破碎和爆破法。钢屑破碎是指采用机械破碎的方法，可把长钢屑破碎成长度在100mm左右的短屑，可以直接投炉炼钢。经破碎后的短屑也可以利用液压设备挤压成块再做炼钢炉料，以提高生产效率。落锤破碎是用0.5～15t重的钢锤（球），从4～35m的高处自由落下，靠冲击力来破碎物料，适合加工大块易碎的物料。爆破法是借助炸药爆炸来进行废钢铁件解体的方法。它适合破碎在事故中产生的大钢铁佗或大轧辊类的大工件。

（5）除油与干燥。破碎后的除油和干燥工序可在流水线上进行。除油可用水化学法、机械法和热法等，干燥可采用直接加热法和间接加热法。

（6）打包与压块。采取打包压块的加工方法，把松散的、轻薄的废件与废料压实并制成一定质量、尺寸和密度的打包块，目的是缩小废铁、废钢的体积，提高密度，将废铁、废钢物料加工成一定规格的合格的炉料，以便于装炉熔炼。熔炼过程中氧化造成的金属损失也会减小，同时，原料的运输费用还可得到降低。常用的打包压块方法有夹板锤打包、丝杠机械打包、摩擦压力机压块、液压机械打包、液压机械压块等。

4.3.2.2 废钢铁的用途

（1）回炉炼钢

废钢铁是炼钢的极好原料，使用废钢铁炼钢既经济，又简便，比用矿石炼钢减少了采矿、选矿、烧结、炼铁等多道生产环节。研究表明，利用1t废钢可以炼出好钢860kg，等于节约1t生铁，从而节约了大量的人力、物力、财力。

根据冶炼方法不同，废钢铁种类不同，废钢铁的配比也不一样。转炉废钢比为14.78%，平炉为27.6%，电炉在84%以上。各种炼钢方法的综合废钢比约为34%。炼钢中废钢比越大，生产成本就越低。利用合金废钢炼钢，可以节约大量的合金元素。合金废钢品种繁多，一般含有钨、钼、钛、镍、钴、铁、锰等多种重金属元素。这些重金属是国民经济建设和国防建设中的重要原材料。积极利用废合金钢炼钢，可以节约大量的重金属元素。

（2）作为轻工产品用料

生产轻工产品使用的原材料要求质量好，规格整齐、无锈蚀、无斑痕。如马口铁（镀锡铁皮）边角，可用来制作瓶盖、玩具；镀锌铁皮边角料可制作鞋眼、图钉以及文教用品等；厚度在3mm以下的黑铁皮可以用来生产拉手、合页、门扣、插销、箱扣、水桶、炉子等，表面光洁、无锈蚀的可以冲制垫圈；硅钢片下角料可按块大块小、高硅钢片、低硅钢片分开，用于制作一些各种型号的民用变压器和镇流器。

（3）其他用料

在轧钢厂、拉丝厂生产过程中要产生一些残次钢材、切头、切尾等废次材料，这些废料的化学成分较稳定，质量较好，数量较大，有些品种一般都是批量产生，对这种材料，要随时研究供应渠道，尽量做到固定生产用途，定点供应。例如，残次线材可用简易调直机调直，供基本建设使用，切头、切尾、轧废去掉弯曲劈裂部分，可用来轧制短尺钢材。总之，应量材使用，做到物尽其用。

4.3.2.3 废钢铁的运输与储存

废钢铁不同于其他物资，它具有型体不一、大小不等、成分不同以及易于腐蚀等特点，在实际工作中，必须结合其特点，认真做好运输、储存工作，以防因运输不合理、储存保管不适当而造成的物资损失和浪费。

（1）废钢铁的运输

在金属回收部门，废钢铁的运输包括：回收运输、供应运输。为加快废钢铁的流通，运输这一环节非常重要。在具体工作中要达到多拉、快跑、低耗、无事故这些要求，应做到以下几点：①合理装载；②减少途耗；③避免混装；④改进装卸运输工具。

（2）废钢铁的储存

废钢铁是一种极易被腐蚀的金属物资，当遇到潮湿空气、水等时，就会氧化生锈；存放时间过长，或是保管不当，就会生成一层很厚的锈皮，尤其是碎小或较薄的废钢铁腐蚀程度更为严重。因此废钢铁的仓储养护工作是非常重要的，储存好废钢铁要做好以下两点：①选择合适的存放地点，注意防止锈蚀；②分类堆放。

另外，还要本着先入先出、后入后出、快入快出的原则，保证合理库存。

4.3.3 废铜的综合利用

4.3.3.1 废铜的回收与再生

铜是人类最早使用的金属，对早期人类文明的进步影响深远。在当今社会，铜与人类的关系依然非常密切，被广泛地应用于电气、轻工、机械制造、建筑工业、国防工业等领域，在中国有色金属材料的消费中仅次于铝。

废铜料总的可分为两大类：新废铜与旧废铜。新废铜是铜工业生产过程中产生的废铜料，如废铜屑、废铜皮等，冶金厂的叫“本厂废铜”或“周转废铜”。这类废铜料化学成分稳定，没有混进其他金属料和非金属料，可直接送回铜加工厂或金属回收厂进行重熔，浇注为再生铜锭，也可作为铜加工厂熔炼铜合金时作为电解铜原料的补充原料。新废铜料回收再生处理较为容易。旧废铜料是指从社会回收的、失去使用价值的废铜料，种类比较复杂，且多数废铜料中混有其他金属材料或非金属材料。在再生处理中要求综合处理，将废料中全部有价值的组分都能得到合理利用。这类铜料中多以电线、电缆或电气部件的形式出现，外面常常包有橡胶、纸、棉织物等绝缘物。去除绝缘物是最复杂的工序，一般有机械法、热解法、化学法、静电分选法和低温处理法。

（1）机械法。此法所需设备简单，无环境污染。废电缆先在机械解体机上进行破碎，然后采用重选、磁选、静电分选等方法将破碎后的物料分选出金属和绝缘物。这样既可回收到铜，又可回收到绝缘体。

（2）热解法。将废电缆放入加热的高压釜内，使高压釜内保持一定温度，处理纸绝缘层最佳温度为260～300℃，处理聚氯乙烯等聚合物最佳温度为370～480℃，处理沥青绝缘层最佳温度为300～450℃，经过这种处理后，再用机械法分选出金属。

（3）化学法。将废电缆放进钢筐，放入碱性金属的氢氧化物溶液，待绝缘物溶解后，在钢筐内剩下的就是铜金属，其回收率达到100%。但是，化学溶剂多数有腐蚀性或有毒，另外污水处理麻烦，不宜大规模使用。

(4) 静电分选法。将废电缆切碎，碎粒放在圆筒形静电分选机上，利用电晕场作用原理，使金属颗粒与绝缘物颗粒分开。金属颗粒在静电场中能获得大量电荷，但是在带电颗粒与分选机滚筒接触时，由于总电阻较低，所以最易迅速释放电荷。绝缘物保持自身电荷时间长，被留在分选机上。

(5) 低温处理法。利用低温设备使金属导线与绝缘体分离，先回收金属，后回收绝缘体。低温处理对于某些易脆的废物十分有效，通过低温处理，能将其破成碎片，但遇到某些在低温下仍有延展性的金属时，效用则会降低。

4.3.3.2 废铜的用途

含铜废料的再生利用一般有两种途径：一是冶金熔炼再生，再生铜的生产可以采用湿法冶金工艺，也可采用火法冶金工艺，目前再生铜生产主要是采用火法冶金工艺，但利用湿法冶金工艺生产再生铜也日益广泛；二是含铜物料的直接利用。

1) 冶金熔炼再生

(1) 湿法冶金工艺

目前应用较为成熟的再生铜湿法冶金工艺有氨浸—重熔—电解法和合金铜直接电解法两种。前者用碳酸氢铵和氨水浸出杂铜料，浸出液经蒸氨后得到粗氧化铜粉，再利用电解液进行电解，生产阴极铜。此法的优点是可以使有色金属与铁分离，适宜处理表面覆铜的钢料；后者是我国重庆钢铁研究所开发的方法。该法直接将铜合金熔铸成阳极进行电解，可生产质量符合国家标准一级品的阴极铜，品级率为100%。该法工艺流程短、投资少、见效快、设备简单，适宜屑状废铜料直接生产精铜，且加工成本比火法工艺大大降低，有价金属综合回收利用率高。

在生产实践中，从浸出液中回收和分离各种金属的方法有：置换法、电积法、萃取法、水解法、硫化物沉淀法、离子交换法及以各种盐和金屑粉末形式沉淀法等。其中以电积法最为成熟。

与火法工艺比较，湿法工艺具有主要金属和伴生金属的回收率更高，能耗少，自动化程度高，污染小等优点。因此，再生铜湿法冶金工艺的应用日益广泛。

(2) 火法冶金工艺

利用含铜废物生产再生铜的火法冶金工艺有三种典型流程：一段法、二段法和三段法。其采用的原则主要是根据原料的品质和产品种类决定。

一段法是将经过分选的黄杂铜或紫杂铜直接加入反射炉精炼成铜阳极送电解。一段法的优点是设备简单、流程短、投资少。缺点是在熔炼成分复杂的原料时，烟尘成分复杂、劳动强度大、冶炼时间长、金属回收率低。

二段法是杂铜原料先经鼓风炉还原熔炼成黑铜，然后在反射炉内进一步精炼，之后浇铸成铜阳极，再送电解生产阴极铜。二段法适宜处理锌含量较高的白杂铜和黄杂铜。

三段法适宜处理铅、锡含量较高或成分复杂、难以分类杂铜原料。首先将杂铜原料及某些中间返回品，在鼓风炉进行还原熔炼，产出铅、锡含量较高，铜品位较低的次黑铜。次黑铜用转炉吹炼，脱除部分铅、锡后再在反射炉内进一步精炼，精炼后铸成阳极经过电解即可成为阴极铜产出。三段法具有产出的烟尘成分简单、容易处理，粗铜品位较高，精炼炉操作比较容易，设备生产率也较高等优点。但流程比较复杂、设备多、投资大且燃料消耗高。

2）直接利用

含铜物料的直接利用，是指含铜物料不需要经过一般杂铜生产的氧化、还原、精炼等过程，可以直接熔炼为精铜锭和性质相同或相近的铜合金，如将黄铜废料熔炼成黄铜，白铜废料熔炼成白铜，青铜废料熔炼成青铜等。此方案具有工艺流程短、金属回收率高、能耗少、设备简单、成本低等优点。因此工业发达的国家都力求增加废铜直接利用的比率。如日本直接利用废铜的比率为80%，意大利为90%，美国为60%，英国为50%，之所以发达国家废铜直接利用率比较高，是因为这些国家在废杂铜收集的过程中分类清晰。

4.3.4 废铝的综合利用

4.3.4.1 废铝的回收与预处理

铝是一种银白色轻金属，有延展性。铝元素在地壳中的含量仅次于氧和硅，居第三位，是地壳中含量最丰富的金属元素，在航空、建筑、汽车、机械制造、船舶及化学工业方面都有大量应用，是目前世界上除钢铁外用量最大的金属。

同铜废料一样，铝废料也分为新废料与旧废料。“新废料”又称为“过程废料”，即在冶炼和加工过程中产生的废料。这类废料在大冶炼厂和加工厂现场重熔回收是很普遍的。独立的重熔厂也回收生产铝板和挤压件等时产生的边角料和切屑。“旧废料”是产品使用期结束和报废后产生的废料，这类废料可获量与产品使用期限及用途有关。通常所说的废旧铝或废杂铝就属于旧废料。它们中的大部分用于生产再生铝合金，少部分成分单一、杂质含量低的优质废料也用于熔炼特殊成分的铝合金。

为了使合金成分得到最大限度的利用，除去废杂铝中夹杂，最终将废铝处理成符合入炉条件的炉料，使含铝废料中的铝得到最经济、最合理的利用，需对含铝废料进行预处理，具体方法如下：

（1）品种单一或基本不含其他杂质的废杂铝一般不做复杂的预处理，只是按废料的品种和成分分类，单独堆放。单一品种的废铝在利用时只要抽查化验出一个成分，即可知晓批量的成分，是优质的再生铝原料，一般不做任何预处理即可入炉熔炼。在熔炼某一合金时，往往选用相应成分和品种的废铝直接加入大型反射炉熔炼，这样可很容易熔炼成相应牌号的铝合金。

（2）一些含铜、含锌高的废铝，还可作为调整成分用的中间合金。在采用小型反射炉或坩埚炉的企业，则要根据需要对体积大的废铝破碎成符合入炉规格的料块。

（3）对于档次较高的废铝切片，其中主要成分有铸造铝合金、合金铝、纯铝等。其中前两项的牌号众多，目前还很难按牌号分类，在大型再生铝厂，一般只经过筛分除去混入的泥土等，即直接入炉熔炼；在小型再生铝厂，此类废铝则要人工将其分成铸造铝合金、合金铝和纯铝，然后分别利用。

（4）对于低档次的切片和焚烧过的碎废铝料，要进行复杂的分选。因其成分复杂，除废铝之外还含有废铜、废钢、废铅等金属，并含有其他废弃物，所以对此类废料的分选主要靠人工筛分筛出泥土和垃圾，然后用手工分选。手工分选大多都在操作台进行，主要靠工人目测和经验进行挑选，先分选出非金属废料，然后分选废金属，其中对废铜和废纯铝的挑选格外精心，因废铜可增加产值。纯铝废料例如废铝线等，都是再生熔炼中调整成分的上等原料。分出的废铝是混杂的，一般不再细分。

（5）分选出废杂铝中夹杂的废木头、废塑料、废橡胶等物料。对于导线类废铝，一般可采用机械研磨或剪切剥离、加热剥离、化学剥离等措施去除包皮。但是高温烧蚀的办法去除绝缘体，烧蚀过程中将产生大量的有害气体，严重地污染空气，危害人体健康。如果采用低温烘烤与机械剥离相结合的办法，既能达到剥离目的，同时又能够回收绝缘体材料。

（6）废铝中经常含有油漆、塑料、橡胶、油类等有机杂质。在回炉冶炼前，必须设法加以清除。废铝表面的涂层、油污以及其他污染物，可采用丙酮等有机溶剂清洗，若仍不能清除，可采用脱漆炉脱漆。只要废物料在一定温度下，在炉内停留足够时间，一般油类和涂层均能够清除干净。采用离心分离机对废铝料进行除油处理，为将油清理彻底，在使用离心分离机时还可添加各种不同的溶剂，如四氯化碳等，再使用转筒式干燥机对铝废料进行干燥。

4.3.4.2 废铝的用途

与含铜废料一样，含铝废料的再生利用也有两种途径：一是冶金熔炼再生，主要采用火法冶金工艺；二是含铝物料的直接利用。

1. 火法冶金工艺

废铝火法冶炼工艺一般包括原料预处理、配料、熔炼、精炼、合金调配、铸锭 6 个步骤。

（1）预处理：熔炼前的预处理阶段，包括分类、解体、切割、磁选、打包和干燥等步骤。预处理的目的是清除废木头、废塑料、废橡胶、铁质零件等杂物和水分、油脂等。

（2）配料：主要是根据含铝废料的不同，为尽可能合理而有效地利用杂铝中的成分，经配料计算后确定所需配加的熔炼辅料种类及加入量，包括配加熔剂、纯铝等。

（3）熔炼：最常用的方法是反射炉熔炼，该方法适应性强，可处理多种类型的原料，如铝屑、带钢铁构件的块状杂铝等。工业上采用的反射炉有一室的、二室的、三室的及其他类型的。常用的为两室反应炉，它一方面具备熔化炉的作用，另一方面又有浇铸前容纳金属和调整成分的双重作用。

（4）精炼：精炼是含铝废料熔炼过程中的重要环节。含铝废料熔炼过程中，铝液中会不可避免地含有气体及非金属夹杂等杂质，必须通过精炼予以去除。其中包括往熔化的铝液或合金液表面添加熔剂以覆盖表面，以免铝液被空气氧化，同时通入气体对铝液加以搅拌作用，促使其中杂物和氢气分离出来等措施。

（5）合金调配：由于在熔炼过程中有的金属成分会有损失，在精炼处理之后要向液态铝合金中添加适量的金属元素，以使熔炼后的铝合金符合产品标准要求。

（6）铸锭：根据铝及铝合金产品的工艺要求，将铝液浇铸成合格的铝锭。

2. 直接利用

含铝物料的直接利用，是指含铝物料不需要经过一般含铝废料再生产的熔炼、精炼、合金成分调整等过程，可以直接熔炼为精铝锭和性质相同或相近的铝合金。

4.4 在综合利用过程中技术壁垒与瓶颈

再生资源因其可观的利用价值和巨大潜力，被称为“第二矿藏”。虽然我国在金属废弃物回收利用中已经取得了很大成绩，但是也存在不少问题，如企业经营规模小、技术投入不足、资源回收率低和对进口废弃金属的依赖程度高，成为限制我国金属废弃物回收利用的瓶颈。

（1）产业结构不合理，生产经营较为分散，没有形成规模。由于生产经营分散，企业规模小，我国再生金属生产企业在激烈的国内外市场竞争中难以形成优势和核心竞争力，抵御市场风险的能力不足。

（2）技术落后，金属回收率低，且污染严重，资源浪费大。国内再生金属生产企业目前绝大部分采用落后技术进行生产，污染严重，金属回收率低，浪费了大量宝贵的再生资源。再生有色金属生产中的分拣主要靠手工劳动，熔炼大多采用能耗高、污染重、劳动强度大的冲天炉。在实际生产中，金属回收率不高。

（3）对进口废弃金属的依赖程度高。我国再生金属生产规模的迅速扩大，导致国内废弃金属原料供应严重不足，进口量逐年大幅度增长。

4.5 解决途径及发展方向

针对我国金属废弃物回收与利用存在的问题，国家应建立统一的规范化的管理制度，在政策上鼓励发展金属废弃物回收利用，建立金属废弃物回收加工配送基地，以优惠政策吸引外商投资金属废弃物回收加工配送业，加速我国金属废弃物的回收利用程度。

我国的再生有色金属工业在国家优惠政策的影响下得到了较快的发展。但目前我国有色金属回收再生企业规模仍然较小，企业应在再生有色金属协会统一协调下，提高再生有色金属的收集率。另外还要加强再生有色金属的科研工作，开发快速、实用的金属废弃物的鉴别和回收利用技术，以便能更好地保护环境、合理利用有色金属资源。

参考文献

[1] 陈津，张猛. 金属回收利用500问［M］. 北京：化学工业出版社，2008.

[2] 陈津，赵晶，张猛. 金属回收与再生技术［M］. 北京：化学工业出版社，2011.

[3] 赵由才，牛冬杰，柴晓利. 固体废物处理与资源化［M］. 北京：化学工业出版社，2012.

[4] 陈立柱. 废有色金属的回收利用［M］. 北京：中国物资出版社，1992.

[5] 史彦海. 试论有色金属矿山固体废物的综合回收及利用［J］. 中国科技博览，2013（22）：410.

[6] 王明玉，隋智通，涂赣峰. 我国废旧金属的回收再生与利用［J］. 中国资源综合利用，2005（2）：10-13.

5 塑料废弃物

由于塑料的广泛用途及其良好的耐热、耐腐蚀等性能，业已成为我们日常生活不可缺少的材料，塑料与钢铁、木材、水泥构成现代工业的四大基础材料，推动着工农业的持续发展和当代高科技的兴起。2018年，全世界塑料总产量近3.6亿吨。“全球90亿吨的塑料制品中，只有9%被回收利用，这个数字是触目惊心的”。在2019年6月6日的论坛上，中国循环经济协会会长祝兴祥表示。世界自然基金会（WWF）近期发布的《通过问责制解决塑料问题》报告称，除非在塑料废弃物的管理方式上做出重大改变，否则到2030年，可能再有1.04亿吨塑料进入生态系统。我国是世界上十大塑料制品生产和消费国之一。2000年，中国塑料生产总量已超过630万吨，再加上从国外进口的塑料，当年塑料的消耗量为2300万吨，当年产生的废塑料为250万吨。2003年我国塑料的消耗量升至3120万吨，平均每年增长11.8%。2007年，塑料废弃物已占到城市固体废弃物的15%～25%（体积分数），塑料废弃物在生活垃圾中所占的比重亦逐年增加。2016年，我国塑料制品产量为7717.2万吨，同比增长2.7%。塑料废弃物产生量约3413万吨，再生利用量达到2487.8万多吨。由此可见，中国已经成为全球最大的废旧塑料市场和再生利用国，也是全球废旧塑料进口量最大的国家，但由于无统一回收渠道、无统一管理部门，故无法获取确切数据资料。

此外，大量的塑料制品（特别是其中的塑料薄膜和各类包装物）使用周期非常短，甚至有些快餐、快递用的一次性塑料用品随即废弃。根据国家邮政局发布的《2017中国快递领域绿色包装发展现状及趋势报告》，2016年，全国快递共消耗约32亿条编织袋、147亿个塑料袋、37亿个包装箱以及3.3亿卷胶带。外卖产生的塑料垃圾同样如此。国际期刊《资源节约与循环利用》(*Resources, Conservation and Recycling*) 2018年3月的一篇文章显示，2017年中国的在线外卖业务产生了160万吨包装垃圾，是2015年前的9倍。其中包括120万吨塑料盒、17.5万吨一次性筷子、16.4万吨塑料袋和4.4万吨塑料勺。这些垃圾很快以各种途径进入环境，它们侵入江河湖海，危害生物，满地疮痍，泛滥成灾。在街道社区、江河流域、交通干线、城乡结合部、旅游景区、农田等处，塑料废弃物几乎随处可见，在环境中此类白色污染已成为一个社会公害，公众越来越关注，造成的环境污染已成为全球性环境问题之一。为此，各国都在研究处理废旧塑料的有效方法。人们最常用的处理方法就是填埋和焚烧，但是，填埋会造成耕地减少和地下水污染，焚烧会使大气中二氧化碳、二氧化硫、氮氧化物等有害物质的含量增加，而且采用这两种处理方法都会造成资源浪费。于是，人们开发了废旧塑料再生利用、热分解回收低分子化合物、焚烧回收热能等诸多既能实现资源再利用又能减少环境污染的新技术，各国政府也在逐步采取措施进行有效的管理，使废旧塑料的回收、再生与利用技术，在国内外成为一个热点并正逐步成为一个新兴的产业。

5.1 塑料废弃物的来源及特点

5.1.1 塑料废弃物的来源

塑料废弃物在城市固体废弃物中所占质量分数为7%～9%，但体积分数占20%～30%，在有机废弃物中质量分数为9%～12%。塑料废弃物主要源于三个方面：一是来自塑料制品成型加工厂的工业塑料废弃物，将热塑性树脂直接加工成型或经过配料混合后加工成制品时不可避免地出现废品、残次品、边角料、下脚料、试验料、混合料等，我国沿海各地进口的可做原料的塑料废弃物，大部分就是这类物品，它们污染较小，一般经过破碎即可利用；二是在建筑过程中产生的建筑塑料废弃物，像塑料水管边角料、养护混凝土用塑料膜、塑料装修装饰件等；三是在各类塑料制品的使用和消费过程中产生的生活塑料废弃物，从国内来看，主要是农用塑料、包装用塑料、日用塑料制品三大领域。这类废弃的塑料回收难度大，因为其使用量大面广，使用频率高而且随机性强，大部分与其他生活垃圾混合，成分复杂，白色污染主要是这类塑料废弃物造成的。另外还有特殊的医用塑料废弃物，如大量使用的输液管、输液瓶、抽血针管等一次性医疗用品、卫生用品等，这部分属于危险废弃物，需要特殊专业消毒处理达到相应卫生标准要求后才能回收利用，因此，本书对医用塑料废弃物不予论述。

1. 工业塑料废弃物

工业塑料废弃物主要源于制造、加工及包装工业中塑料原料的大量使用，如塑料成型与加工过程中的废料、电子工业中的包装盒、电器外壳、计算机外壳、线缆外皮、电视屏幕，以及电线、电缆等。汽车工业中的风扇扇页、电池盒、保险杠、座椅等备用零件。汽车用塑料年用量达 40 万吨，电子电器及家电配套用塑料年用量也有 100 多万吨。

我国自 1993 年拉开清洁生产的序幕，国家环保局组织实施了《促进中国的清洁生产》（B－4）示范项目。随着清洁生产策略的不断深化和推进，由工业生产所带来的塑料废弃物将会呈下降趋势。从存在形态上看，工业生产产生的塑料废弃物多以单一塑料的形式存在，可以直接再生利用，工程塑料在汽车及电气商用领域应用较广，品种多而复杂。随着这类产品逐渐进入报废期，将成为工业塑料废弃物不易处理的一个重要来源。

2. 建筑塑料废弃物

建筑塑料废弃物主要指在建筑工程中使用的塑料类产品，如塑料门窗、聚酯制品、各类装饰板、隔板、装饰件、泡沫塑料、建筑物及其拆除过程中的进水管、排水管、地板、坐垫、隔热泡沫板、塑料家具等。遵循目前倡导的绿色环保建筑的原则，建筑过程中塑料材料用得最多的就是作为保温材料的聚苯乙烯泡沫塑料，由于它不仅具有保温和隔热的作用，而且可以有效地防止外界的冲击力，因此在建筑行业中得到广泛应用。

3. 生活塑料废弃物

生活塑料废弃物主要指日常生活中的各种塑料制品废弃物，如各种日用塑料制品废弃物，像塑料容器、塑料盆、塑料壶、塑料桶、玩具、文具、塑料鞋、废弃手机等；包装用塑料，像饮料瓶、一次性餐具、泡沫塑料及纤维织物、各式各样的塑料袋、编织袋、塑料薄膜、塑料丝、电子设备包装箱、光盘盒、各类塑料薄膜等；农用物品中塑料主要包括各种覆盖用塑料膜、饲料袋、化肥袋等。

城市固体废弃物中塑料废弃物的比率呈快速上升的趋势，塑料废弃物占城市固体废弃物的 9% 以上，而且越来越高。据报道“大约 15 天外卖所用塑料袋可覆盖一个西湖”。

5.1.2 塑料废弃物的特点

1. 塑料废弃物的成分复杂

塑料废弃物的主要成分包括聚乙烯、聚丙烯、聚苯乙烯、聚氯乙烯、聚酯等。塑料是以聚合物为主要成分，在一定条件下可塑成一定形状并且在常温下保持其形状不变的材料，也包括塑料半成品。作为塑料基础组分的聚合物，不仅决定塑料的类型而且决定塑料的主要性能。一般而言，塑料用聚合物的内聚能介于纤维和橡胶之间，使用温度范围在其脆化温度和玻璃化温度之间。

聚合物是由大分子构成的，如组成该大分子的重复单元数很多，增减几个单元并不影响其物理性质，一般称此种聚合物为高聚物；反之，则称为低聚物。广义而言，聚合物是总称，包括高聚物和低聚物，但通常所称聚合物常指高聚物。

根据主链结构，聚合物可分成碳链、杂链和元素有机高分子三类。按性能和用途分类，聚合物可分成橡胶、纤维、塑料、胶粘剂、涂料、功能高分子等类别。

塑料废弃物目前以 PE、PP、PS、PVC 等聚烯烃为主，近年来，PET、PC 等废弃物也日益增多。以发泡或不发泡的膜、片、板、袋、盒、桶等形式混在固体废弃物中。

聚乙烯代号为 PE，世界第一大塑料品种，用途极其广泛。根据合成时的压力，分为高压聚乙烯（HPPE）和低压聚乙烯（LPPE），高压聚乙烯（HPPE）因其密度较小也称为低密度聚乙烯（LDPE），低压聚乙烯（LPPE）则称高密度聚乙烯（HDPE）。高压聚乙烯（HPPE）常用来制造农用塑料薄膜及日常生活用的食品袋、包装袋等。聚乙烯无毒，其分子式为

$$\left[CH_2-CH_2 \right]_n$$

聚丙烯代号为 PP，聚丙烯耐热性优于聚乙烯，无荷载可达 150℃，常用作微波炉结构用品。它可吹成薄膜、制作包装袋、挤出条带制作编织袋、捆扎绳等；也可抽成纤维俗称丙纶，制作袜子、地毯等。其分子式为

$$\left[\begin{array}{l} CH-CH_2 \\ | \\ CH_3 \end{array} \right]_n$$

聚苯乙烯代号为 PS，因其透明度较好而用于日常生活用品、仪表外罩等的生产，还常用于泡沫塑料的生产，制作包装材料、饭盒等。其分子式为

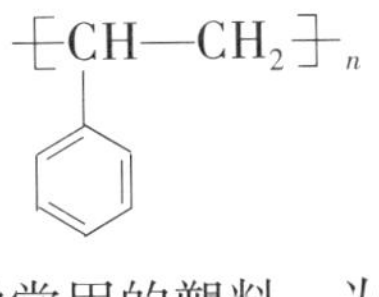

聚氯乙烯 PVC 也是一种常用的塑料，为仅次于聚乙烯的第二大塑料品种。添加不同量的增塑剂可制成农膜、电线电缆外皮，建筑材料如吊顶材料、板材料、管道等。废聚氯乙烯的燃烧会产生大量的剧毒物二噁英。其分子式为

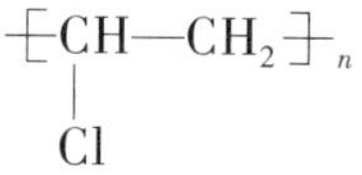

2. 塑料废弃物具有性能多样性

塑料废弃物具有性能多样性的特点，一般工业塑料废弃物多数成分较单一，具有较好的物理特性，而建筑塑料废弃物和生活塑料废弃物成分极为复杂。因此，其性能变幻莫测，常常因掺杂组分不同而出现全然不同的特性。

一般工业废弃物较洁净、未被污染，故便于回收处理，且回收效率较高；成分复杂的混合塑料废弃物则回收处理非常困难，性能不稳定，应用受到限制。

3. 塑料废弃物具有潜在长期的危害性

大量塑料废弃物由于物理化学结构稳定，在自然环境中可能数十年至数百年不会被分解。这些塑料有的被掩埋在全球数以万计的垃圾填埋场，有的经过焚烧重新返回至大气中，有的进入到海洋和土壤中，参与生态系统的物质循环，有些污染物质还会在生物机体内积蓄和富集，通过食物链影响人体健康，因而具有潜在的、长期的危害性。

塑料废弃物对人类环境的危害和固体废弃物对人类环境的危害有很多共同之处，主要表现在以下六个方面。

（1）对大气环境的影响

一些有机固体废弃物在适宜的温度和湿度条件下被微生物分解，释放出有害气体；以细粒状存在的废渣和垃圾，会随风扩散到很远的地方，造成大气的粉尘污染。另外受地区环境的影响，废弃物填埋场中溢逸出的沼气在一定程度上会消耗其上层空间的氧，从而使植物衰败。

（2）对水环境的影响

世界范围内，有不少国家直接将固体废弃物倾倒于河流、湖泊或海洋，甚至以海洋作为处置固体废弃物的场所之一，这是有违国际公约的。固体废弃物置于水体，其中的氮、磷等物质会使水体出现富营养化现象，甚至出现“赤潮”，严重危害水生生物的生存条件，并影响水资源的充分利用。此外，堆积的固体废弃物经过雨水自身分解，其渗滤液和有害化学物质的转化和迁移，将对附近地区的河流及地下水系和资源造成污染。向水体倾倒固体废弃物还将缩减江河湖面的有效面积，使其排洪和灌溉能力降低。英国海洋生物学会于 2019 年 4 月发布一项研究表示，1957—2016 年间，北大西洋的塑料垃圾数量显著增加，特别是塑料袋、绳索、渔网等较大的塑料垃圾数量上升明显，并且这一趋势未来有可能会延续下去。这些塑料倒入海洋中，在海浪和阳光的作用下被打碎、分解，直至最终变成直径不超过5mm的塑料颗粒。它们可以进入各种海洋生物体内，然后沿食物链不断向上积累。众多研究证实了微塑料在海洋环境和生物体中的大量和广泛存在。

（3）对土壤环境的影响

未经处理的生活垃圾直接施入农田，会造成严重的后果。固体废弃物及其淋洗和渗滤液中所含的有害物质会改变土壤的性质和土壤结构，造成土壤毒化、酸化、碱化，并将对土壤中微生物的活动产生影响。这些废弃物对土壤理化性状产生不良影响；长期倾倒垃圾将导致农田中的重金属含量积累；日益增多的有机合成材料和塑料及其制品，大部分未经回收利用直接进入农业环境。破碎的塑料薄膜残体被埋入土中，阻碍了水分输送和植物根系的生长，不利于作物的生长发育。

（4）对人体健康的影响

目前，随着城市人口的剧增，城市生活垃圾排放量也在增加。据全国300个以上城市的统计，城市垃圾的清运量仅占产生量的40%～50%，无害处理率平均只有1.6%，50%以上的垃圾堆放在城市的一些死角，98%的垃圾未经无害化处理直接进入环境。在居民区露天堆放的生活垃圾，对环境卫生造成了严重影响，而且为传染性细菌、蚊蝇提供了大量繁殖的场所，对人们的健康构成威胁。

（5）侵占土地

废弃物的堆放、填埋都要占用土地，堆积量越大，占地越多。城市生活垃圾的恶性积累，已成为世界性的环境灾难。垃圾肆意侵占土地的现象，在许多城市相当普遍。

（6）易引起爆炸事故

随着城市生活垃圾中有机物质含量的提高和由露天分散堆放变为集中堆存，只采用简单的覆盖易造成产生甲烷气体的厌氧环境，垃圾产生的沼气不断增加很可能引起爆炸，造成重大损失。另外，一些有毒、危险固体废弃物的不合理排放，还可能造成中毒、严重腐蚀等特殊损害。

5.2 塑料废弃物的分离处理技术

塑料废弃物造成的环境污染已成为一个全球性环境问题。一方面，它很难自然降解，不为自然环境所亲和，污染严重。为了消除这种白色污染，各国政府积极倡导塑料废弃物的回收利用。另一方面，塑料的总产量逐年增高，从理论上讲，塑料废弃物的产生量终将与塑料消费量持平，因此，对塑料废弃物的处理越来越迫切和必要。塑料废弃物再利用技术已成为消除白色污染、降低资源消耗、保持可持续发展的关键问题之一。在处理回收过程中，将塑料废弃物从其他废弃物中分离很有必要。目前，世界各地都在研究塑料废弃物的回收方法，在分选中，一般采用以下几种方法，如密度法、浮选法、空气分选法、磁分选法、静电分选法、光学分选法、手工分选法、低温分选法、旋液分选法等。有些塑料垃圾与其他物质黏合在一起，需要采用加热法、湿浆法、电动分离法、化学分离法、打浆分离法、生物分离法等。日本、美国、意大利等一些发达国家，在这方面工作起步早，已经收到了明显的效益，一些经验值得我国借鉴，下面简单介绍国内外几种典型的分离处理技术。

1. 日本采用自动分选装置从塑料废弃物中回收石化原料的工艺技术

日本出台一系列回收法规，一般塑料废弃物参照《容器包装回收法》进行回收。抑制废弃量，促进塑料废弃物回收技术得到迅速发展。日本石川岛播磨重工业公司（IHI）独立开发出从聚乙烯（PE）、聚丙烯（PP）等塑料废弃物中回收石化原料的高效工艺，该工艺采用自动分选装置筛选 PE、PP，将 PE、PP 塑料废弃物加热到 230℃熔化后在热解槽内分解为热解气，并通入氢气发生催化加氢反应，然后在分解槽中通过钾硅酸盐的催化作用使其分解成苯、甲苯、二甲苯混合物（BTX），最后分离氢气和 BTX 混合油气。每千克 PE、PP 塑料废弃物可回收 600g 二甲苯混合物，回收率高达 60%。分离出的 BTX 可作为塑料、医药和石化原料再度利用。该工艺与回收产品作为燃料或石油使用的工艺相比，具有更高的附加值并具有以下特征：

（1）处理对象为一般废弃物中含氯的各种塑料。

（2）热裂解油化在氮还原条件下进行，并且气体化、高炉还原、焦炭炉化学原料化都在高温下进行，而又无二噁英之忧，是无公害型回收设备。

（3）油化、气体化分离回收氯成分，可有效地用于工业制盐酸、肥料等。

（4）任何塑料废弃物都可再生成工业用原料，油化产物可再生利用炼油，作石油代用品，而气体化、高炉还原、焦炭炉化学原料化可再生为煤的代用品。

目前，IHI 公司的实验装置能生产 10kg/h 的样品，今后准备与其他部门共同开发。

2. 美国开发的水力旋风分离技术及利用溶剂选择性分选技术

美国 Dow 化学公司开发了利用水力旋风分离器进行分选技术，其技术原理如图 5-1、图 5-2 所示。

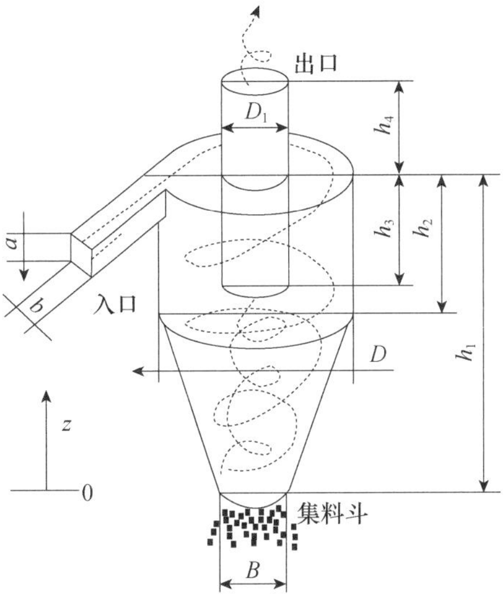

图 5-1　水力旋风分离技术结构简图

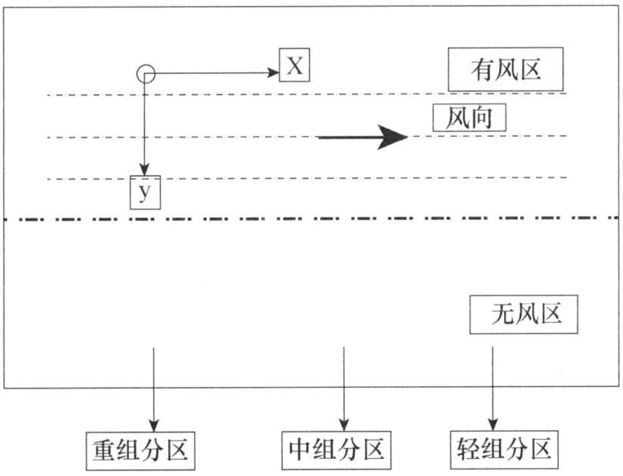

(a) 设备原理图

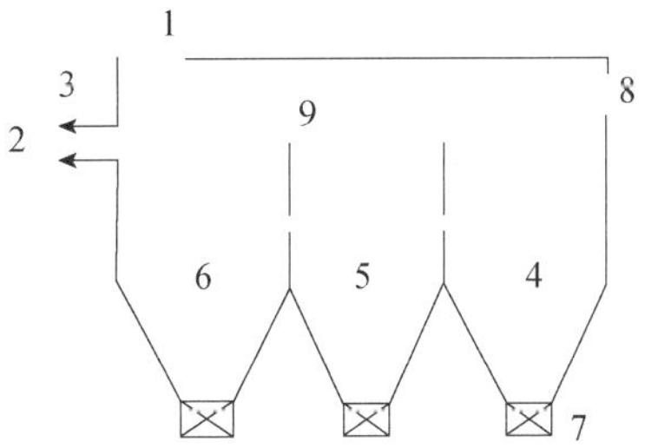

1—进料斗；2—风机；3—进风口；4—轻物质槽；5—中物质槽；
6—重物质槽；7—出料口；8—出风口；9—挡板（可调高度）

(b) 设备示意图

图 5-2　水力旋风分离技术原理图

此外，由美国凯洛格公司和伦斯勒理工学院共同开发了利用溶剂选择性分选塑料废弃物的技术，其分离工艺如图5-3所示。

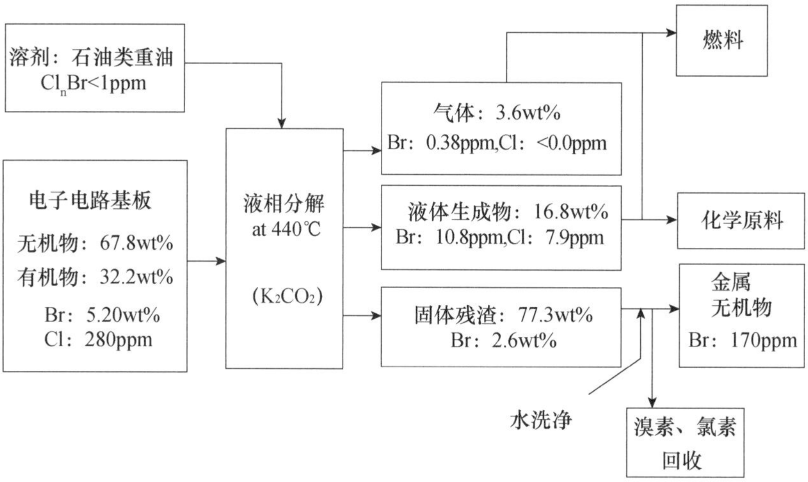

图5-3　选择性分选废弃塑料技术

3. 意大利X射线及热源识别分选技术

意大利戈沃尼（Govoni）公司利用X射线及热源识别进行分选，这种技术在美国、比利时、英国等一些国家也被广泛采用，这些公司的塑料废弃物分选技术都取得了较好的效果。此外，意大利对塑料废弃物回收一般是将塑料碎片和纸片一起收集，并用干法分选，分离后的塑料废弃物经粉碎后，用磁筛除去铁等金属杂质，经清洗、脱水、干燥后，通过螺杆挤出机进行造粒。这种回收料加入新料后，能保证其具有足够的力学性能，可以用来生产垃圾袋、异型材、中空制品等产品，如图5-4、图5-5所示。

4. 英国开发的废物回收利用装置

英国在南威尔士格温特（Gwent）投资1200万英镑的废物回收利用装置于2009年2月投入使用，它可以收集与处理废旧的电器设备。该装置可每年处理10万吨电器废弃物，为英国最大的此类废弃物回收利用工厂。该装置也包括特种塑料机械，可将废弃物分离为铜、印刷电路板和塑料，然后从残余塑料中分离出聚合物。该装置收集材料的25%为塑料，高达8t/h，送至分离线可被分离出PP/PE、ABS和PS。

英国还开发了可回收利用的PET的热洗碎片装置，热洗碎片本身不能达到食品级质量，但碎片热洗后可加工成食品级材料，应用于饮料瓶市场。

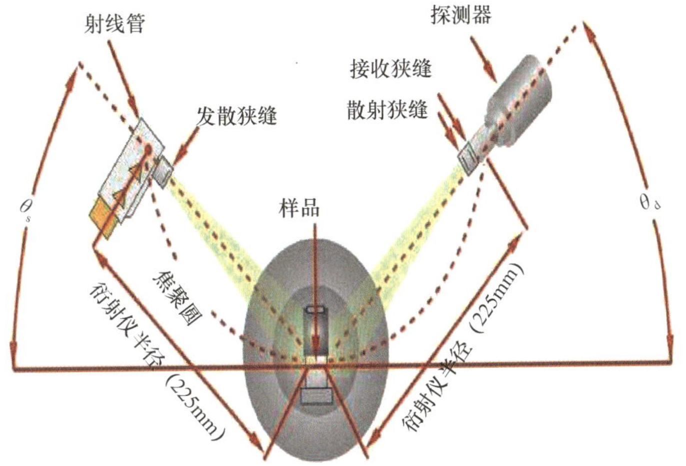

(a) 原理图

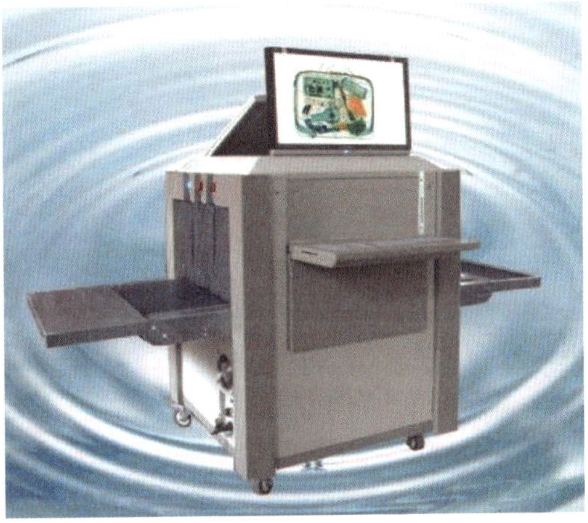

(b) 设备照片

图 5-4　X 射线识别分选技术

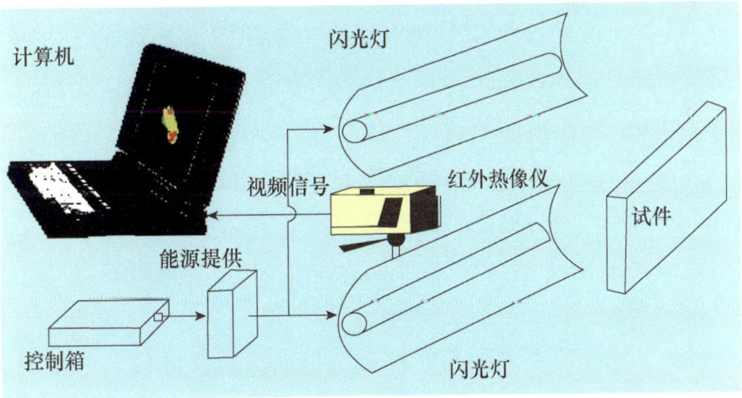

图 5-5　热源识别分选技术

5. 德国 DSD 的双元回收系统及韦伯尔（Vebaeol）公司的氢化裂解装置

德国的 Duales System in Deutschland（简称 DSD），也称为绿点公司，是专门从事废弃物回收的公司。包装企业与绿点公司之间建立合约关系，包装企业承担回收费用，委托绿点公司进行回收。这种由以委托第三方专业回收机构负责塑料回收的模式创造性地实现了生产者责任延伸，降低了回收成本，成效显著（图 5-6）。

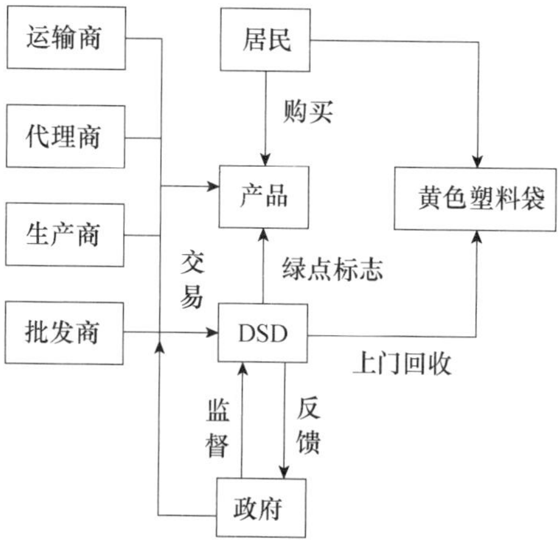

图 5-6　德国 DSD 废弃物回收系统原理图

德国 Vebaeol 公司组建了氢化裂解装置，使塑料废弃物颗粒在 15 ~ 30MPa，470℃下氢解，生成一种合成油，其中链烷烃 60%、环烷烃 30%、芳香烃为 1%。这种加工方法的能量有效利用率为 88%，物质转化有效率为 80%。

6. 我国废旧塑料回收分离技术

由于环境中塑料废弃物成分复杂，尤其是建筑塑料废弃物，常常混有金属、砂土、织物垃圾，因此，不仅应将塑料废弃物从这些杂物中分离出来，不同种类的塑料废弃物也应当归类才能满足其回收使用要求。塑料废弃物的分类回收是指依据塑料废弃物的使用过程和成分的差别进行回收。例如，农膜家用塑料袋一般是聚乙烯制成；编织袋绳、汽车用保险杠仪表盘一般是聚丙烯制成；废旧塑料鞋底、硬质板材、管材一般是聚氯乙烯制成；各种泡沫制品保温材料一般是聚苯乙烯制成。分类回收的难度主要在于回收价值问题，这涉及塑料自身的价值、回收的成本及再生品价值，三者统一难度较大。

在我国，通过广泛而深入的探讨，归纳塑料废弃物的处理原则是：减少来源（Reduction at the Sources），再利用（Reuse），循环（Recycling），回收（Recovery），人们称之为“四 R 原则”。按此原则将塑料废弃物的回收级别分为四个等级：

（1）一级回收是指采用通常的加工方法把可回收的塑料废弃物（边角料等）加工成与新材料性能相同或相近的产品。

（2）二级回收是指把塑料废弃物（边角料等）经一种或多种加工方法加工成比新材料性能稍差的产品。

（3）三级回收是指回收塑料废弃物的化学成分，使之成为单体或燃料。

（4）四级回收是指通过焚烧从塑料废弃物中获得能量。

一级和二级回收的划分往往是不明显的，如酚醛塑料常常被添加到纯化合物中用于生产性能变化不大的同类产品，由于废弃酚醛塑料在与纯化合物混合过程中仅起填料作用，而其本身不具备纯化合物的性能，所以酚醛塑料的回收仍被划分为二级回收。同样，三级和四级回收的划分也存在相似的问题。

一级和二级回收属于再利用或循环利用聚苯乙烯塑料，符合“四 R 原则”。三级回收同样利用了聚苯乙烯塑料，但回收成本很高，四级回收容易产生二次污染。在我国，人均资源量较低，经济发展速度又很快，要想实现可持续的经济发展，必须建立节约型的发展模式。在研究回收、利用废弃聚苯乙烯塑料时，应尽量实现一级或二级回收，合理、科学地利用资源，努力做到发展循环经济。

塑料废弃物回收首先要清洗，目前在我国清洗工艺采取人工清洗和机械清洗两种方法。人工清洗工作效率低，其优点是可将散落在环境中的零星塑料废弃物收集起来，容易将不同品质颜色形状大小的塑料废弃物分类收集起来。手工作坊式的塑料加工厂主要采用人工清洗。机械清洗效率高，适应广，对于废农膜混有砂土、脏物的塑料废弃物及粒子油污制品，应分别使用不同的清洗剂，我国有直接用清水或盐水作为清洗剂的机械清洗方法。

我国目前采用的分离技术主要是物理机械分离法和生物分离法。

（1）物理机械分离法

塑料废弃物的物理机械分离法指不需要进行各类改性，只要将废旧塑料经过分类收集、分拣、清洗、干燥、破碎再生造粒、成型，或与其他物质经简单加工制成有用制品。目前，国内有 80% 的塑料废弃物处理企业使用该技术，且制品已广泛应用于农业、渔业、建筑业、工业和日用品制造业等领域，如将塑料废弃物破碎后熔融再重新注塑制成新的产品。

塑料废弃物的物理机械回收利用，其关键步骤是塑料废弃物的分选或者说分离。分离效果的好坏直接影响后期塑料废弃物制成再生粒的品质和使用范围。目前，国内外许多研究机构和企业都致力于塑料废弃物分离方法的研究，积累了许多成功的经验，分离可根据不同塑料的用途、性质进行。表 5-1 列举了目前国内外常用的一些分离塑料废弃物的方法。

表 5-1　塑料废弃物识别和分离技术

方法	原理	效果评价
沉于水中分离	重力分离	只能有效地分离 2 ~ 3 种塑料，较差的分离效果，易受填充物的干扰
漂浮	在水介质中产生空气泡沫的选择性填加物	填加必要的试剂，低效、有添加剂和填充物的干扰
磁选	适应于破碎前后混有金属的塑料废弃物，用磁铁吸附塑料废弃物中的金属	吸附率 90% 以上
风选	依据废物中各种密度的不同，随风飘移的距离不同而进行分离，适应于分离石块砂粒等	纯度 90% 以上
使用有选择性的抑浮剂的塑料漂浮分离	PVC、PC、POM、PPE 这四种塑料，使用一般的湿润剂像木质素磺酸钠、鞣酸，OT 湿润剂、皂角甙可以从它们的混合物中分离	纯度在 87% ~ 90%
电子式分离	运用电荷在电场力的作用使 PVC 和 PE 从电线和电缆中分离	纯度超过 90%，会受到表面涂层和污染的影响
MIR 光谱（中红外）	11 种塑料的区分：PE、PP、PVC、ABS、PC、PA、PBT、PPE、EPDM、反射光谱为 2.5 ~ 50μm、振荡群激发	对预备的大量样品有较好的塑料识别技术，非自动，需要较多时间分析（≥20s）
NIR 光谱（近红外）	近红外线具有识别有机材料的功能，采用近红外线技术的光过滤器识别塑料的速度可达 2000 次/秒以上。利用红外线对有机材料的识别功能，分离 PET、PVC、PP、PE、PS。反射光谱在 800 ~ 2500μm，正弦波，复合波振荡激励	对塑料包装是好的识别方法，易受填充剂（炭黑）、表面涂层、样品几何形状的影响，不能识别黑色。对聚合物和添加剂同样
诱发的激光等离子体光谱，由 NIR 光谱补充	集中一束脉冲激光对准塑料产生一高能密度的脉冲，该脉冲发出一高能等离子体能激活所有在焦点体积中的原子元素	

续表

方法	原理	效果评价
傅里叶转换红外线光谱	反射波 200～400μm，谐波和电子波	可测定所有塑料，因为样品准备和测量对黑塑料需要很长的测定时间，对聚合物识别低。添加剂（染料）对它有强的干扰，低自动化
激光光电扫描	分离 PE、PVC、PP、PE、PS。激光等离子体原发射光谱，热脉冲感应红外温度记录法	自动对聚合物和杂原子混合物识别，识别水平低
X 射线荧光	用 X 射线波谱做感光方法测定元素	低聚合物、低自动化的元素识别只在分离 PVC 和 PET 时有效
光学扫描	通常用感光法，用光电二极管或电荷耦极设备器件显示	根据透明性和颜色有助于塑料分类，但不能做聚合物化学识别
质谱测定法	热解产品的质谱测定法检测	高时间耗费（≥1min），低分离效果，难以自动化
静电分离	介电常数不同的非导电材料摩擦时，它们通过电子得失获得相反的电荷，其中介电常数高的材料带正电荷，介电常数低的材料带负电荷。塑料回收混杂物在旋转锅中频繁接触，然后送到另一只表面带电的锅中进行分离	—

（2）生物分离法

随着人们认识到传统塑料制品不可生物降解给环境带来的危害，各种既满足塑料制品的性能又可生物降解的高分子产品被开发出来。

在研究开发塑料废弃物能源回收再利用技术的同时，使用生物降解法处理塑料制品成为全球各国塑料加工业的研究方向。研究人员希望通过微生物降解的方法使塑料可以在微生物环境中被生物降解，用以处理大量的一次性使用的塑料，特别是农业薄膜和塑料包装废弃物对土地、森林、海洋的污染。研究目标是开发出一种不影响其使用功能，而且在废弃后，可以被环境中的微生物进行分解后完全融入生态循环的有机塑料。同时这种塑料的生产成本不宜过高，具有相当好的经济性。这样的生物降解性塑料在使用后就可与普通生活垃圾一起进行堆肥，而不需要进行分类收集和再处理。而且，生物薄膜分解的产物进入生态循环，不会产生资源浪费和污染的问题。目前在食品及餐饮行业已有所应用。但这类塑料废弃物仍存在一些处理问题。第一，可降解塑料往往需要特定的降解条件，如光降解塑料在填埋后就无法自然降解；第二，降解过程中可能产生甲烷等温室气体；第三，在废弃物当中可生物降解塑料与传统塑料是混合状态，增加了处理难度。因此，可生物降解塑料目前无法替代传统塑料。

除此之外，还有利用各类塑料静电发生状态及带电情况不同的静电筛选法，如图 5-7 所示；从倾斜筛下部鼓入空气使塑料废弃物碎片流动而分离的流动式风力筛选法，如图 5-8 所示；根椐塑料密度差，利用水或其他液体进行分离的湿式重力筛选法；利用各种塑料的脆化温度不同，在低温下有选择地粉碎，同时达到分选目的的温差分选法等多种方法。

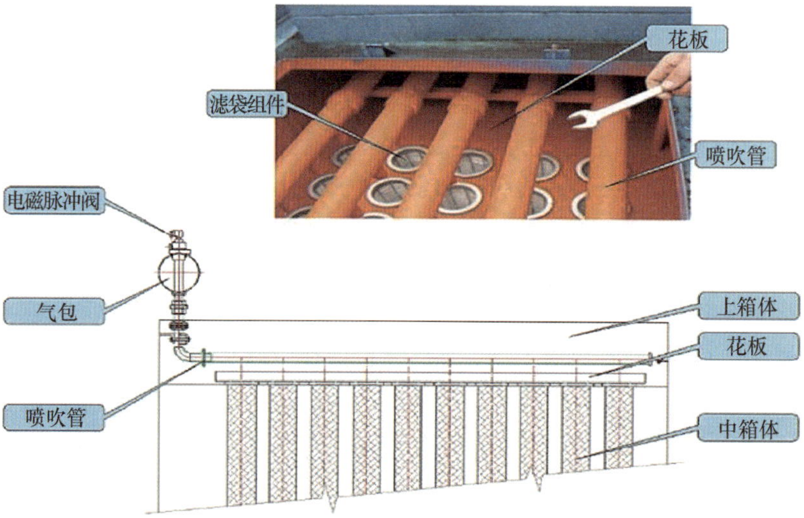

图 5-7 静电筛选技术

图 5-8 流动式风力筛选法

综合国内外的城市生活垃圾塑料分选技术，现有的塑料分选方法主要有光选、电选、风力分选、密度分选、水力旋流器分选、浮选等多种方法。其中，光选法适合于块状塑料的分选，对于破碎后的细粒塑料，由于光谱中的某些波段会发生位移，难以分选。此外，也不宜分选厚度薄的片状塑料或黑色塑料。而水力旋流器分选和浮选都属于湿式分选法，这些方法用水多，且需要处理脱水、干燥及废水处理等过程。电选法分离耗能少，分选率高，易于分选用比重法无法分离的塑料废弃物，但对分选物料的湿度及粒度要求较高，结构复杂。风力分选比较适合于重物质与塑料的分选，用于塑料分选的终处理时，分选率不高。因此，在城市生活垃圾塑料分选中常采用几种方法的组合多级分选。

5.3 塑料废弃物的综合利用机制

塑料废弃物的回收处理、再生利用已成为全球关注的热点，在当今构建和谐社会、重视环保和资源再生的政策环境下必须引起我们的高度重视。废旧塑料回收利用不是权宜之计，而是一个长远的艰巨工作，务必加大力度以求取得更大的成效。

塑料废弃物有许许多多的回收利用和处理方式，也就是说消除白色污染并不是没有技术，而是有各种回收利用处理处置技术，有的有较好的经济效益和社会效益，关键在于要在回收和利用之间有一个利益均衡的机制，针对垃圾处理减量化、无害化和资源化处理过程中存在的垃圾处理设施不配套、产业链还未形成等瓶颈，应从机制改革、制度设计、产业培育等方面入手，探索出一套有中国特色的塑料废弃物综合利用机制，这个机制应包含增强全民环境意识、资源节约意识、政府的调控措施、法律强制执行等。

5.3.1 构建塑料废弃物循环利用激励机制

目前我国针对塑料废弃物综合利用的激励措施多呈碎片化分布，法律激励制度尚未成形、激励功能力度不够、约束有余而激励不足，应充分利用现行法律规范，扩大激励范围，增强激励效果，实现固体废弃物循环利用法律激励制度的理想化运作。激励主体不仅仅是企业，应多元化。企业作为固废循环利用的主力军，在法律激励中，必须重视企业的决定性作用，但是对个体、环保组织机构、高校志愿者等，都是循环利用主体多元化的表现，在法律激励机制中应予以体现。循环利用方式也应积极转变，不再局限于人工循环利用，逐户、逐厂循环利用，应扩展到机械循环利用、智能循环利用。此外，应针对各主体，设置最佳的激励模式，各社会主体的特殊性要求我们对激励模式的选择要契合主体身份、地位，以经济型法律激励刺激企业循环利用为根本方式，使激励效果最大化。

5.3.2 塑料废弃物分类回收、综合利用的制度设计

相比于发达国家，我国建筑过程中的塑料废弃物产生较多，并且大

部分是通过填埋和焚烧对其进行处理，并没有将其有效地回收利用起来，导致资源的浪费，资源利用率低。在塑料废弃物分类回收、综合利用方面，各国政府都在逐步采取措施进行有效的管理。例如，韩国2003年1月开始实施“生产者责任延伸”制度，即Extended Producer Responsibility（EPR）制度，这一制度向生产者赋予了回收利用一定量以上的可回收利用的废弃物的责任。

为了节约资源、保护生态，我国在1999年就颁布了《包装资源回收利用暂行管理办法》，自1999年1月1日起实施，规定了包装废弃物回收利用的管理原则、回收渠道、回收办法、回收单位、回收再利用方式、分级原则、储存和运输、回收复用品种、复用办法、复用的技术要求、试验方法、检验规则、包装废弃物的处理与奖惩原则等，鼓励包装回收和再利用，2002年1月又对其管理办法进行了修订，对包装回收利用及包装废弃物处理全过程的活动进行组织、指导、协调和监督。

为了更加合理的回收利用，亟须设计合理的操作可行的法规及制度。首先，工商管理部门应在源头上杜绝材质标识不清的塑料制品进入流通领域；其次，通过对消费环节的控制和管理，保证进入再利用环节的塑料垃圾可以进行明确分类。先以高校、新建及封闭小区为试点，设立塑料垃圾分类指定回收地点，逐步建立起以小区居民自发分类投放为主，物业保洁人员协助分类为辅的塑料垃圾分类回收制度，待机制形成后，再向老小区及其他范围内推广。政府应确定相关部门对已分类的塑料垃圾进行回收，并制订塑料垃圾回收时间表。2017年，国务院办公厅转发国家发改委和住房城乡建设部《生活垃圾分类制度实施方案》，明确在直辖市、省会城市、计划单列市和第一批生活垃圾分类试点城市等46个重点城市的城区范围内先行实施生活垃圾强制分类。目前，这46个重点城市生活垃圾分类工作已经取得了一定的进展。以生活垃圾分类收集、分类转运设施建设为着力点，以46个重点城市为突破口，要求46个重点城市到2023年全面建成生活垃圾分类收集和分类运输体系，推动京津冀及周边、长三角、粤港澳大湾区、长江经济带、黄河流域、生态文明试验区深入开展生活垃圾分类处理，鼓励具备条件的地级以上城市基本建成与生活垃圾清运量相匹配的生活垃圾分类收集和分类运输体系，逐步提高建制镇生活垃圾收运能力，塑料垃圾分类亦在其中。目前，市场上流通的塑料制品主要以PET、PP、PE为主，因此可以每周多次回收，而PS、PVC、PC材质的塑料制品相对较少，可以隔周回收。这样既可以节约运输成本，减少垃圾存放场地，又可避免垃圾在小区的长时间搁置，给居民的生活带来不便。

5.3.3 塑料废弃物综合利用的处理机制

1. 卫生填埋

废旧塑料由于具有大分子结构，故废弃后长期不易分解腐烂，并且质量轻、体积大，暴露在空间中可随风飘动或在水中漂浮。因此，人们对其进行卫生填埋。卫生填埋法具有建设投资少、运行费用低和可回收沼气等优点，已成为现在世界各国广泛采用的塑料废弃物最终处理方法。但填埋处理同时也存在着严重弊端：塑料废弃物由于密度低、体积大，因此占用空间面积较大，增加了土地资源压力；塑料废弃物难以降解。填埋后将成为永久垃圾，严重妨碍水的渗透和地下水流通；塑料中的添加剂如增塑剂或色料溶出还会造成二次污染，同时该法填埋了大量可利用的塑料废弃物，这与可持续利用以及建立节约型社会背道而驰。

2. 焚烧处理

焚烧回收热能是废旧塑料处理的另一主要方法。将废旧塑料进行焚烧处理的方法具有处理数量大、成本低、效率高等优点。其方式主要有三种。①使用专用焚烧炉焚烧废旧塑料，回收利用热能。所用的焚烧炉有流动床式燃烧炉、浮游式燃烧炉、转炉式燃烧炉等。②将塑料废弃物作为补充燃料与生产蒸气的其他燃料掺混使用。这是一项可行而又比较先进的能量回收技术。例如，热电厂即可使用塑料废弃物作为补充燃料。③通过氢化作用或无氧分解，使塑料废弃物转化成可燃气体或其他形式的可燃物，再通过它们的燃烧回收热能。塑料废弃物焚烧的主要产物是 CO_2 和水，但随着塑料品种、焚烧条件的变化，也会产生多环芳香烃化合物、CO 等有害物质。例如 PVC 会产生 HCl，腐蚀焚烧炉，聚丙烯腈会产生 HCN，聚氨酯会产生氰化物等。另外，在塑料废弃物中还含有 Cd、Pb 等重金属化合物，在焚烧过程中，这些重金属化合物会随烟尘、焚烧残渣一起排放，污染环境。因此，必须安排排放气体的处理设施以防止污染，这又无形之中提高了成本。而且，塑料的热值很大，如果单独焚烧极易破坏炉体。从而加大了设备的更新费用。因此，焚烧并不是最为理想的处理塑料废弃物的办法，尽管它回收了能量，但却破坏了环境，增加了成本。

3. 热解油化处理

热解属于裂解技术中的一种，即通过加热方式将高分子链打断，转化为可利用的低分子量化合物。塑料经过热解可获得燃油或化学制品。热解处理是当前新兴起的塑料废弃物处理技术，也可用于其他固体废物处理。从技术角度解释，热解是将物质在无氧或缺氧状态下加热至350～900℃，在一定条件或催化作用下，使之转化为气体、油、焦炭和水。有利用价值的有机产物包括石蜡、异构烷烃、烯烃、环烷烃和芳烃以及非冷凝高热值可燃气等，这些产物的形成与塑料成分、处理工艺条件相关，包括反应温度、反应器的设计等。热解还存在需要温度较高、产物分布过宽等缺点，可通过添加催化剂等方式进行改善。

（1）催化热解技术

催化热解是在热解工艺中增加适当的催化剂进行塑料裂解反应，是热解技术的发展。催化剂的加入可以使体系温度降低，反应速度加快，从而节约能源和时间。催化剂的作用还包括使降解产物的碳原子数分布范围变窄，从而获得更多期望的有机相产物。该法可望发展成为塑料回收的高效、经济的处理方法，其关键问题是催化剂的循环使用寿命以及提高催化效果而减少其用量。

（2）超临界油化法

水的临界温度为374.3℃，临界压力为22.05MPa。临界水具有常态下有机溶液的性能，能溶解有机物而不能溶解无机物，而且可与空气、氧气、氮气、二氧化碳等气体完全互溶。日本专利有用超临界水对废旧塑料（PE、PP、PS等）进行回收的报告，反应温度为400～600℃，反应压力25MPa，反应时间在10min以下，可获得90%以上的油化收率。用超临界水进行废旧塑料降解的优点是很明显的：水做介质成本低廉；可避免热解时发生炭化现象；反应在密闭系统中进行，不会给环境带来新的污染；反应快速，生产效率高等。

（3）气化技术

气化法的优点在于能将城市垃圾混合处理，无须分离塑料，但操作需要高于热分解法的高温（一般在900℃左右）。德国Espag公司的Schwaizc Pumpe炼油厂每年可将1700t塑料废弃物加工成城市煤气。RWE公司计划每年将22万吨褐煤、10万吨塑料垃圾和城镇石油加工厂产生的石油矿泥进行气化。德国Hoechst公司采用高温Winkler工艺将混合塑料气化，再转化成水煤气作为合成醇类的原料。

（4）氢化裂解技术

将塑料废弃物通过加氢方式进行裂解，通常是在一定温度和压力条件下加入催化剂在反应釜中进行，典型的反应条件为温度423～673K，氢气压力为3～10MPa。多数研究者把获得高质量的汽油产品作为研究目标。典型的原料包括：聚乙烯、聚对苯二甲酸、聚苯乙烯、聚氯乙烯及混合塑料材料，城市固体废弃物中的塑料废弃物组分，聚合物与煤、各种精炼油、橡胶的混合物等。为提高混合物的混合效果，经常使用如1-甲基萘、萘和十氢萘等有机溶剂。常使用的催化剂为负载过渡金属（如 Pt、Ni、Mo、Fe）的固体酸催化剂（如氧化铝，非晶形氧化硅-氧化铝，沸石和硫酸锆），这些催化剂目前虽已在裂解和加氢反应中有所应用，但是很多方面仍在研究开发中，包括金属元素和催化剂载体的催化效果、催化剂比表面积、硅铝比、失活等。

5.4 塑料废弃物的综合利用途径

在塑料制品消费量不断增长的情况下，塑料废弃物的合理处置对环境保护及资源再生方面的作用和影响日趋突出，为此，各国都在研究塑料废弃物的有效处理方法及综合利用途径。

废旧塑料的回收、再生与利用技术，在国内外已经成为一个热点并正逐步成为一个新兴的产业，其行业规模不断发展壮大，产品品种和产量不断增多。几乎所有热塑性塑料废弃物，甚至混有少量热固性塑料废弃物都可以再生回收利用，塑料废弃物经过收集、分拣、清洗粉碎、干燥后热熔，可用各种塑料成型加工机，生产再生塑料板材、管材、棒材、片材、零部件、容器等。废塑料回收与再生利用要符合《废塑料回收与再生利用污染控制技术规范》（HJ/T 364—2007）的要求。

塑料废弃物再利用可分为直接再生利用和复合改性再生利用两大类。直接再生利用是把单一品种的塑料废弃物直接循环回用或经过简单加工后加以利用；复合改性再生利用是以混合塑料废弃物为原料，再参与其他配料的利用方式。

5.4.1 直接再生利用

塑料废弃物直接再生利用是指采用将废旧塑料直接塑化或破碎后塑化，经过相应前处理破碎塑化后，再进行成型加工制得再生塑料制品的方法。直接再生利用也包含加入适当助剂组分（如稳定剂、防老化剂、着色剂等）进行配合，加入助剂只是起到改善加工性能、外观或抗老化作用，并不能提高再生制品的基本力学性能。直接再生利用按塑料组成不同采用的生产制备工艺不同。

1. 废聚乙烯（PE）

1）制备方法

废聚乙烯制品中农膜和家用塑料袋最典型，但其中的超薄膜回收有相当大的困难，除单一品质的塑料废弃物可直接进行简单加工外，一般塑料废弃物在简单加工前应进行破碎或剪切，以便进一步熔融再造粒，破碎设备有压缩型粉碎机、冲击型粉碎机、剪断型粉碎机，它们在我国有各种不同型号和系列。废聚乙烯制品的制备工艺主要有：

（1）开炼法塑化与模压成型

工艺路线：将塑料废膜洗净干燥后热熔→计量→塑炼→热熔坯→在模具中压制→整理→制品。

主要的设备：双辊塑炼机、平板液压机和模具；开炼法压制成型工艺的优点是投资少、见效快、产品多样化，缺点是劳动强度大。

（2）挤出法塑化与成型

此种工艺与开炼法塑化的主要区别在于使用的塑化设备不同。该工艺使用单螺杆挤塑机制备热熔坯料，并趁热立即将料坯放在液压机上的模具中进行冷压定型，此工艺的优点是生产效率高，劳动强度小。其工艺路线：

将塑料破碎料或再生粒料洗净与干燥→挤出塑化→料坯计量→放入模具中压制成型→整理→制品。

主要的设备：单螺杆挤塑机、平板液压机和模具。工艺操作中螺杆转速一般取 20 ~ 30r/min，挤塑机各段温度分布为加料段 130 ~ 140℃、塑化段为 150 ~ 160℃、均化段为 160 ~ 170℃、机头 150 ~ 155℃。

（3）吹塑中空成型

吹塑中空成型与挤塑塑化压制成型的不同之处在于，熔融料坯放入中空成型中的模具内，然后通入压缩空气吹胀而定型。此工艺的优点是可生产较大制件，生产的机械程度高，生产能力强。工艺路线：

挤塑塑化→熔融型坯→放入模具→闭模→通压缩空气吹胀→定型后启模→修整→产品。

主要的设备：单螺杆挤塑机、机头、中空成型机、模具、空气压缩机。

上述几种废旧塑料的简单直接再生利用的主要优点是工艺简单、再生品成本低廉。其缺点是再生料制品力学性能下降较大，不宜制作高档次制品。

使用纯物理方法用废聚乙烯生产再生制品。它们的回收工艺与上述基本相同，大致的过程为：粉碎→清洗→脱水→烘干→造粒→各类制品，如农用地膜，包装薄膜等再生薄膜和容器、编织袋、周转箱、再生电缆盘、污水管、货架等。从粉碎到烘干是对废旧塑料的处理过程，造粒以后的过程则是塑料制品的制备过程。

2）产品性能

经上述制备工艺加工后，可以形成各类薄膜及聚乙烯制品，其性能满足相应标准要求。

2. 废聚丙烯（PP）

1）制备方法

废聚丙烯制品中编织袋、打包带、捆扎绳、仪表盘、保险杠等最常见，其再生利用工艺如下：

（1）挤出吹塑成型

① 制备工艺：原料→挤出塑化→成型膜坯管→吹胀成膜泡→冷却定型（风冷和水冷）→牵引（除湿干燥）→电晕处理→收卷。

工序中的电晕处理可按膜的应用需要来决定是否采用。

② 聚丙烯吹塑薄膜的挤出成型，挤出机的机筒前一般都要加过滤网和多孔板。过滤网为四层，从上到下分别为 80 目、100 目、100 目、80 目。挤出成型微薄薄膜时中间过滤网目数为 120 目。

③ 采用下吹法成型聚丙烯薄膜时的口模间隙应控制在 0.8 ~ 1.2mm 范围内，注意口模唇圆周间隙要均匀。

④ 吹胀膜坯用气压力控制应稳定，膜坯吹胀成膜泡的吹胀比应不超过 2；牵伸比（牵引膜泡的速度和膜坯从模具口挤出速度之比）控制在 2 ~ 3 之间。

⑤ 注意膜泡冷却定型用水环中冷却水流量控制要均衡，水温控制要稳定，一般水温控制在 15 ~ 20℃ 范围内。水温偏高，会影响薄膜的透明度；水温偏低，薄膜发黏。

⑥ 成品膜卷取方式选择要注意制品在 24h 内的尺寸收缩变化对制品外观质量的影响。

⑦ 表 5-2 列出 PP 吹塑薄膜折径与口模直径和吹胀比的关系，可供应用时参考。

表 5-2 PP 吹塑薄膜折径与口模直径和吹胀比的关系

膜折径（mm）	120 ~ 200	200 ~ 320	240 ~ 400	300 ~ 500	600 ~ 800
口模直径（mm）	80	100	150	200	350
吹胀比	1.0 ~ 1.6	1.3 ~ 2.0	1.0 ~ 1.7	1.0 ~ 1.6	1.0 ~ 1.4

聚丙烯挤出吹塑薄膜用树脂应符合《聚丙烯（PP）树脂》GB/T 12670—2008 标准规定。

（2）拉丝与纺绳挤出塑化

工艺路线：废聚丙烯破碎后入拉丝机头→水冷却→第一牵伸辊热处理→第二牵伸辊再热处理→卷取。

废聚丙烯制备板材。我国固体废弃物处理公司大多废聚丙烯袋、瓶、膜等垃圾，经粉碎搅拌加工，直接生产出比木材性能更优良的板材，经上述制备工艺加工后，也可以形成PP再生打包带、拉丝与纺绳等各类聚丙烯制品，用途广泛。

2）产品性能

其性能满足相应标准要求。聚丙烯回收料的再生制品多为塑料打包带、捆扎绳等，由于再生塑料的老化，导致再生塑料制品寿命比较短。

3. 废聚苯乙烯（PS）

废聚苯乙烯（PS）主要指废泡沫塑料，这种塑料废弃物的回收，由于其物理特性，较其他塑料废弃物的回收相对困难得多。一方面，它的体积大，密度低，同时在分选时，经常遇到塑料与其他物质分离的问题，如纸、铝箔与塑料制成的包装物等；另一方面，有的泡沫塑料制品中掺加了淀粉类易降解物质，这类产品因为不同成分耐热性能不一样，废弃后再利用受到一定的限制。

1）制备工艺

废PS泡沫塑料在140～190℃下烘烤（烘烤时会产生易燃气体需采取有效排气措施）→收缩脱泡→冷却→冷却后进行粉碎→将粉碎的PS料通过挤出机挤出并经过60～80目滤网→熔融的PS由制条模头挤出呈条状→在水槽中冷却→冷却后切粒。

日本一家公司的回收方法为：废PS泡沫塑料的大块废弃物破碎→风选→分离、除去杂质→清洗→干燥→热风进一步干燥→造粒。与上述情况类似，在分选，尤其对其进行分离时，成本会大大提高。

2）产品性能

经上述制备工艺加工后，可以形成各类聚苯乙烯制品，聚苯乙烯与其他热塑性塑料相比，具有熔融黏度小、流动性大的特点，因此熔融后可以很好地浸润所接触的表面而起到良好的粘结作用。

4. 废聚氯乙烯（PVC）

聚氯乙烯（PVC）是在过氧化物、偶氮化合物等引发剂；或在光、热作用下按自由基聚合反应机理聚合而成的聚合物。生活垃圾的塑料废弃物中有5%～10%是废PVC。PVC垃圾分解出的氯化氢得不到处理构成了城市塑料垃圾处理的巨大障碍。而PVC包装材料回收的分类则成为又一个瓶颈。

1）制备工艺

挤出法塑化与成型：粉碎→将破碎料或再生粒料洗净与干燥→挤出塑化→料坯计量→放入模具中压制成型→整理→切割成品。

聚氯乙烯是世界上产量仅次于聚乙烯而占第二位的通用塑料，应用非常广泛。在建筑材料、工业制品、日用品、地板革、地板砖、包装膜、瓶、发泡材料、密封材料、纤维等方面均有广泛应用。因其化学稳定性高，可用于防腐管道、管件、管材、输油管、离心泵、鼓风机等。由于电气绝缘性能优良而在电气、电子工业中用于制造插座、插头、开关、电线电缆。在日常生活中，聚氯乙烯用于制造凉鞋、雨衣、玩具、人造革等。

（1）废聚氯乙烯（PVC）制再生 PVC 管材和制再生钙塑管材

制再生管材和制再生钙塑管材及配套水龙头在我国南方城市有很大的使用市场，它可替代金属管材。其工艺流程为：废塑料破碎→粗炼→粉碎→挤出→切割→成品。

（2）废聚氯乙烯（PVC）制钙塑地板

其工艺流程为：破碎、捏合精粗炼→放片、压光→冷却冲切成品。

（3）用回收的 PVC 鞋底制再生鞋底料

其工艺流程为：清洗→切碎→捏合→挤出塑化→切粒→冷却→包装。

（4）用回收的 PVC 农用地膜制再生制品

工艺流程为：分选→破碎→水洗→干燥→造粒→再生制品。

其他废聚氯乙烯再生利用包括瓶再造粒、尼龙再造粒等，工艺比较简单。

2）产品性能

PVC 为无定形结构的白色粉末，相对密度 1.4 左右，由于其分子结构中含有氯原子，因此聚氯乙烯通常不易燃烧、离火即灭、火焰呈黄色，燃烧时塑料可变软，同时发出刺激性气味。玻璃化温度 77 ~ 90℃，170℃左右开始分解，对光和热的稳定性差，在 100℃以上或经长时间阳光曝晒，就会分解而产生氯化氢，并进一步自动催化分解，引起变色，物理机械性能也迅速下降，在实际应用中必须加入稳定剂以提高对热和光的稳定性。氯乙烯均聚物和氯乙烯共聚物统称为聚氯乙烯树脂。聚氯乙烯树脂为白色或浅黄色粉末。工业生产的 PVC 分子量一般在 5 ~ 11 万范围内，具有较大的多分散性，分子量随聚合温度的降低而增加，无固定熔点，80 ~ 85℃开始软化，130℃变为黏弹态，160 ~ 180℃开始转变为黏流态；有较好的机械性能，抗张强度 60MPa 左右，冲击强度 5 ~ 10kJ/m^2；有优异的介电性能。

常用的聚氯乙烯有硬质聚氯乙烯和软质聚氯乙烯之分。硬质聚氯乙烯不含或含有少量的增塑剂，有较好的抗拉、抗弯、抗压和抗冲击性能，可单独用作结构材料。软聚氯乙烯含有较多的增塑剂，它的柔软性、断裂伸长率、耐寒性增加，但脆性、硬度、抗拉强度降低。它的使用温度范围也较窄，一般在－15～55℃之间。

5.4.2 改性利用

塑料废弃物大量地再利用是采取复合改性，改善再生料的力学性能，满足专用制品要求，包括采用活化的无机填料进行的填充改性、用纤维进行的增强改性、用弹性体进行的增韧改性、用不同树脂制备高分子的合金改性、改变塑料的高分子链结构的化学改性等。改性利用是塑料废弃物再生利用的主要发展方向。

塑料废弃物常用的改性方法有两种：一种是物理改性，另一种是化学改性。物理改性是指或添加无机粒子，或添加纤维，或几种塑料废弃物共混以增强其高温性、刚性、韧性等。Park 等用 CPE 增容废旧高密度聚乙烯和 PVC 共混物，能够大幅度提高共混物的拉伸性能。化学改性是指通过接枝、共聚等方法在分子链中引入其他链节和功能基团，或是通过交联剂等进行交联，或是通过成核剂、发泡剂进行改性，使塑料废弃物被赋予较高的抗冲击性能，优良的耐热性、抗老化性等，以便进行再生利用。下面给出几个塑料废弃物改性利用实例。

（1）废聚苯乙烯发泡塑料经改性后生产各种色漆

制备工艺：发泡聚苯乙烯塑料为原料，脂类溶剂与苯类溶剂混合成的混合溶剂，加防沉淀剂、增塑剂、酚醛树脂、助剂等经预处理、溶化、过滤、研磨等工序制备。另有一些工艺是将溶解在二甲苯中和松香丙三醇中的氧化锌在一定温度下，经混溶共聚成改性树脂胶，然后加入颜料填充料进行拌和，经分散砂磨便制成各色快干漆。

产品性能：用这种工艺生产的油漆对水泥、钢铁、木器具有良好的吸附力和保护作用，且表面干燥速度快。发泡聚苯乙烯塑料的发泡剂与分散剂既没有促使树脂在分子结构上发生变化，也没有使泡沫体在成分上增添什么影响树脂的新组分，和有关红外光谱检测一样，结构没有什么变化。

（2）利用废聚苯乙烯泡沫塑料生产系列液体防水涂料

制备工艺：回收的废旧聚苯乙烯塑料机械除尘除杂物→清理及清洗→干燥并破碎至体积约 1cm^3 备用→加入配制好的混合溶剂（将母液与稀释液按比例稀释配制成含固量为定量的基料）中→搅拌使之充分溶解并形成均匀体系→过滤后加入适量的乳化剂、增塑剂、增韧剂等改性剂→加热高速搅拌（温度控制在 65～70℃）→充分混溶后乳化 1～2h→再加入一定数量的溶液，加入云母粉石英粉滑石粉等填料→再高速搅拌 1h 后加入防老剂颜料→降至室温→出料即得黏稠状的液体涂料。

产品性能：增塑剂可以改变涂膜的韧性，它能降低玻璃化温度，使高弹性在较低温度下出现，改变涂膜的附着力、柔韧性等。聚苯乙烯分子中没有亲水基团，吸水率低，因而其涂层具有良好的防水性能，但耐热性差，加入填料不仅可以降低涂料成本，还可以提高涂料性能，增加涂料的稳定性和耐磨性。

（3）用废旧热塑性塑料生产各种漆

生产工艺：按塑料废弃物、混合溶剂、汽油、改性树脂、树脂型增韧增塑剂的质量比等于（15 ~ 30）：（50 ~ 60）：（0 ~ 45）：（3 ~ 10）：（0.5 ~5），加入适量的颜料、填料和助剂，生产出防锈漆、防腐漆、各色荧光漆、高档漆。

产品性能：与传统的光油清漆相比，具有不需打底、干燥快、防潮性好、光亮度高、成本低的优点。

5.4.3 塑料包装回收再利用

减少包装废弃物的产生，对于不可避免的一次性包装废弃物，规定必须再利用或再循环。法规还强制性要求各生产企业不仅对产品负责，还要对其包装的回收负责，并责成从事运输、代理、销售的企业、包装企业及批发商回收他们使用后的包装物，同时也可选择将回收责任委托给专门从事回收处理的回收公司。

回收再利用的塑料包装根据来源、清洁程度、混杂程度、使用目的的不同可以分为三类。

第一类是把单一品种的干净的塑料包装直接循环回用。例如商业部门回收的包装瓶、包装盒、包装箱和防振塑料泡沫、塑料膜、塑料垫层等，这类废旧塑料不需要分拣，清洁消毒后可循环使用。

第二类是必须经过鉴定、清洗干燥、破碎后造粒或直接塑化后成型。例如废农膜、使用后的一次性塑料制品、家电配件和外壳、汽车配件及工厂产生的边角料等不合格品大多经破碎后掺入新料中使用。

第三类是经过特别的预处理后再利用，有的经过粉碎、切碎、制毛等酌情，加工为填充物、防振包装材料、生产无纺布、隔声隔热板、加塑混凝土和土地改良剂等；还可以熔融切片造粒，作为半制成品出售。

回收方式可以采用多种途径。如超市或商店等销售网点对饮料瓶、包装箱等进行回收，为了保证回收效率，销售网点可收取押金，退瓶、退箱时返还。也可以由市区设回收站定点分类有偿回收，回收后统一分类清洁消毒或直接送回原生产企业清洁消毒后继续使用。

硬质塑料光滑平整，易于清洁，如一些塑料包装如饮料瓶、药瓶等各类塑料瓶、周转箱、包装箱、纳物箱等各类塑料箱、塑料桶、塑料器皿等可分类定向回收，经清洁消毒达到相应卫生标准后可重复多次使用。

5.4.4 其他塑料废弃物再生利用技术

（1）制粒再生塑料，包括PET美工再造粒，尼龙再造粒等。

工艺过程是：收集→预分选→分选→破碎→分离杂质→湿研磨→冲洗、脱水→干燥→熔融→造粒→注塑成型→再生塑料制品。其中，分选和分离是该工艺的重要工序。此外，废聚对苯二甲酸类塑料和聚乙烯塑料常常和原材料混合，注塑可以用来制成长椅、栅栏等。

（2）利用回收塑料废弃物生产无铅汽油和柴油技术（图5-9）

工艺原理是：将塑料废弃物经初步分拣后加入反应器中→在催化剂及一定温度作用下进行裂化反应→反应后生成汽油混合物→经冷凝进入储罐分离杂质和水分→再加热后进入分馏塔将两种产品分开→催化工艺分出的气体通过火炬进行最后处理→所得到的轻组分为汽油，重组分为柴油→残渣作为焦油处理，重新参加二次反应。

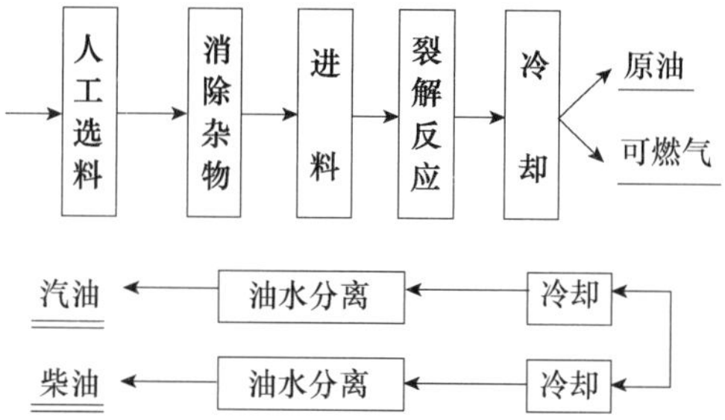

图5-9　塑料废弃物制备汽油和柴油工艺图

（3）塑料废弃物的自然降解技术

生物降解塑料是指一类由自然界存在的微生物如细菌、霉菌（真菌）和藻类的作用而引起降解的塑料。理想的生物降解塑料是一种具有优良的使用性能、废弃后可被环境微生物完全分解、最终被无机化而成为自然界中碳素循环的一个组成部分的高分子材料。“纸”是一种典型的生物降解材料，而“合成塑料”则是典型的高分子材料。因此，生物降解塑料是兼有“纸”和“合成塑料”这两种材料性质的高分子材料。

生物降解塑料按原料成分来源分类可分为生物基生物降解塑料及石化基生物降解塑料两类。

生物基生物降解塑料主要可分为四类：第一类为天然材料直接加工得到的塑料；第二类为微生物发酵和化学合成共同参与得到的聚合物；第三类为由微生物直接合成的聚合物；第四类为以上这些材料共混加工得到的或这些材料和其他化学合成的生物降解塑料共混加工得到的生物降解塑料。

石化基生物降解塑料是指以化学合成的方法将石化产品单体聚合而得的塑料，如 PBAT、聚丁二酸丁二醇酯（PBS）、二氧化碳共聚物（PPC）等。

众所周知，塑料废弃物难以自然降解，在自然环境中残留时间很长。因此，国内从 20 世纪 80 年代初起开始引进降解塑料技术，降解塑料的生产便成为众多塑料厂家追求的时尚，好像找到了环境保护的金钥匙，期望塑料废弃后能在环境中加速降解。根据国内主要生物降解塑料企业产能情况进行测算，2017 年全国生物降解塑料年产能约为 40 万吨。2018 年 11 月，中科院形成 5 万吨 CO_2 共聚物生物塑料产能，在不考虑其他生物降解塑料新增或退出产能的情况下，2018 年中国生物降解塑料产能约为 45 万吨。目前，国内生物降解塑料行业平均产能利用率在 30% 左右，按此测算，2018 年中国改性塑料产量约为 13.5 万吨，其中大部分出口至欧洲市场。2019 年 3 月，金发科技全新设计的年产能 3 万吨完全降解塑料生产线顺利投产，生物降解塑料年产能逐年增加。随欧洲、澳大利亚及韩国等地区生物降解塑料需求大幅增长，国内生物降解塑料出口未来将保持较快增长，产能利用率将快速上升。对于降解塑料的降解性能国内许多研究机构和生产厂家做了大量的研究，从其分子量变化、结构微生物分解、质量变化、外观变化等看，塑料在一定程度上是可降解的，如有的光降解塑料材料在夏季曝晒半个月就可以变得很脆；生物降解塑料由于塑料原料中掺入了淀粉类物质，促进了微生物的消化分解，而且掺入了不同量的淀粉的降解塑料其分解释放最终产物量是不同的。

降解塑料尽管从初始机理上得到了肯定，但随着降解时间的推移，其降解难度越来越大，远远达不到在短时间内完全或绝大部分可控降解的要求。而且完全降解塑料还处在试验研究阶段，成本很高导致应用范围大受限制。因此，我们认为目前技术条件下，降解塑料不可能全面也无法全面替代普通塑料，也不能将降解塑料理解为根治白色污染的法宝。

（4）塑料废弃物的其他处理方式

塑料废弃物还有许多其他处理方式，诸如热分解气化回收各种有机气体，用塑料废弃物燃烧产生的碳和氢作炼铁的还原剂，塑料废弃物作土壤疏松和改良剂，塑料废弃物也可以通过水解或醇解生成一些小分子产物，如PET在碱性条件下水解成对苯二甲酸盐和乙二醇；在酸性条件下水解成对苯二甲酸和乙二醇。PET也可以与甲醇发生醇解反应，生成对苯二甲酸二甲酯和乙二醇。塑料废弃物的焚烧处理，由于塑料废弃物的热值很高，并且随着城市生活垃圾中塑料废弃物比重日益增加，可焚烧回收热能供给热水生产蒸汽和发电。但是焚烧法投资大，设备损耗及维修运转费用高，要对燃烧产生的排放气体进行控制，防止二次污染物对大气环境的影响。

塑料废弃物还有着广泛的用途，美国得克萨斯州立大学采用黄砂、石子、液态PET和固化剂为原料制成混凝土；Bitlgosz将塑料废弃物用作水泥原材料；利用废旧塑料与木料、纸张等制备中孔活性炭；利用废旧聚苯乙烯制造涂料；用HDPE作原料，通过一种特殊的方法，使长度不同的玻璃纤维在模具内沿着物料流向的轴向同向，从而生产高强度塑料枕木；用废旧聚乙烯制高附加值的聚乙烯蜡；用塑料废弃物改性沥青将某一种或几种塑料按一定比例均匀溶于沥青中，使沥青的路用性能得到改善，从而提高沥青路面质量，延长路面寿命等。

5.4.5 塑料废弃物的最终利用与处理处置

塑料废弃物最终处理处置是指塑料废弃物不再以塑料形式回用的最终处理方式，塑料废弃物不可能无限地回收循环利用下去，最终总要以不可用废物形式进入环境中，或者改变其塑料的性质而成为其他物质。

塑料废弃物热分解是将塑料废弃物置于无氧或低氧条件下高温加热使其分解。热分解温度取决于塑料废弃物的种类和组成以及回收的目的产品。温度超过热分解的主要产物是混合燃料气，如轻烃温度在一时的主要分解产物为混合烃、石脑油、重油、煤油、混合燃料油等液态产物和蜡。聚烯烃等热塑性塑料热裂解的主要产物是燃料气和燃料油。塑料废弃物热解产物主要是苯乙烯单体，而塑料热分解产生酸性气体。

5.5 塑料废弃物在综合利用过程中技术壁垒与瓶颈

对于塑料废弃物的危害，已被人们所认识，在处理和综合利用塑料废弃物的必要性和迫切性方面，已经形成了共识。在这一方面，政府的投入越来越大，参与的企业越来越多，民众的认识和自觉性越来越高，使得塑料废弃物的处理和综合利用进入实施阶段。但是，在塑料废弃物的处理和综合利用方面，还存在着以下问题：

（1）由塑料废弃物和包装容器的结构而引起，如塑料废弃物难以自然降解，焚烧处理时又污染环境。

（2）技术水平较低，以传统技术工艺为主，新技术、新工艺应用不多；产品附加值不高，主要生产中低端再生原料，规模大但利润低。

（3）生产装备落后，很多操作依靠人工，自动化、集成化程度低；研发投入不足，对科技创新重视不够。

（4）一些小型企业由于规模小、管理不规范，还存在二次污染和生产安全等隐患问题。

5.6 解决途径及发展方向

有关专家认为，随着中国工业的飞速发展，国内也应对废旧塑料等材料造成的环境污染问题拿出相应的对策来。我们在享受着塑料制品给我们的生活带来便利的同时，不得不面对每年大量的塑料废弃物。因此，我们应该确立循环经济的思想，在方法上，政策和技术并重，寻求积极有效的处理模式，发动全社会投入到塑料废弃物的处理中来。

（1）坚持循环经济的发展理念

进入21世纪，人类社会呈现出经济迅速发展、高新技术日新月异和世界经济一体化的趋势。同时，又面临着人口剧增、资源短缺、环境污染和生态蜕变的严峻现实。因此，循环经济的概念由此应运而生，它改变了过去“资源—产品—废弃”的物质线行流动方式，转变为“资源—产品—再生资源”的物质反馈过程。因此，一方面我们在使用原料时尽可能选择那些易于回收利用的材料，就塑料而言热塑型较热固型更易于回收再利用；另一方面我们应该努力提高资源的再利用率，最好能反复使用，就塑料而言应先寻求再生利用的方法，再考虑焚烧回收能量，最后将残余物送进填埋场。

（2）在政策上实行强制性和倾向性并举

塑料废弃物是垃圾中热值最高的，再利用价值也很高，如果能够使塑料废弃物有效地达到回用再循环和环境保护的目的，回收和处置的强制性是必不可少的。国家法律、法规或政府行政措施是不可缺少的因素，并且废弃物处置的各方的责任要明确，要加强统一管理。就塑料废弃物处理而言，要迅速建立一系列法律法规条文，明确塑料生产者和塑料废弃物处理者的责任和义务，规范塑料的生产路径、塑料废弃物的回收处理路径、销售路径及市场行为。

政策上的倾向性，就是要求国家和地方政府在考虑地区规划和发展的同时，能够关注到废旧塑料的再生利用的巨大的经济价值和社会效益，不断规范塑料废弃物回收利用的交易、加工市场的经营，逐渐形成塑料废弃物交易、加工基地。使塑料废弃物行业逐渐由松散型向紧密型发展；同时经济手段必不可少，要加大投资力度，鼓励塑料废弃物再生企业的发展和对塑料废弃物处理技术的研究；还要通过减税、免税，甚至可以借鉴欧洲国家的经验，向公众征收垃圾处理税或是在产品的零售价中包含处理的费用，来积极扶持塑料废弃物处理行业的发展。

（3）从源头上减少废弃物，加大技术支持力度

塑料废弃物回收再利用的关键步骤是要有一套完整而规范的回收系统，这样才能使塑料行业在经济增长中保持可持续发展，在材料制备和制品设计时就要考虑对环境的影响，在实现利润的同时尽可能减少原料的耗费，使塑料对环境的影响减少到最小程度。所以为了解决循环时的困难，下列措施是应予以考虑的：产品标准化，采用统一的材料制造相同的产品；设计的产品要易于拆卸和分离；要标注材料的种类；尽量减少使用材料种类；限制过度包装，“过度用材、过度包装、过度印刷、过度排放，是销售和流通环节中商品包装存在的四大问题”，唯有各部门抽丝剥茧、共同解决，才能有效破解包装减量难题；采用新型的阻燃技术，如不用含卤化合物等。

要继续加大研发力度。一方面要继续完善和改进现有的塑料废弃物再生的加工技术，积极研究开发适用面更广泛的加工设备；另一方面要支持和加强回收利用工艺的研究，努力打造一条由实验室到产业化的高速路，不断开发出不同类型的具有较高使用价值的产品，扩大塑料废弃物的再生利用领域；同时国家应大力支持降解塑料特别是完全降解塑料的开发研究，推动降解塑料在各个领域的应用。

（4）加强宣传教育，提高公民的环保意识

塑料废弃物的综合治理是一个庞大的系统工程，需要全社会的共同支持和参与。因此，我们应该利用一切可能的宣传渠道进行环保宣传，让公众深刻意识到我们所面临的严峻的环境压力和我们应该为此要做的努力，自觉并且积极主动地参与到各项环保事业中来。

参考文献

［1］荣格．预计至2019年全球改性塑料需求量将达1.70亿吨［OL］．（2017-11-24）．http：//www. keyin. cn/news/SCZC/201711/24-1108143. shtml.

［2］雷勇．煤掺废塑料炼焦的实验研究［J］．冶金动力，2013（8）：76-80.

[3] 刘京媛，徐海云. 我国城市生活垃圾分类收集与收费方式探讨 [J]. 环境卫生工程，2004，12 (1)：23-27.
[4] 孙绍锋，王兆龙，邓毅. 韩国生产者责任延伸制实施情况及对我国的启示 [J]. 环境保护，2017 (1)：23-25.
[5] 通过机制改革推动建筑垃圾再利用，深圳特区报，2017. 1. 12.
[6] 杨振平，黄银华，范铮. 废旧塑料回收利用的途径 [J]. 杭州化工，2004 (2)：12-13.
[7] 徐倩. 浅谈塑料固体废弃物的处理 [J]. 吉林农业 C 版，2010 (9)：164.
[8] 芈振明，高忠爱，祁梦兰，等. 固体废弃物的处理与处置 [M]. 北京：高等教育出版社，2001：1-7.
[9] Schnable W. Polymer Degradation Principles and Practical Application [M]. New-York Macmillan Publishing Co. Inc. 1981：13-16.
[10] 周炳炎. 废塑料的处理处置技术 [J]. 环境保护，2000 (3)：21-22.
[11] 任仁，张敦信. 化学与环境 [M]. 北京：化学工业出版社，2005：5-20.
[12] 陶治. 废塑料制品的能源价值回收工程研究 [D]. 北京：北京工业大学，2006：1-4.
[13] 刘凤花. 几种典型废塑料的热分解动力学研究 [D]. 天津：天津科技大学，2008：5-6.
[14] 江镇海. 日本废塑料回收技术发展趋势 [J]. 中国资源综合利用，2001 (12)：26-27.
[15] 黄发荣. 高分子材料的循环利用 [M]. 北京：化学工业出版社，2001：1-26.
[16] 刘均科. 塑料废弃物的回收与处理技术 [M]. 北京：中国石化出版社，2000：66-121.
[17] 赵胜利，黄宁生，朱照宇. 塑料废弃物污染的综合治理研究进展 [J]. 生态环境，2008 (17)：2473-2481.
[18] 胡学，罗宪林，周作付. 废塑料处理技术及综合利用研究 [J]. 环境保护，2001 (28)：44-46.
[19] Scott G. ‘Green’ polymers，Polym. Degrad [J]. Stab，2000 (68)：1-7.
[20] Yamamoto T，Isaka K，Sato H，et al. Gasification and smelting system using oxygen blowing for municipal waste [J]. Isij International，2000 (40)：260-265.
[21] 吴皓. 共混改性废弃热固性 SAN 塑料制备复合再生板材的研究 [D]. 天津：天津大学，2013：1-3.
[22] 易玉峰，王莹，丁福臣. 废塑料的回收利用技术 [J]. 北京石油化工学院学报，2004 (4)：27-30.
[23] 钱伯章. 国外废旧塑料回收利用概况 [J]. 橡塑资源利用，2009 (6)：27-32.
[24] 陈占勋. 废旧高分子材料资源及综合利用 [M]. 北京：化学工业出版社，2006.
[25] 周炳炎. 废塑料的处理处置技术 [J]. 环境保护，2000 (3)：21.

6 玻璃废弃物

6.1 玻璃废弃物的来源及特点

废弃玻璃主要来源于工业废弃玻璃和日用废弃玻璃两类，主要包括生产、生活中的容器玻璃、平板玻璃、玻璃纤维、各种电子玻璃以及特殊玻璃。其中，在建筑行业1990年后兴起的规模化新建玻璃幕墙类办公及商业建筑，目前需要大批更新换代，随之将会产生大量的玻璃类新型建筑废弃物，其回收管理与资源化处置等问题未来也要引起高度重视。据数据统计显示，欧美发达国家的废弃玻璃量占城市生活垃圾总量的4%~8%，我国的废弃玻璃量也占到了城市生活垃圾总量的3%~5%。除了小部分能够回收利用外，更多的废弃玻璃选择被丢弃或填埋，不仅占用大量土地，破坏生态环境，同时也造成了资源浪费，如图6-1和图6-2所示。

图6-1　建筑生产中的玻璃废弃物

图6-2　生活垃圾中产生的玻璃废弃物

我国对废弃玻璃利用方面的研究应用与世界发达国家相比，还存在相当大的差距，主要是工厂废玻璃的处理问题，废玻璃的回收工作还未全面开展起来。玻璃废弃物自身具有产源分散、形状各异、回收率很低、大多数玻璃随垃圾丢弃等特点。废弃玻璃作为一种再生原材料，其再利用：一可降低玻璃生产的原料消耗和生产过程中的能源消耗，做到降低能耗与节约资源；二可减少环境污染，减少了原料和燃料在加工粉碎过程中的粉尘污染，以及它们在熔窑内分解出的二氧化硫、一氧化氮等有害气体；三可进一步拓展玻璃废弃物的应用领域，促进其资源化利用技术的提升与发展。

6.2 玻璃废弃物的分离方式

从玻璃废弃物中分离加工出可直接进入窑炉生产的碎玻璃，需要进行特定专用预处理工艺流程的设计，并配备专用加工设备（磁选装置、涡流装置和有机质分离装置）以及光学分选设备。其典型工艺流程如图6-3所示。

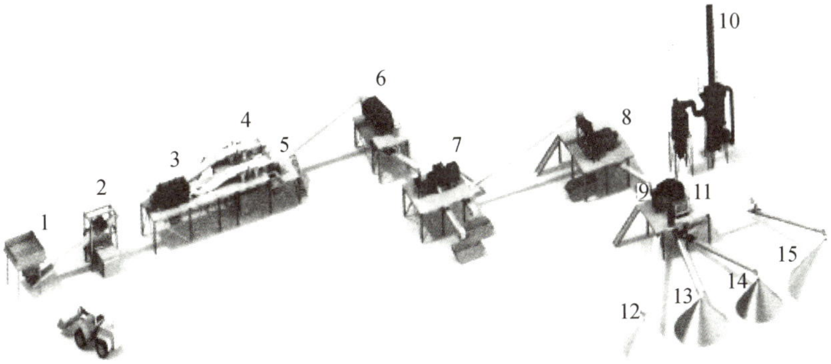

图6-3 玻璃废弃物自动分选加工线布局简图

1—玻璃废弃物投料机；2—皮带上方的磁选装置，用于除去黑色金属；3—筛分机，用于分级不同规格的物料；4—人工捡拾工位，用于除去大型/重型非玻璃污染物；5—双轴破碎机，柔性破碎并分离瓶头玻璃上的瓶盖、瓶塞；6—去标签机，除去玻璃表面的纸质/塑料标签以及其他附着物；7—涡流装置，分离有色金属并产生有价值的副产品；8—有机物分离机，用于分离有机物（纤维材料，塑料等）；9—筛分和分配进料机，用于除去微粉和瓶盖、瓶塞、立方体，并分配物料到光学分选机的振动给料机；10—抽取除尘系统，用于抽取轻质废弃物（薄膜，标签，塑料环等）和粉尘；11—光学分选机；12—微粉；13—杂色玻璃；14—陶瓷、石子等异物；15—普通玻璃成品

6.3 玻璃废弃物的综合利用途径

6.3.1 玻璃废弃物制备建筑制品

1. 制造装饰材料

总体来说，玻璃废弃物制备建筑制品的工艺要求是将玻璃磨细至粒度 <0.7mm，有的甚至要求 <0.1mm。按照产品的成型工艺，以废玻璃为主要原料生产装饰材料目前可分为四类：①熔融法。②模具烧结工艺。③制坯成型工艺。④挤压成型工艺。

（1）生产玻璃马赛克

采用废玻璃烧结制作玻璃马赛克的主要工艺流程是将回收的废玻璃破碎成粉末，将其与一定量的着色剂和胶粘剂混合均匀后送入高温窑炉中使其熔化为玻璃液，玻璃液经压延机压制成一定形状的玻璃块，最后将玻璃块退火处理。玻璃马赛克具有色调柔和、朴实、典雅、美观大方、化学稳定性、冷热稳定性好等优点，而且还有不变色、不积尘、密度低、粘结牢等特性，多用于室内局部、阳台外侧装饰。其尺寸要求、脱纸时间、热稳定性以及化学稳定性（耐水，耐酸、碱性）均应符合国家标准《玻璃马赛克》（GB/T 7697—1996）的要求。玻璃马赛克的产品分类包括熔融玻璃马赛克、烧结玻璃马赛克和金星玻璃马赛克等系列。

（2）生产微晶玻璃仿大理石板

利用废玻璃生产的微晶玻璃仿大理石板，不仅可用于建筑物的墙体装饰、地面装饰，而且可用于物料运输的耐磨流槽、实验台板、桌面等。其产品质量优于天然石材、陶瓷制品。其主要工艺是将废玻璃、粉煤灰或矿渣、石灰石或白云石及一定量的着色剂和晶核剂、助熔剂，按精确的比例制成配合料，经高温窑炉（温度 1400 ~ 1500℃）熔融成均匀的玻璃液，然后经平板玻璃成型设备制成一定厚度（8 ~ 20mm）的玻璃板，在退火窑中进行热处理（温度 650 ~ 950℃），成品经切裁、检验、包装。

（3）生产仿花岗石装饰板

玻璃花岗石装饰板由两层构成，表面层 3 ~ 6mm 厚为玻璃质，基底层厚 6 ~ 10mm 为混合物，呈多孔状，能吸水。上下两层经压制成型后，进行中温烧结（温度 760℃），最后将烧成品经过粗磨、细磨和抛光处理。该产品是一种高档的装饰板。仿花岗石建筑板材目前尚未形成相关国家标准，但经测试其各项性能均不低于，甚至优于天然花岗石板材，可参照国家标准《天然花岗石建筑板材》（GB/T 18601—2009）中的相关性能要求。板材按形状分为毛光板（MG）、普型板（PX）、圆弧板（HM）和异型板（YX）。按表面加工程度分为三种：一是粗面板（CM），即表面平整、粗糙、具有较规则加工条纹的板材，主要有由机刨法加工而成的机刨板、由斧头加工而成的剁斧板、由花锤加工而成的锤击板、由火焰法加工而成的烧毛板等；二是镜面板材（JM），经粗磨、细磨、抛光而成，表面平整，具有镜面光泽的板材；三是细面板材（YG），经研磨加工后饰面平整光滑的板材。花岗石板材的规格尺寸很多，常用的长度和宽度范围为 300 ~ 1200mm，厚度为 10 ~ 30mm。标准还规定同一批板材的花纹色调应基本调和，且镜面板材的光泽度应不低于 80 光泽单位。同时花岗石的体积密度应不小于2.56g/cm^2。吸水率应不大于 0.60%，干燥压缩强度应小于 100MPa，弯曲强度应不小于 8.0MPa。

（4）生产贴面材料

以废弃玻璃为原料，掺入适量的可塑性黏土料，经造粒、成型、烧结等工艺，在温度 950～1050℃下烧结 180～210min 可制得生产建筑贴面材料。该产品具有耐酸碱、高强度、不易褪色和抗老化等优点。

20 世纪 80 年代，美国西加尔陶瓷材料公司就研发了用废玻璃生产贴面材料的新技术，该公司的工艺过程是先将废玻璃压碎，碾成直径 1mm 的粉粒，然后将粉粒同所需色彩的有机颜料混合，置入模型冷压成要求的形状，再将坯料放入加热炉，加热到 750℃，使坯料表层的每一颗粉粒软化，直至颗粒之间相互熔结在一起。该工艺过程简单，耗能少，生产成本低。

（5）生产玉质装饰板材

中国耀华玻璃集团公司技术中心以废玻璃为主要原料，加入少量辅料，经过高温烧结并压制成型，通过调整配方使板材呈现不同的色泽，具有玉石般晶莹剔透的外观质感，因此称作玉质装饰板材，其具体生产工艺流程示意图如图 6-4 所示。这种材料表面光滑、富有光泽、不沾灰尘，便于清洗，有一定的耐磨性和强度，有一定的化学稳定性，不老化、不变色，可用作各种建筑的内外墙面、地面、台面和柱面的装饰，是新一代高档建筑装饰板材。

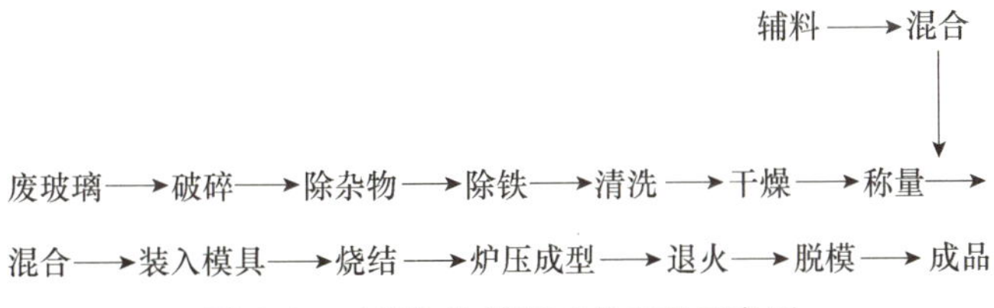

图 6-4　玉质装饰板材工艺流程示意图

以废玻璃为主要原料生产新型玉质装饰板材的各项理化性能见表 6-1、表 6-2。

表 6-1　玉质装饰板材的物理性能测试结果

抗压强度（MPa）	抗折强度（MPa）	莫氏硬度	抗冻性	耐急冷急热性
98	27.5	5	30 次循环试样表面无开裂	3 次循环试验无破损、裂纹

表 6-2　玉质装饰板的化学性能测试结果

项目	结果
吸水性	0.2%
耐酸性	15% 的盐酸常温浸泡 24h 无变化
耐碱性	1% 的 NaOH 常温浸泡 24h 无变化

从表 6-1 和表 6-2 可以看出，玉质装饰板材的理化性能达到了《陶瓷砖》（GB/T 4100—2015）中所要求的理化性能标准，无放射性，对人体没有危害，可人工控制其色调。而且玉质装饰板材可以通过热弯处理制成各种特殊弧度的异型材。

同现有烧结型玻璃装饰板材工艺相比，玉质装饰板材工艺技术无须添加任何胶粘剂，而采用简单的辅料引入方法，且对碎玻璃尺寸无严格限制，其高温压制成型技术一方面降低了成型温度，节约了能源，另一方面降低了制品气孔率，提高了制品强度。

2. 制备玻璃制品

废玻璃经过收集、分选、处理，将其作为生产玻璃的原料，这成为废玻璃的回收利用主要途径。废玻璃可用于对化学成分、颜色、杂质要求较低的玻璃制品的生产，如有色瓶罐玻璃、空心玻璃砖、槽形玻璃、压花玻璃和彩色玻璃球等玻璃制品。这些产品的废玻璃掺入量一般在 30%（以质量分数计算）以上，绿色瓶罐制品的废玻璃掺入量可达 80% 以上。玻璃制品的市场潜力大，经济效益和社会效益也较好。普通硅质玻璃制品的生产工艺流程如下：

玻璃废弃物→破碎→按级筛分→碎玻璃磨细基层于表面装饰层→加缓冲剂→加着色剂→配合料装模→热处理→成品

法国圣戈班玻璃有限公司在平板玻璃生产和玻璃深加工过程中，其边角碎料及废玻璃用于生产新玻璃的回收率达到 100%，其中 75% 的玻璃瓶、罐从各个渠道被大量回收用于生产新玻璃瓶和玻璃棉，在废玻璃回收应用方面实属首屈一指。图 6-5 为法国圣戈班玻璃有限公司。

图 6-5　法国圣戈班玻璃有限公司

玻璃制品主要分为板材和器皿两种。玻璃板材产品的性能主要包括外观质量的平整度，观察有无气泡、夹杂物、划伤、线道和雾斑等；玻璃加工制品的检验，除按平板玻璃的要求检测外，还应检验其加工质量，检测规格尺寸是否标准、加工精度及图案清晰度等，同时边部不允许有残缺。玻璃器皿产品的性能主要包括材料具有正确的规格和形状，必要的坚固性和耐热性，外形美观，图案清晰等，示意图如图 6-6 所示。

图 6-6 玻璃板材和玻璃器皿示意图

3. 制备黏土砖

随着社会的发展，我国开始实行墙体改革政策，以实现保护土地、节约能源的目的。以粉煤灰、煤矸石、石粉、炉渣、竹炭等为主要原料的新型墙体材料纷纷涌现。使得工业固体废弃物得到了最大化利用，自然环境得到有效保护。与此同时，以废弃玻璃为原材料生产墙体材料也引起了科研工作者的广泛兴趣。美国将废玻璃代替砖的黏土组分作为助熔剂。可降低砖的烧成温度，增加砖的强度，减少化石能源的消耗。日本将 5% ~10% 碎玻璃粉与黏土混合，黏土砖的强度和耐污性得到提升。欧盟将废玻璃经破碎后掺入一定量的添加剂，然后经压模、成型和焙烧制成饰面砖，该砖具有良好的抗化学侵蚀和耐磨性能。

在我国，以废弃玻璃为主要原材料，再掺入一定量的可塑性黏土均匀混合，然后经过成型、烧结等工艺制备建筑面砖。石河子大学水利建筑工程学院李刚利用粉煤灰和废玻璃粉制备新型墙体材料，通过利用改性水玻璃做胶粘剂和发泡剂，将粉煤灰与废玻璃粉混合压制，经高温焙烧，发泡成型，制成不同密度和强度的块体状粉煤灰墙体材料。试验结果表明，在粉煤灰加入量为 50% 时，新型墙体材料强度可以达到普通烧结砖 MU30 的强度标准等级，而密度远低于普通烧结砖。当粉煤灰用量为 20% 时，新型墙体材料强度达到烧结空心砖、普通混凝土小型空心砌块、煤渣砖 MU7.5 的强度标准等级，而密度则降低近 1/2，产品具有较小的吸水性。常州市武进凯利达电子有限公司臧磊采用废玻璃粉为主要原料，通过添加复配增塑剂混合后粉碎并研磨，加水得到混合料，并于真空挤砖机挤出成砖坯，800～900℃的温度下烧结成型，冷却后即得到相应产品。制备的烧结砖具有强度高、承压能力强、密度小、导热系数低等特性，不仅节约了黏土资源，降低了生产成本，还解决了废弃玻璃粉的处理问题，避免了其对环境的污染。

4. 制备沥青道路路面填料

20世纪60年代，将玻璃废弃物作为混合料加入沥青混凝土中，成为废玻璃回收利用的一种方式。

用废玻璃和石料制造“玻璃沥青”，是采用60%～85%的废玻璃和15%～40%的石料代替沥青辅料，由于其导热率低，可在冬季用于路面维修和施工。而玻璃沥青混凝土是指在沥青混合料中掺入部分碎玻璃作为集料的沥青混凝土。在沥青混合料中加入玻璃纤维可以充分发挥混合料中各组分的作用，使沥青混凝土路面满足复杂应力状态和外界环境变化的要求，延长道路使用寿命。

玻璃沥青混凝土混合料中的玻璃来自对环境有害的玻璃废弃物中，使得玻璃沥青混凝土比普通沥青混凝土更加经济、环保。此外，用玻璃作为道路填料还具有以下几个性能优点：(1) 车辆横向滑翻的事故减少了，这是由于玻璃沥青混凝土混合料中的碎玻璃具有更大断裂强度和摩擦力，可以提高车辆在高速行驶突发事故时的安全性；(2) 光线的反射合适，由于混合料中含有高含量的二氧化硅，且玻璃颗粒形状较光滑，以致玻璃沥青变得更像亲水性材料。玻璃沥青路面就加强了对水的敏感性；(3) 路面磨损情况良好，有研究显示，玻璃沥青路面的劲度模量较传统沥青混合料的路面的劲度模量更大，一年后10%含量的玻璃沥青的路面与无玻璃含量的路面性能相似；(4) 积雪溶化得快，适于气温低的地方使用等。在已经建成的实验路段中，还发现了玻璃颗粒给混凝土路面带来的一个有趣的优点，在夜间行驶的司机和行人发现路面竟然是会闪光的。这是因为掺入路面结构中的玻璃颗粒在月光或灯光的照射下会反射微弱的光，且这种反射光是散射的，非常微弱、柔和，不但不会造成在玻璃沥青混凝土路面上驾车的司机不适或眩晕感，而且使司机和行人们可以更容易看见路面。

6.3.2 玻璃废弃物的深加工

1. 制备玻璃微珠

玻璃微珠具备其他材料所不具备的优良的物理和化学性能使得其成为新型的硅酸盐材料。例如，它的耐化学腐蚀性、表面光滑性、流动性、隔热性等特点就使得其在化学工业、交通安全、材料填充等许多领域起到不可替代的重要作用。我国研制和生产玻璃微珠开始得比较晚，开始于二十世纪五六十年代，晚于国外 30 多年；玻璃微珠是通过回收利用破碎的废玻璃料加工制成的，并不是所有的玻璃圆球都可以称为玻璃微珠，玻璃球直径在 0.8mm 以上的称为细珠，直径在 0.8mm 以下的才可以称为微珠。玻璃微珠主要有三种类型，分别为实心、空心和多孔微珠，但多孔微珠主要是从粉煤灰中获得，其组成成分与其他两种微珠略有不同，在此对其不予讨论。不同种类的玻璃微珠则有不同的应用领域。

1）制备方法

（1）实心玻璃微珠的制备方法

实心玻璃微珠的制备方法有很多，但主要分为熔液法和粉末法两大类。

① 熔液法

熔液法是将玻璃粉经高温熔融形成玻璃液，玻璃液经过特殊处理形成玻璃液滴；液滴在较高温度下由于表面张力的作用形成微珠。玻璃液滴因表面张力形成玻璃微珠后，将其在空气中冷却、硬化、落入冷却油中，最后通过洗涤分离可得到玻璃微珠产品。该方法的优点是生产成本低、产量高；缺点是玻璃微珠的大小不易控制，并且容易形成形状不规则的微珠。

② 粉末法

粉末法又可以分为火焰漂浮法和隔离剂法。

a. 火焰漂浮法

火焰漂浮法是将废玻璃原料破碎成所需粒度的玻璃粉，然后将玻璃粉通过相应设备运入特定的高温炉中，玻璃粉在高温炉中受热开始熔融并且在表面张力作用下形成微珠。为了防止微珠间受热团聚而产生烧结现象，在玻璃粉受热的过程中就要使其处于漂浮状态，通过将玻璃粉料快速经过高温区脱落、冷却、回收、分级，最后得到微珠产品。

b. 隔离剂法

隔离剂法是将玻璃粉与碳粉、氮化硼等隔离剂混合均匀后放入硅碳棒电炉中或其他高温炉中进行煅烧，隔离剂的量一般为玻璃粉量的 2 ~ 3 倍；在炉中的玻璃粉由于受热熔融并且在表面张力作用下形成微珠。微珠与碳粉混合物经过冷却、洗涤、分离，最后干燥得到微珠产品，它的优点是设备简单、成本低、操作方便；缺点是分离较麻烦、不容易洗干净。

（2）空心玻璃微珠的制备方法

空心微珠的制备方法基本上可分为粉末法、喷射造粒法、液滴法、干凝胶法。

① 粉末法

粉末法制备玻璃微珠是将含有三氧化硫或其他气体的玻璃粉经过高温处理，玻璃粉中的气体由于受热从玻璃内部逸出，与此同时玻璃粉在高温作用下由于受热并且在表面张力作用下形成微珠，而形成微珠的同时产生中空结构，最后冷却收集，最终形成空心玻璃微珠，粉末法就是利用这一重沸现象生产空心玻璃微珠的。

② 喷射造粒法

喷射造粒法是将含有专用辅助剂的硅酸钠水溶液通过喷嘴喷射到喷雾干燥器中，形成的玻璃液滴经过干燥形成相应粒度的粉末颗粒，而粉末颗粒经过加热发泡就可以形成空心玻璃微珠。

③ 液滴法

液滴法生产空心玻璃微珠与喷雾造粒法基本相同，通过将玻璃粉与辅助剂混合均匀经过液滴发生器形成一定大小的液滴，液滴经过发泡炉在风机作用下受热、干燥、发泡、成球等过程，最后收集得到空心微珠。

④ 干凝胶法

干凝胶法是将金属醇盐与玻璃粉按一定比例混合后放入稀盐酸中加水分解，产生凝胶后进行干燥、粉碎和分级；分级好的粉末放入高温炉或电炉中进行加热、熔融、发泡等过程进而形成空心玻璃微珠。

2）产品性能

实心玻璃微珠依据其不同应用特性分为普通实心玻璃微珠、高折射率玻璃微珠、憎水玻璃微珠和彩色玻璃微珠，不同种类的玻璃微珠如图 6-7 所示。每种玻璃微珠具有不同的产品特性和特种用途，具体如下。

（1）普通实心玻璃微珠

普通实心玻璃微珠是相对于高折射率玻璃微珠而言的，折射率大于 1.9 的称为高折射率玻璃微珠，折射率小于 1.9 的则称为普通实心玻璃微珠。普通实心玻璃微珠主要应用于化学工业方面。根据其直径大小可以分为：用作化工研磨剂的微珠直径为 1 ~ 5mm，这些微珠具有耐化学腐蚀性、硬度好、表面光滑等特性；用作化学抛光的微珠直径为 0.8 ~ 5mm，这些微珠具有耐磨性、硬度高、对工件不造成损害等特点；用作填充材料方面的微珠直径为40～60um，这些微珠具有填充均匀、颜色透明、直径较小等特点。

图6-7 不同种类的玻璃微珠

（2）高折射率玻璃微珠

高折射率玻璃微珠是指折射率高于1.9的玻璃微珠，与普通实心微珠相比它们不仅折射率高反射率也要高出很多，可将其掺入油漆或涂料中作为交通安全方面的反光路标，这样人们即使距离很远也能看清路况起到警示作用。这类玻璃微珠的折射率较高是由于其组成中一般都含有Pb、Bi、Ti等折射率较高的元素，一般情况下现代化工业生产的高折射率玻璃微珠中都含有这些元素。

（3）憎水玻璃微珠

憎水玻璃微珠是在玻璃微珠上涂上一层憎水膜以提高其化学稳定性和耐水性，憎水膜是经过热处理后在微珠表面形成的硅氧膜。一般用于湿度较大并长期受风雨侵袭的恶劣的环境中。例如，可将其用于反光路标、道路标线、救生艇等露天并且容易受风雨侵蚀的工具方面。在国外用碎玻璃生产玻璃微珠做路标反射材料这一工艺十分普遍，几乎所有微珠都是100%用碎玻璃做的。据报道，美国是世界上采用碎玻璃生产玻璃微珠做路标反射材料最早国家之一，每年用来做玻璃微珠的碎玻璃消耗在5万吨以上，居世界首位。

（4）彩色玻璃微珠

彩色玻璃微珠可由两种方法获得。一种是在普通透明微珠表面镀有颜色的薄膜；另一种是用含有着色剂原料制备的玻璃微珠。有色玻璃微珠可用于室内装饰品，也可用于交通标志和用作宣传用油漆中的填料。例如，城市中五彩斑斓的广告牌、交通标志等所用的反光材料就是彩色玻璃微珠。

（5）空心玻璃微珠

空心玻璃微珠是相对于实心玻璃微珠而言的，由于其内部呈现中空的结构而被称作空心玻璃微珠。由于其具有质量轻、流动性好、导热系数低等优点被用于保温材料和填充材料中。目前，已用它制成海上电缆浮子，以及深水（300m 以下）的潜水艇、潜水服和营救工具。

2. 制备泡沫玻璃

泡沫玻璃是以富含玻璃相的物质为主要原料，添加适量的发泡剂和助剂，经过粉磨，形成配合料；然后将配合料放入耐热模具中，经过预热、烧结、发泡、冷却和退火等工艺生产而成的轻质无机多孔状玻璃态材料。泡沫玻璃中泡孔体积占总体积的 80% ~95%，泡孔直径多为 1 ~ 2mm，泡沫玻璃的体积密度在 100 ~ 200kg/m^3，是一种性能优异的保温、隔热、吸声、防潮、防火及防腐的轻质高强绝热材料。

1）制备方法

目前，全球泡沫玻璃生产企业广泛采用“两步法”生产工艺，即发泡工艺和退火工艺分别在发泡窑和退火炉中独立进行，在发泡窑中完成毛坯发泡后，毛坯需要与模具脱离，将毛坯送入退火炉内，模具继续循环使用。泡沫玻璃生产中的粉磨工艺广泛采用“粉末法”，即采用干法粉磨工艺，配合料为粉末状态。

泡沫玻璃出现至今已有近 80 年的历史，中国和美国成为泡沫玻璃生产最主要的两个国家，其生产工艺也不尽相同，北京工业大学田英良等人将其分别命名为“美国康宁工艺”和“中国嘉兴工艺”，其生产工艺最大的区别在于原料，“美国康宁工艺”采用玻璃熔窑自制玻璃原料，原料成本较高，产品质量最佳，主要目标市场在于工业绝热，其工艺流程如图 6-8 所示；“中国嘉兴工艺”主要采用回收的废/碎玻璃作为原料，原料成本较低，产品质量较佳，成为循环经济典型范例，主要目标市场在于建筑绝热，其工艺流程如图 6-9 所示。

“美国康宁工艺”泡沫玻璃成套生产线主要包括玻璃熔窑（美国康宁工艺独有）、原料处理系统（包括破碎机、洗选机、烘干机）、配料系统、粉磨系统、加料系统（布料机、梳理机、压实机）、加热系统（包括发泡窑和退火炉）、切割系统、包装系统、模具制造维修系统和检验分析系统。

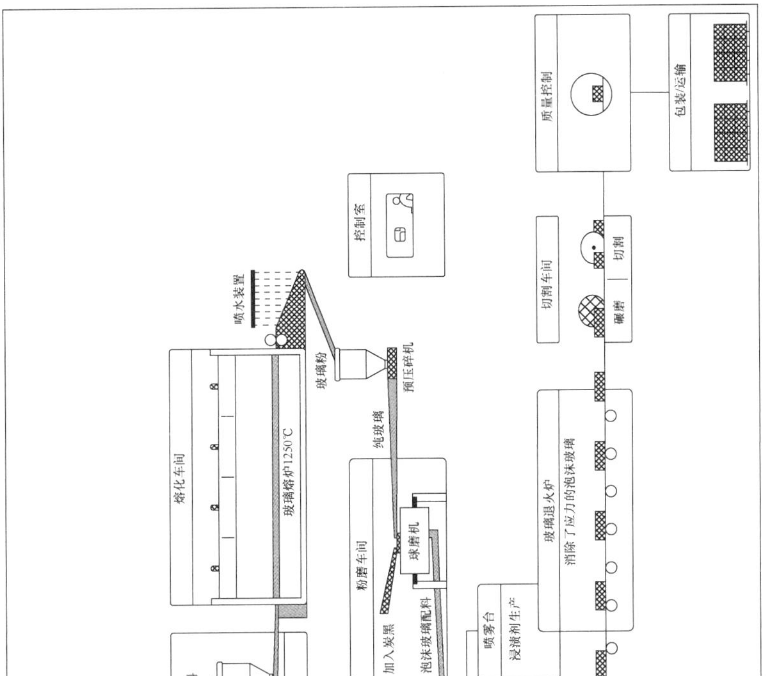

图 6-8 “美国康宁工艺”生产流程示意图

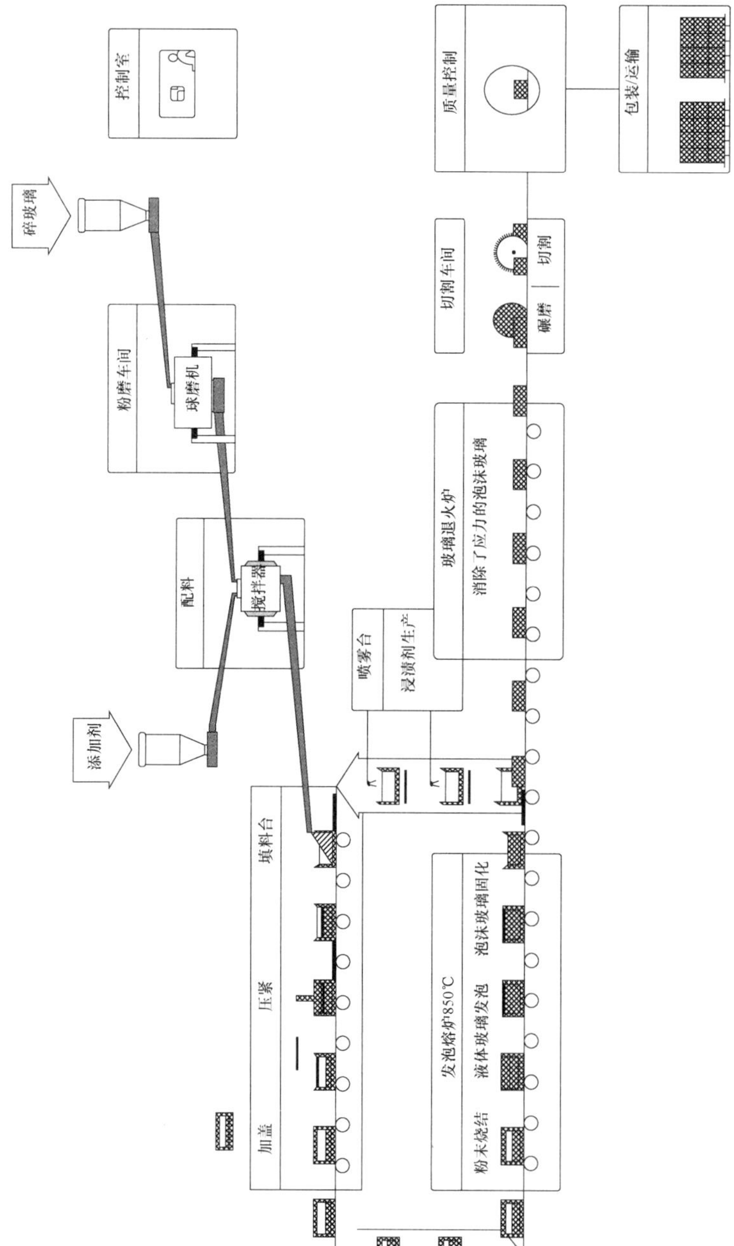

图 6-9 “中国嘉兴工艺”生产流程示意图

而“中国嘉兴工艺”主要包括其中几个关键的系统，如粉磨系统、加热系统、切割系统和包装系统，对于生产辅助系统，如原料处理系统、配料系统、加料系统、模具制造系统和检验分析系统，考虑到投资成本问题，往往简化甚至不用，所以在泡沫玻璃质量控制方面较薄弱。

2）产品性能

泡沫玻璃是一种性能优越的绝冷（保冷）、吸声、防潮、防火的轻质高强建筑材料和装饰材料，使用温度范围为 -196℃到 450℃，属于 A 级不燃材料，透湿系数几乎为 0。与其他新型隔热材料相比，其优势在于：本身无毒、无放射性、不会释放有害物质，不污染生态环境；不燃烧、吸湿和吸水率低；不易风化、不老化、不受鼠啮虫咬和微生物腐蚀；可通过改变配方和发泡工艺，调节容重、开口和闭口气孔率以及其他性能，具体产品性能应符合《泡沫玻璃绝热制品》（JC/T 647—2014）的要求。泡沫玻璃制品的主要物理性能见表 6-3、表 6-4。

表 6-3　工业用泡沫玻璃制品的物理性能

项目		性能指标			
		Ⅰ型	Ⅱ型	Ⅲ型	Ⅳ型
密度允许偏差（%）		±5			
导热系数［W/（m·K）］（平均温度）	(150±3)℃	≤0.069	≤0.086	≤0.090	≤0.096
	(25±2)℃	≤0.045	≤0.058	≤0.062	≤0.068
	(10±2)℃	≤0.043	≤0.056	≤0.059	≤0.066
	(-40±2)℃	≤0.036	≤0.048	≤0.052	≤0.058
抗压强度（MPa）		≥0.50	≥0.50	≥0.60	≥0.80
抗折强度（MPa）		≥0.40	≥0.50	≥0.60	≥0.80
体积吸水率（%）		≤0.5			
透湿系数［ng/（Pa·s·m）］		≤0.007	≤0.050		

表 6-4　建筑用泡沫玻璃制品的物理性能

项目	性能指标			
	Ⅰ型	Ⅱ型	Ⅲ型	Ⅳ型
密度允许偏差（%）	±5			
导热系数/［W/（m·K）］［平均温度（25±2）℃］	≤0.045	≤0.058	≤0.062	≤0.068
抗压强度（MPa）	≥0.50	≥0.50	≥0.60	≥0.80
抗折强度（MPa）	≥0.40	≥0.50	≥0.60	≥0.80
透湿系数［ng/（Pa·s·m）］	≤0.007		≤0.050	
垂直于板面方向的抗拉强度（MPa）	≥0.12			

续表

项目		性能指标			
		Ⅰ型	Ⅱ型	Ⅲ型	Ⅳ型
尺寸稳定性 (70±2)℃，48h（%）	长度方向 宽度方向 厚度方向	≤0.3			
吸水量（kg/m^2）		≤0.3			
耐碱性①（kg/m^2）		≤0.5			

① 外墙保温时有此要求。

此外，泡沫玻璃制品还有一些特定要求，如耐酸性不低于96.0%；抗震性为经3次试验后，不得有裂纹、剥落、断裂等破损现象；抗冻性为经15次冻融循环后，质量损失率应不大于5%，抗压强度损失率应不大于25%；燃烧性能应符合不燃材料（制品）A（A1）级的要求。

3. 制备玻璃棉

玻璃棉是一种呈蓬松棉絮状的短纤维，属于矿物棉的一种，是以废玻璃或者硅酸盐为原料经高温熔融后通过纤维化制备而成。玻璃棉具有密度低、不可燃、多孔和导热系数低等特点，因此，玻璃棉具备了良好的隔热、吸声性能，是保温隔热、航空航天、吸声降噪、过滤清洁、交通运输、电子信息等领域的基础材料，广泛应用于人们的日常生活以及国防军工等各个方面。

1）制备方法

玻璃棉的生产方法是将清洗干燥好的废玻璃加入玻璃熔化炉中，熔融好的玻璃液从漏板流出，然后被喷吹成短纤维，细纤维经集棉输送带收集成棉层，经固化后，制成软质卷毯、半硬板或硬板。

上海达能玻璃棉有限公司公开了一种由废玻璃制备玻璃棉的制备方法，其由玻璃纤维构成，玻璃纤维中含有玻璃材料和添加剂，添加剂是硼砂，硼砂的质量占玻璃材料和添加剂的总质量的0.2%～0.3%，添加剂中含有粘合剂。玻璃材料采用废玻璃块。一种制作上述玻璃棉的方法，首先按质量百分比分别称取玻璃材料和添加剂，其次将玻璃材料粉碎并进行水洗和脱水，然后在玻璃材料中加入添加剂并进行混合，之后将玻璃材料和添加剂的混合物挤压成型，最后对挤压成型的混合物进行加热干燥。既可以解决废玻璃的处理问题，又可以节约能源。

2）产品性能

建筑业常用的玻璃棉分为两种，即普通玻璃棉和超细玻璃棉，玻璃棉的主要性能指标见表6-5。

表 6-5 玻璃棉的主要性能指标

名称	纤维直径（μm）	表观密度（kg/cm³）	常温导热系数［W/（m·K）］	使用温度（℃）	吸声系数（厚度 50mm，频率 500～400Hz）	备注
普通玻璃棉	<15	80～100	0.052	≤300	0.75～0.97	1. 使用温度不能超过 300℃ 2. 耐腐蚀性较差
超细玻璃棉	<5	20	0.035	≤400	≥0.75	一般使用温度不超过 400℃

（1）普通玻璃棉是由熔融状态的玻璃液体，流经多孔漏板后，形成一排液流，再用过热蒸汽或压缩空气喷吹而成为玻璃纤维，并沉积于积棉室。普通玻璃棉的纤维一般长 50～150mm，纤维直径 12μm，外观洁白。

（2）超细玻璃棉是熔融状态的玻璃液从多孔漏板流出来后，经橡胶辊拉制一次纤维，再经高温、高速燃气喷吹而成二次玻璃纤维，并沉积于积棉室。超细玻璃棉的纤维直径比普通玻璃棉细得多，一般在4μm以下，外观洁白。

3）案例分析

玻璃棉在外墙外保温系统中的应用实例：天津市武清区北河滩回迁房项目中选用玻璃棉外墙保温系统。外墙大面采用粘贴 55mm 厚离心玻璃棉板外保温系统，热桥部位抹 20 单位厚自调温相变保温材料。从实际实施使用效果来看（图 6-10），玻璃棉属于不燃材料，燃烧性能指标达到 A1 级，从根源上避免了施工和使用过程中带来的火灾隐患，符合国家防火及保温的相关要求。玻璃棉材料与墙体粘接牢固，外观平整，强度较高，使用寿命长，材料产业化之后成本较低，比其他保温材料具有优势，适合北方地区推广使用。

图 6-10 玻璃棉保温系统施工完后现场图片

4. 制备玻璃纤维

如今，玻璃纤维生产已发展成为一门独立的工业体系，成为现代非金属材料中具有独特功能的工程材料，它们属于微米级玻璃态纤维，具有耐高温、抗腐蚀、强度高、绝缘好、密度低、吸湿低及延伸小等一系列优质特征，在机械、电气、光学、耐腐蚀、绝热及吸声等方面发挥出独特的性能，应用领域很快遍及电子、电器、交通、建筑、航空、航天、环保和国防军工等国民经济的各个部门。

1）制备方法

一般玻璃纤维的化学组分为氧化硅 15.4%、氧化铝 17.5%、氧化钙 15.4%、氧化镁 4.2%、氧化钠 2%，若废玻璃与上述组分不同可进行适当调配，在熔炉中熔化后，通过自动制球机制成玻璃球，再将玻璃球熔化，通过喷丝孔和拉丝机就可拉制出玻璃纤维。玻璃纤维生产工艺流程如图 6-11 所示。

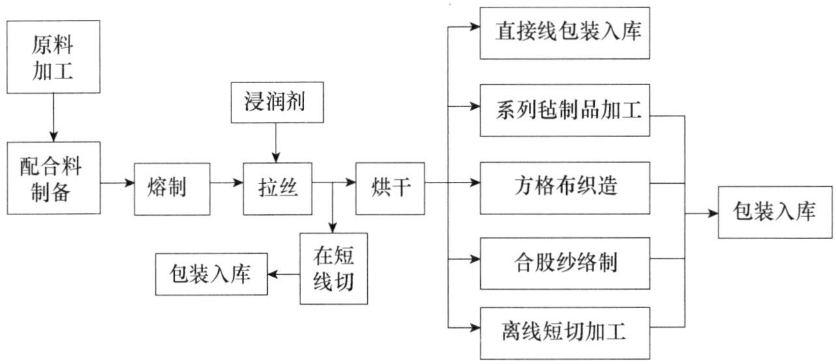

图 6-11　玻璃纤维生产工艺流程图

（1）纤维玻璃熔制

纤维玻璃熔制的工艺原理：玻璃的熔制过程是指配合料在高温下经过硅酸盐反应、熔融再转化成均质玻璃液的过程。其中熔融是指配合料反应后液相相融的过程；澄清是指从熔融的玻璃中排除气泡的过程；而均化是指把线道、条纹等缺陷减少到容许程度的过程，也是把玻璃的化学成分均化的过程。上述过程是分阶段交叉进行的。

（2）玻璃纤维成型

池窑拉丝采用微粉原料制成配合料，经窑头料仓、螺旋投料机送入单元熔窑。熔化好的玻璃液自单元窑熔化部流出后即进入主通路（或称澄清均化或调节通路）进行进一步澄清均化和温度调理，然后进入过渡通路（或称分配通路）和作业通路（或称成型通路）再经流液槽进入铂铑合金漏板。漏板底部一般密布 800 ~ 4000 只漏嘴。池窑拉丝生产线通常分上下两层作业：上层为漏板拉丝操作区，底层为拉机卷绕操作区。

（3）玻璃纤维浸润

在玻璃纤维拉丝过程中，需要在玻璃纤维表面涂覆一种以有机物乳状液或溶液为主体的多相结构的专用表面处理剂。这种涂覆物既能有效地润滑玻璃纤维表面，又能将数百根乃至数千根玻璃纤维单丝集成一束，还能改变玻璃纤维的表面状态，这样不仅满足了玻璃纤维原丝后道工序加工性能的要求，而且在复合材料中还能促进玻璃纤维与被增强的高分子聚合物的结合。

（4）玻璃纤维原丝烘干

玻璃纤维在拉制成型后经过集束器将纤维集束成原丝，再经过排线器将原丝卷绕在拉丝机的机头上，从机头上卸下的半成品称为原丝丝饼。可通过生产工序将其制作成各类玻纤制品。为了减轻纤维与集束器和排线器等的接触摩擦，并保护纤维的原型以及赋予纤维某些特殊性能，在拉制成型过程中必须对纤维外表面通过涂油辊或槽轮涂覆浸润剂。这种浸润剂可分淀粉型和增强型两大类，前者用于纺织纱，后者用于增强型制品，它们通常都是水乳液。该液除了润滑、粘结等主要组分外，其余80%以上是水。一般一个原丝饼所含的水分是其总质量的8%～14%。这些水分对后道加工工序和制品有不利影响，因此必须将原丝烘干。

2）产品性能

（1）物理性能

① 密度。玻璃纤维的密度高于有机纤维，但低于金属纤维。

② 断裂强度。玻璃纤维具有较高的拉伸强度，在相同质量时，其断裂强度比钢丝高2～4倍，因而人们又称它为玻璃钢。

③ 尺寸稳定性。玻璃纤维不会因环境温度变化而变形，最大伸长率仅为3%。玻璃纤维应力应变之间爆出线性关系，直至断裂。

④ 硬度。玻璃纤维的硬度较高，约为锦纶的15倍。玻璃纤维的硬度与其固有的脆性相结合，构成了突出的低弯曲阻抗性。在对玻璃纤维进行纺织的过程中，玻璃纤维会受到弯曲应力，为了提高纤维的弯曲阻抗性，其直径应减小。

（2）耐热性能

玻璃纤维是一种无机纤维，它本身不会引起燃烧，并且有很好的耐热性，所以玻璃纤维是很独特的。玻璃纤维的导热系数非常小，因而它常用于管道和容器的隔热，以及作为成型件的绝缘壳。

（3）化学稳定性

玻璃纤维的化学稳定性，取决于其化学组成、介质性质、温度和压力等条件。玻璃纤维对腐蚀性化学品如酸碱有好的阻抗，它几乎不受有机溶剂的影响，并对大多数无机化合物是稳定的。

（4）电性能

玻璃纤维具有高的比电阻和低的电介质常数。玻璃纤维的电性能主要取决于玻璃的化学成分，特别是碱氧化物的含量。

（5）其他性能

玻璃纤维具有耐老化、防腐、防霉、抗紫外线辐射等性能。采用合适的表面处理剂，可以改善玻璃纤维的加工性能。但玻璃纤维也存在一些由于其本身化学性质所带来的性能方面的缺陷，如玻璃纤维脆性大、耐磨性差、柔软性差、不耐弯曲。

3）案例分析

法国圣戈班集团是制造玻璃纤维的巨头之一，圣戈班集团强劲的玻璃纤维加工业务主要集中在集团内的 ADFORS 公司和圣戈班高功能材料公司。

ADFORS 公司前身为圣戈班技术织物公司，已有 50 多年历史，在全世界有 13 个制造厂，经营活动遍布 100 多个国家。该公司用玻璃纤维、合成纤维和天然纤维制造产品，主要面向建筑市场和工业市场，该公司称其成功得益于强劲的玻璃纤维技术专长。产品类型包括机织物、针织物、化学粘结网格布、玻纤薄毡（湿法和干法薄毡）、复合毡和涂层织物等，以下着重介绍一下化学粘结网格布、玻纤薄毡和复合毡。

化学粘结网格布。用胶粘剂把连续纤维纱线粘结成稀网结构，形成具有独特性能的产品。所用纤维类型为玻璃纤维、酯纤维、其他合成纤维、天然纤维和高模量纤维，如图 6-12 所示。

玻纤薄毡。由随机均匀分布的玻璃纤维经有机添加剂粘结的非织造材料。除了传统的尿素和三聚氰胺粘结剂外，ADFORS 还不断试验新的粘结剂，包括轻触感、低甲醛和无甲醛粘结剂。玻纤薄毡的典型用途为防水材料、绝热隔声材料、铺地材料、墙面材料、石膏/水泥板、工业用途等，如图 6-13 所示。

复合毡。ADFORS 可把织造的和非织造的产品叠合起来，形成具有高拉伸强度、尺寸稳定性以及不同表面特性的产品，TwinFab 复合毡即是一例，如图 6-14 所示。几乎所有的 ADFORS 的玻纤薄毡都可以叠合到针织物或网格布上，以提高抗拉、抗撕和耐穿刺性能，同时具有柔顺性和抗分层能力。

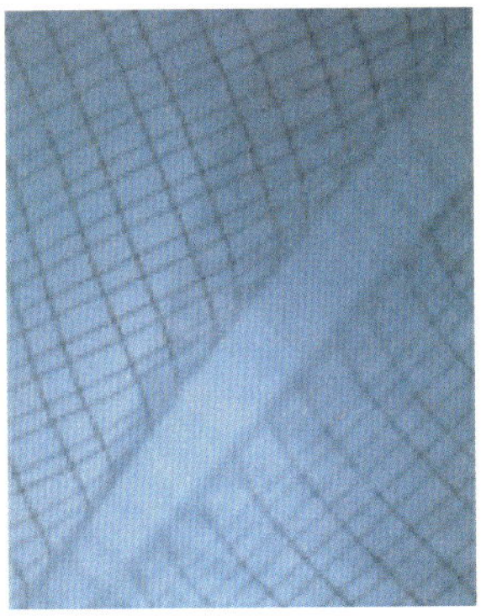

图 6-12 化学粘结网格布

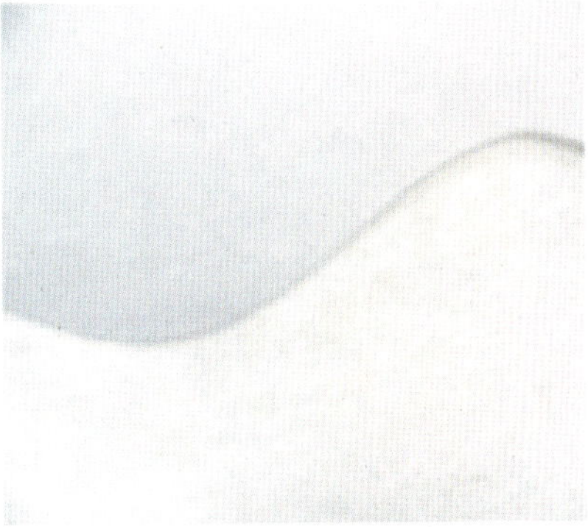

图 6-13 无纸石膏板贴面用玻纤薄毡

图 6-14 防水用 TwinFab 产品

6.4 在综合利用过程中技术壁垒与瓶颈

在我国，废玻璃的回收利用未受到足够的重视，原因有三个：一是工业部门未把废玻璃纳入原料计划，只是在纯碱供应不足时，收购一些废玻璃来补充一部分纯碱；二是废玻璃是一种数量大、价值低、包装和运输费用高而又不安全，利润很低的商品，废旧物资部门一般都不愿意经营；三是由于回收措施、政策督导、分选加工技术和设备尚存在一些问题，使废玻璃的回收利用率较低。总体来说，废玻璃的回收、运输和加工费用较高，使废玻璃的市场竞争力下降；玻璃废弃物中混有的金属、陶瓷、石子等，在回收前需要分选；废玻璃颜色不一，有些含有铅等元素，利用时受到限制；分选技术和加工设备落后等。

6.5 解决途径及发展方向

通过以上对玻璃废弃物综合利用机制的概述，可以看出玻璃废弃物的资源化利用工作具有一定的经济效益、环境效益和社会效益。因此，目前可以从以下两个途径来改善玻璃废弃物的应用情况：

一是要保证废玻璃的长期、大量、稳定、低价格的供应；例如许多国家为此制定了法律、法规和标准，建立了较大的废玻璃处理工厂。

二是在保证废玻璃大量供应的前提下，要开发市场需要的新产品；在过去三十多年中世界各国所做的各种研究和探索已为废玻璃的应用找到了新市场并打下了坚实的基础。

玻璃界的资深专家和业内人士指出：今后，对回收利用废玻璃的工作进一步的研究需要集中在回收大量废玻璃获得经济效益的领域。进一步改进生产工艺，提高自动化程度和生产效率，为进一步改进经济可行性、改善生产根源、还需大量深入的研究。因此，仍需国家对废玻璃的回收和利用在政策和经费上予以支持。制定废玻璃回收的法规，建立废玻璃回收利用示范点。结合相关部门组织科研力量进行研究，加快推广应用的步伐，使科研成果尽早地转化成生产力。这对发展我国的玻璃工业、节约原料、降低能耗和防止环境污染都将起到巨大推动作用。

参考文献

[1] 葛晓鹏．废玻璃自动分选加工回收新技术［C］．2014 国际先进玻璃熔制技术研讨会，2014.

[2] 杜震宇，侯英兰．用废玻璃制造新型装饰板材［J］．玻璃，2003，30（3）：36-39.

[3] 徐美君．玻璃废丝饰面砖［J］．中国建材，2004（6）：88.

[4] 徐美君．废玻璃的回收与利用［C］．中国浮法玻璃及玻璃新技术发展研讨会，2007：37-42.

[5] 李刚，刘开平，姜曙光，等．利用粉煤灰和废玻璃粉制备新型墙体材料的研究［J］．新型建筑材料，2006（12）：68-71.

[6] 臧磊．一种废玻璃粉烧结砖及其生产方法：CN，CN104945781A［P］.

[7] 张霓．玻璃混凝土力学与耐久性能的试验研究［D］．沈阳：沈阳建筑大学，2011.

[8] 晋勇强，张艳．废弃碎玻璃在沥青混凝土中的应用及其性能［J］．建筑工程技术与设计，2014（27）：324.

[9] SU N，CHEN J S. Engineering properties of concrete made with cycled glass resources［J］. Conserv Recy，2002，35（4）：259-74.

[10] Arabani M，Mirabdolazimi SM. Evaluation of the effect of the use of waste glass cullet in increasing the lifetime of HMA. In：8th International congress on civil engineering. Iran：Shiraz University；2009.

［11］范利灵．利用废玻璃瓶制备玻璃微珠及在其表面镀膜的研究［D］．大连：大连工业大学，2015.

［12］田英良，战梅，孙诗兵，等．国内外泡沫玻璃生产技术发展和生产线代别综述［C］．中国绝热节能材料协会2014年年会会议资料，2014：26-32.

［13］华伊凡．世界玻璃棉产业的现状和发展趋势［J］．中国建材，2005（11）：47-50.

［14］陈海涛，郑松青．玻璃棉保温吸声材料的应用及展望［J］．陕西建材，2002（1）：48-59.

［15］陈咸林．一种玻璃棉及其制作方法：CN，CN 101139161 A［P］．2008-03-12.

［16］周波．玻璃棉及其制品的应用［J］．保温材料与节能技术，2005（1）：15-17.

［17］蒋少军，吴红玲．玻璃纤维的性能及应用［J］．河北纺织，2002（1）：40-43.

［18］叶轶．圣戈班的玻璃纤维加工和应用实例［J］．玻璃纤维，2016（6）：47-50.

7 陶瓷废弃物

陶瓷是我国伟大的发明之一，在世界上都享有崇高的美誉。早在6000多年前，我国的劳动人民已经能够烧制实用的黑白陶瓷。发展到今天，陶瓷已与人们的生活密不可分。建筑陶瓷因具有防火防水、易清洗、色彩艳丽、耐久性好、维护费用低等特点，已成为现代建筑工程主要的装饰材料。据中国陶瓷工业协会统计，2014年全国陶瓷砖总产量已达102.3亿平方米，卫生陶瓷制品产量达1.96亿件。2018年全国陶瓷砖总产量90.11亿平方米，与2014年相比有较大幅度的下降。但2018年卫生陶瓷制品产量2.34亿件，比2014年有显著增加。陶瓷工业也成为国内多个地区的经济支柱产业，如广东的佛山市、江西的景德镇等。

在陶瓷产业给人们带来巨大经济利益的同时，也带来了严重的环境污染问题。对资源的过度开采、烧制过程中的粉尘与废弃、不合理的利用及废料的乱堆乱放等严重限制了本行业的可持续发展。据不完全统计，仅佛山陶瓷生产区各种陶瓷废料的年产量已经超过400万吨，而全国陶瓷废料的年产量估计在1000万吨。由于陶瓷废料不易降解，全部填埋处理又需要占用大量土地资源，且陶瓷的生产需要消耗大量的黏土矿物，在自然资源日益减少，可持续发展已成发展主流的当今世界，如何实现陶瓷废料的循环利用已成科技与环保部门的当务之急。目前，工业发达国家对陶瓷废料的处理再利用十分重视。据报道，英国的一些瓷砖厂以废瓷料为原料生产瓷砖，使用率高达40%，其中包括陶器、日用陶瓷及废瓷。由于日本资源匮乏，使环保意识增强，对各企业内部所产生的陶瓷废料坚持进行回收利用，处理技术也比较成熟。而我国陶瓷工业废料的处理与利用程度较低，致使大量耕地被占，水体和空气受到污染。特别是经过近几十年的高速发展，随着陶瓷业产量的增加，陶瓷废料的数量也越来越多，废料的处理已迫在眉睫（图7-1）。

国际材料科学研究会在1988年就提出了“绿色材料”的概念。1992年，国际学术界明确提出：绿色材料是指在原材料采取、生产、使用以及废料处理等环节中对地球环境影响最小和有利于人类身体健康，且再生循环率最高的材料。根据绿色材料的要求，推动陶瓷生产、再利用的绿色化，是本行业可持续发展必须解决的重大课题。

图 7-1 堆积如山的废弃陶瓷

7.1 陶瓷废料的来源与特点

7.1.1 陶瓷废料的来源

7.1.1.1 陶瓷工业废料

陶瓷工业废料是指陶瓷制品在生产过程中，经过原料处理、混料、制备、成型、储存等工序产生的废料。按照陶瓷工业废料的来源，大致可分为如下几类：

1）坯体废料　坯体废料主要是指陶瓷制品焙烧之前所形成的废料，包括上釉坯体废料及无釉坯体废料。

2）废釉料　废釉料是在陶瓷制品的生产过程中所形成的污水，污水经净化处理后形成的固体废料，其中含有黏土、釉料等，通常含有一定量的重金属元素且具有一定的毒害作用。

3）烧成废料　烧成废料是陶瓷制品烧成过程中和经焙烧后生成的废料，主要是指有污点、开裂、破损的烧成制品及在储存、运输、搬运等过程中因碰撞破损而产生废弃成品。这些废料由于经过高温煅烧，具有很高的强度，自然界无法自然消化，也不能重新作为陶瓷的原料，大多作为固体废弃物进行填埋处理，有的甚至直接堆放在厂区周围。

4）模具固体废弃物　在陶瓷制品的生产过程中需要用到大量的石膏模具，而石膏模具的机械强度较低，极易损坏，使用寿命短，在经过多次反复使用或因搬运碰撞而损坏，成为废品，这些废料由于无法大量回收，而大多被堆放在野外或厂区周围。

5）抛光打磨废料　抛光打磨废料主要是指抛光砖在生产过程中，由于打磨抛光、磨边、倒角等精细加工而产生的大量砖屑。因经过一系列深加工后抛光砖成为明亮如镜、平滑细腻的抛光砖制品，深受消费者的青睐，使抛光砖产量正在迅速增加。抛光打磨废料已成为近几年陶瓷产业新的废料来源。

7.1.1.2　建筑陶瓷废料

建筑陶瓷废料是指用于建筑物外表、地面及卫生用具等各类陶瓷制品，在运输、使用过程中产生的破碎陶瓷。主要来源有内墙装饰陶瓷、外墙装饰陶瓷、室内地面装饰陶瓷、室外地面装饰陶瓷、园林陶瓷、陶瓷壁画、卫生洁具等。目前，我国废弃建筑陶瓷依旧以和其他建筑固体废弃物一起堆积的简单处理方式为主，造成了土地、矿产资源的巨大浪费和环境污染。如何把陶瓷废弃物回收加以再利用已成为一项重大的课题。

7.1.1.3　其他陶瓷废料

这类陶瓷废料可分为日用陶瓷（餐具、茶具、花瓶等）与专用陶瓷（化工专用陶瓷、电子陶瓷、功能陶瓷等），在使用过程中，因破损或更换废弃而产生的废料。

7.1.2　陶瓷废料的特点

陶瓷产业属于我国传统工业，近年来，陶瓷产业发展速度不断加快，总产值约达5000亿元，在我国经济体系中占有举足轻重的地位。但是在陶瓷产业快速发展的同时，数量巨大且逐年增长的陶瓷废料对环境的负面影响也不容忽视。据统计，仅广东省各种陶瓷废料总量约为1500万吨/年，其中抛光砖废料量已约达1000万吨/年。陶瓷生产过程中所产生的废料可分成废坯泥和废瓷两大类。坯体从原料处理、混料、球磨到坯料制备、成型、干燥的全过程都会产生废泥和废坯，废坯泥又称回坯泥，原因在于其大部分可直接回收再利用，企业直接倾倒的情况较少。废瓷也可称作烧成废料，是陶瓷制品在烧成过程或经焙烧后所产生的废料，主要是在烧成及储存和搬运等生产工序中损坏而造成的，这类废料产量巨大，且综合利用率较低，造成储存量逐年增多，许多都是直接被露天堆放在野外或填埋处理，不仅占用大量土地资源，对周围生态环境也会产生巨大危害。

7.2 陶瓷废弃物的综合利用机制

陶瓷作为生产生活用品伴随人类数千年，至今人们生活的方方面面依旧离不开它。而在对艺术的追求日益增强的现代社会，在景观设计中，如果想要体现出优秀的艺术造型，材料的可塑性与表现力显得尤为重要。而陶瓷在经过火的高温历练后，脱离了原坯的泥性，拥有坚硬、防水、耐磨、绝缘、耐腐蚀、抗高温等一系列优良的物理特性，加上其釉面色泽纹理丰富，且能够经受长时间的风吹雨淋，非常适合装饰有格调的室内地面，以及室外景观步行道、庭院地面等。

目前，已有许多利用陶瓷废弃物作为掺合料制备建筑材料的研究，主要是基于"形态效应"、"活性效应"和"微集料效应"。形态效应是指掺合料的表面性质、颗粒级配等物理性状所产生的减水效应，使得建筑材料内部形成更均匀致密的微观结构。活性效应又叫作火山灰效应，即掺合料经研磨到达一定细度后在潮湿环境中，能与碱性物质发生化学反应，生成一种具有一定胶凝能力的物质的性质。微集料效应是指掺合料颗粒均匀分布于水泥浆体中，就像微细的集料一样，具有增强硬化浆体的作用。

7.3 陶瓷废弃物的综合利用途径

随着人们对环境问题越来越关注，各级政府对陶瓷废料再利用的高度重视及政策性优惠，以及对陶瓷废料应用研究的深入，人们已能充分利用陶瓷废料的特性，研究出各种各样的再生制品，本节主要介绍陶瓷废料的各种利用途径与方法。

7.3.1 陶瓷废料的预处理及分离方式

7.3.1.1 陶瓷废料的预处理

（1）来自工厂的坯体废料，或未煅烧的破损废料，只须分类堆放，可以重新作为陶瓷生产原料。

（2）来自工厂已煅烧，因有破损或裂纹的废品，可按照用途、颜色、质量分类。

（3）来自建筑工地的陶瓷废物，有的需要清洗，并与砂石分开。

（4）来自家庭、街道的陶瓷废物，有的混入垃圾中，外表粘有油污，需要清洗，清洗液中可加入 NaOH。

（5）有特殊用途的陶瓷废物，如电子陶瓷、功能陶瓷等，需经过专门处理再分类。

（6）有毒有害陶瓷废物必须经过无害化处理后才可利用，不做无害化处理的，必须深埋或进行其他处理。

7.3.1.2 陶瓷废料的分离方式

（1）人工分选。一般是在分类收集的基础上进行的，基本条件是：质量不能过大，对人体没有危害性。将适于回收的混合废物集中以后，操作人员便可以在传送带上按照不同的类型或规格进行分拣。分选的物资经过压缩、包装、称重以后，便被送往生产企业回用。人工分选具备很强的识别能力，可以区分用机械方法无法分开的固体废物，此外，通过人工分选还可以消除所有可能使后续处理系统发生事故的废物。

（2）筛分。筛分是利用筛子将物料中小于某粒径的细粒物料透过筛面，而大于此粒径的粗粒物料留在筛面上，以完成粗、细粒物料分离的过程。该分离过程可以看作是由物料分层和细粒透筛两个阶段组成的。物料分层是完成分离的条件，细粒透筛是分离的目的。

（3）磁选。磁选是利用废物中各种物质的磁性差异在不均匀的磁场中进行分选的一种处理技术。废弃物通过磁选机的磁场时，同时受到磁力和重力、摩擦力、离心力等机械力的作用。由于作用在各物质上的磁力与机械力的合力不同，使它们的运动轨迹也不同，因此实现分离。

7.3.2 用于景观设计

景观设计是一门面向人们生活环境建设的、综合性的学科，主要指对所有建筑物外部空间进行的环境设计，其包括空间利用的多样化、土地利用的多样化以及建筑物设计的多样化，且以“人”为基本出发点，依据“人”对周围环境及空间的感知来设计，景观设计的目的是不但要满足人们生活功能及心理健康的要求，还应能不断地提高人们的生活品质，丰富人们的精神追求。如城市公园设计、城市广场设计、居住区规划设计等都属于景观设计的范畴。

将陶瓷碎片应用于景观设计领域，主要是指运用“拼贴”的手法将陶瓷碎片独特的材质、丰富的釉色和多变的表现形式等特点有机地统一起来，并结合当地民族特色、陶瓷文化、景观文化，使陶瓷碎片自身和周围环境浑然一体。其不仅可以给人们带来一种悠闲的生活情调与舒适感官享受，也可以极大地丰富和充实景观环境。

7.3.2.1 陶瓷碎片在道路中的运用

道路除了要承担交通功能外，其在很大程度上还是公共生活的舞台，特别是小区及公园道路，还起着引导、装饰的作用。陶瓷碎片在道路设计中主要是作为路面的铺装材料，并多用于人流量和车流量相对较少的生活性小路，如园林道路、社区与公园小径等。由于陶瓷碎片色彩丰富多样、拼贴灵活多变、抗磨耐久、廉价易得等特点，特别受人们的青睐，将其铺设于道路路面易与周边环境相结合，可营造亲近自然、轻松愉快的舒适氛围。如建造在黄土高原的陈炉镇，道路大都蜿蜒曲折，地势陡峭，当地居民每天行走在这样的路面上，路面防滑成为居民们首要解决的问题。因此，镇上道路大部分都铺设了具有当地特色的红砖，并辅以废瓷片、瓷瓦片等，精心设计成各种图案，颇具自然趣味（图 7-2）。

图 7-2　陈炉镇瓷片小路

此外，由陶瓷碎片拼贴而成的路面，还可以兼具其他功能。如当它在图案、纹理和色彩等方面相对于其他区域不相同的话，就会很自然地在人们的心中形成一个有别于其他区域的相对独立的空间，这时陶瓷碎片扮演着功能区域划分的角色；另外，如果将陶瓷碎片拼贴成的图案有一定的方向性就可以扮演“指引者”的角色。

7.3.2.2 陶瓷碎片在建筑中的运用

一般来说，在现代景观设计中，建筑物是景观设计中的主角，陶瓷碎片主要是作为一种装饰物被拼贴到建筑物中。在陶瓷碎片如何运用于建筑这一问题上，已有许多建筑大师进行了大量的实践探索，使陶瓷碎片可以广泛地用于建筑设计中，并对建筑环境起到良好的装饰、美化作用。

在我国古代时期，就已经有将陶瓷碎片应用于建筑物的情况，例如，广东佛山的清朝先祖庙，首都北京的紫禁城等。除此之外，在我国天津，有一座陶瓷楼房，因为把众多的陶瓷碎片当成装饰材料运用于建筑物而名声大噪。这座法式小洋楼，使用了4000多件古瓷器、400多件汉白玉石雕、40多吨水晶石与玛瑙，7亿多片古瓷片、13000多个古瓷盘和古瓷碗、300多个瓷猫枕、300多个汉白玉唐宋石狮子、300多尊历代石雕造像。这些东西被设计师经过5年的精心设计与铺装，才建成了这座“瓷房子”（图7-3）。

图7-3 天津瓷房子

此外，享誉世界的陶瓷碎片艺术作品，当属西班牙建筑大师高迪设计与建造的巴特罗公寓，他的陶瓷碎片拼贴艺术是建筑景观设计中一道独特的风景，可以给人带来强烈的视觉冲击力，在很大程度上提升了陶瓷碎片的装饰功能和建筑的文化内涵。巴特罗公寓最吸引眼球的便是用美轮美奂的陶瓷碎片拼贴而成的复杂而和谐的装饰花纹与图案。它的外墙全部是用蓝色和绿色的陶瓷装饰而成的，是一种奇怪的颜色组合，远远望去就像印象派画家的调色盘，但色彩却很和谐，萨尔瓦多·达利曾经将这面外墙比作“一片宁静的湖水”。室内，顺着楼梯一层层往上走，离顶层越近，瓷片的颜色就越深，从浅蓝到深蓝，楼梯一侧水纹样的玻璃映照着墙壁的蓝色，使房子看起来像是在海中一样。屋顶以加泰罗尼亚地区流传甚广的“乔治屠龙救公主”的故事为背景，屋顶表面铺满了上了釉的鱼鳞状瓷片，犹如龙的脊背，在阳光下呈现出蓝紫色的神秘光晕。屋顶上方十字架形的烟囱则用色泽柔和亮丽的陶瓷碎片进行不规则的拼贴而成，却能折射出犹如利剑般的光芒，代表着屠龙英雄乔治。整个建筑都充满了浪漫主义的神秘气息，高迪曾激动地称它为“看起来像是一座天堂的房子”（图 7-4）。

图 7-4　巴特罗公寓

陶瓷碎片在建筑景观设计上的使用，可以极大地提升建筑物的艺术内涵。建筑师将陶瓷碎片与建筑物这两个看似毫无关联的事物，实实在在地联系在了一起，将它们独特的文化内涵与艺术语言表达于景观设计，满足了人们对美好事物的心理需求，为人们搭建了一个心灵的避风港。

7.3.2.3　陶瓷碎片在景观雕塑中的运用

景观雕塑是景观环境中以三维形式存在的艺术形态，拥有立体美感，可以增添建筑环境的文化气息，起到画龙点睛的作用。将陶瓷碎片用于景观雕塑是其在景观设计中又一重要利用方式。

陶瓷碎片因其古朴自然、质感丰富、釉色多样的独特魅力，给设计师提供了许多灵感，也赋予了雕塑很多寓意与内涵，使之成为景观环境中一道亮丽的风景，增添了人们的审美情趣。西班牙艺术大师米罗为巴塞罗那米罗公园创作的巨型抽象雕塑《女人和鸟》（图7-5）就充分利用了陶瓷碎片，整个雕塑外表贴满了形状各异、色彩斑驳的陶瓷碎片，颜色鲜艳明亮而又十分柔和，可以从中感受出女人和鸟的温柔惬意以及创造者所要表达的幽默韵味。又如位于古尔公园入口处的巨型晰蜴雕塑，通体都是由彩色碎瓷片按照晰蜴本身的形态特征进行有规律地拼贴，色彩饱和、清丽，在由白色碎瓷片铺装的台阶的映衬下，与周围的整体建筑风格和谐统一。

图7-5　女人和鸟

7.3.3　用于生产建筑陶瓷制品

7.3.3.1　制备劈开砖

劈开砖又名劈离砖，是陶瓷墙地砖的一种。一般以各种黏土或配以长石等制陶原料经干法粉碎加水或湿法球磨压滤后制成含水湿坯泥，再以装有中空模具的真空螺旋挤出机挤出成为由扁薄的筋条将两片砖坯连接为一体的中空坯体，再经切割干燥后烧成，然后以人工或机器沿筋条连接处劈开为两片产品，故名劈开砖。劈开砖依靠泥料原坯发色，具有质朴清新的韵味，使建筑物看起来既稳重大方又自然飘逸，是目前国内外较为流行的砖材之一。

劈开砖一般以各种黏土或配以长石等天然陶瓷原料作为主要原料，且不进行球磨，生产工艺比较简单，生产成本相对较低，而如果以陶瓷废料作为生产劈开砖的主要原料，不仅能进一步降低生产成本，使其具有更大的市场竞争力，也可以实现固体废弃物再利用，减轻对环境的压力。目前在劈开砖的生产过程中，通常是把陶瓷废料磨细到一定细度后再作为劈开砖的原料，较粗颗粒（8～30 目）用作生产劈开砖的原料，可增加劈开砖的表面装饰效果，含量一般在 15% 左右，筛下物（30 目）可以直接掺入，然后与别的原料混料、挤压成型、干燥、烧结等工序制成劈开砖。

工艺流程：塑性原料、熔剂原料→配料→湿法球磨→浆池搅拌→脱水→泥料陈腐→练泥→真空练泥机挤出成型→切割→码坯→隧道干燥室干燥→卸坯→自动施釉→码坯自动装车→隧道窑烧成→出窑自动卸砖→自动劈开→分选包装→入库

实例：

表 7-1 为国内某厂的原料配方，表 7-2 为坯体的化学组成。

表 7-1 劈开砖原料配方（质量分数/%）

原料	大庄黏土	莱芜白泥	莱芜石英	莱芜长石	滑石	陶瓷废料
比率	35～40	25～30	5～8	10～12	5～8	8～10

表 7-2 坯体化学组成（质量分数/%）

化学成分	SiO_2	Al_2O_3	Fe_2O_3/TiO_2	CaO/MgO	K_2O/Na_2O	IL
比率	65～70	16～23	1.5～4	5～10	0.5～2	<10

产品性能：

吸水率：3%～6%

抗冻性：20 次不裂（－20℃～室温）

热稳定性：六次不裂（150～20℃）

耐磨值：0.02～0.03g/cm^3

抗折强度：29MPa

7.3.3.2 制备透水砖

随着我国经济的发展和现代化建设进程的加快，人们对居住环境的要求也逐渐提高，地表绝大部分被房屋、大型基础设施、道路等不透水建筑物所覆盖，相关研究表明，我国城市道路的覆盖率已经达到 7%～15%，特大城市甚至超过 20%，整洁的城市道路在为人们提供各种便利的同时，这些不透水地面亦给城市带来了许多负面影响，全国多数城

市，特别是南方多雨地区，“水浸街”已严重影响到城市人们的交通安全和舒适的生活，严重破坏了生态平衡。而如果采用透水性材料铺筑各种场地的地面，增大透水面积，就可以有效缓解城市不透水地面对城市生活和生态造成的负面影响，使城市与自然环境协调发展。

透水砖是为解决城市地表硬化，营造高质量的自然生活环境，维护城市生态平衡而诞生的环保建材新产品，是建设可持续发展生态城市不可或缺的重要组成部分，具有广阔的市场前景。透水砖具有以下特点：

1. 具有良好的透水、透气性能，可使雨水迅速渗入地下，补充土壤水和地下水，保持土壤湿度，改善城市地面植物和土壤微生物的生存条件。

2. 可吸收水分与热量，调节地表局部空间的温湿度，对调节城市小气候、缓解城市热岛效应有较大的作用。

3. 可减轻城市排水和防洪压力、对防止公共水域的污染和处理污水具有良好的效果、使马路上不积水。

4. 雨后不积水，雪后不打滑，方便市民安全出行。

5. 表面呈微小凹凸，防止路面反光，吸收车辆行驶时产生的噪声，可提高车辆通行的舒适性和安全性。

6. 色彩丰富，自然朴实，经济实惠，规格多样化。

工艺流程：配料→物料混合→浆池搅拌→制砖机压制成型→码坯→隧道干燥室干燥或烧制→出窑自动卸砖→分选包装→入库

实例：

表 7-3 为原料化学组成，废陶瓷粒径在 0 ~ 5mm 范围内；表 7-4 为透水砖配方。

表 7-3　原料化学组成（%）

原料	SiO_2	Al_2O_3	Fe_2O_3	TiO_2	CaO	MgO	K_2O	Na_2O	Cr_2O_3	IL
废陶瓷	65.87	22.46	0.76	—	—	0.18	2.66	2.89	—	5.49
钠长石	66.52	18.66	0.06	0.02	0.94	0.21	0.33	12.48	—	0.41
高岭土	54.60	41.30	1.46	—	0.15	0.22	2.01	0.19	—	—
滑石粉	56.51	2.11	0.98	0.09	1.31	30.69	0.01	0.02	—	7.44

表 7-4　透水砖组成配方（%）

配方	废陶瓷	钠长石	高岭土	结合剂	高温粘结剂	滑石粉
No. 1	60	—	10	15	15	—
No. 2	60	—	—	20	20	—
No. 3	60	—	—	20	15	5
No. 4	70	—	—	10	20	—
No. 5	70	10	—	10	10	—

按照配方进行配料，将配好的物料混合均匀后，以10MPa的压力压制成型，制得试样尺寸为260mm×95mm×45mm。先将制备好的试样放入干燥箱中，在100℃条件下干燥8h，然后放入高温箱式电阻炉中烧制。试验的烧制温度分别为1000℃、1050℃和1100℃，电阻炉升温速度为3℃/min，并在烧制温度下保温1h。待炉温降至室温后取出。

产品性能见表7-5。

表7-5 产品性能

样品	抗压强度（MPa）	抗折强度（MPa）	透水性（$cm \cdot s^{-1}$）
No. 1	60. 1	9. 2	0. 0075
No. 2	39. 6	6. 2	0. 0122
No. 3	50. 2	6. 9	0. 0201
No. 4	59. 6	8. 1	0. 0060
No. 5	48. 9	7. 8	0. 0312

废陶瓷透水砖最佳配方为No. 5，废陶瓷添加量可达60%，采用压制成型、烧成的方法制备出的陶瓷透水砖强度高、透水性能好，其烧成温度为1100℃。耐磨性磨坑长度为21cm，25次冻融循环不开裂，总体性能超过《透水砖》（JC/T 945—2005）标准。

7. 3. 3. 3 制备多孔陶瓷

随着陶瓷产业生产规模的不断扩大，产量的不断增长，优质的高岭土和长石等自然矿物资源储量在逐年减少，与此同时，陶瓷废料的产出量也在日益增加。因此，研究和开发陶瓷废料的再回收利用，既可以节省陶瓷原材料的用量，又可以解决环境污染问题，有利于陶瓷行业的可持续发展。华南理工大学材料科学与工程学院的谢代义，以陶瓷废料为主要原料，并加入高岭土、钾长石、钠长石等矿物，通过球磨、造粒、压制成型、烧成等工序，制成多孔陶瓷。

工艺流程：

原料粉碎→原料过筛→配料、称量→加水球磨（外加0. 5%的三聚磷酸钠作分散剂和0. 1%羧甲基纤维素作增塑剂）→脱水、过筛造粒→半干压成烈（300MPa）→干燥→烧成→成品。

实例：

原料化学组成见表7-6，试验配方见表7-7，产品性能见表7-8。

表 7-6　原料化学组成（%）

原料	SiO_2	Al_2O_3	Fe_2O_3	TiO_2	CaO	MgO	K_2O	Na_2O	IL
陶瓷废料	66.13	17.36	0.59	0.21	2.60	4.94	1.75	2.94	4.22
球土	51.11	33.43	0.85	0.28	0.16	0.36	0.54	0.34	12.77
高岭土	46.58	38.29	0.57	0.06	0.28	0.37	0.94	0.26	12.86
煅烧氧化铝	—	99.36	—	—	—	—	0.19	0.32	0.13
钾长石	62.51	21.51	0.35	0.50	0.70	0.33	3.25	8.21	1.28
钠长石	73.47	15.85	0.20	0.08	0.73	0.57	0.21	7.62	1.08

表 7-7　试验配方（%）

编号	陶瓷废料	球土	高岭土	煅烧氧化铝	石英	钾长石	钠长石
F1	40	18	10	—	4	18	10
F2	45	16	10	—	4	17	8
F3	50	16	9	3	2	17	3
F4	55	15	8	4	—	16	2
F5	60	13	7	5	2	12	1

表 7-8　产品性能

性能指标	F1	F2	F3	F4	F5
断裂模量（MPa）	4.65	3.91	6.80	4.98	5.75
吸水率（%）	38.22	53.06	44.96	59.82	66.02
体积膨胀率（%）	65.19	113.74	76.38	131.41	127.50
真密度（kg/m^3）	2.33	2.32	2.34	2.38	2.38
体积密度（kg/m^3）	0.95	0.73	0.87	0.66	0.66
真气孔率（%）	59.43	67.39	62.59	72.47	72.49
闭口气孔率（%）	22.58	28.24	22.78	32.71	28.37

7.3.4　用于制备水泥

水泥产业可以消纳大量的固体废弃物，以廉价的陶瓷废料为原料用于生产水泥，实现陶瓷、水泥两大产业的有机结合，无疑会产生巨大的社会效益和经济效益，既可以大量处理陶瓷废料，又可以为水泥生产提供一种新的廉价原料，降低生产成本。

制备方法：

陶瓷废料具有较好的易磨性，在显微镜下观察，颗粒多呈不规则鳞片状，对掺陶瓷废料的水泥筛余物进行观察，发现存在少量较大块的片状陶瓷。为了改变这种情况，可以对入磨陶瓷废料进行处理和控制；处理包括对陶瓷废料的粗破，然后用加有少量表面活性剂的溶液进行冲洗。一方面去除陶瓷废料表面杂质，另一方面增加其断口的易磨性，然后用破碎机进行细破。要求破后入磨粒径 <20mm，这样粉磨后的水泥筛余物中几乎看不见明显的陶瓷片状物。掺入陶瓷废料不会影响粉磨效果，相反会在一定程度上使水泥比表面积有所提高。随着掺量的增加，水泥的强度有所降低，需水量变大，凝结时间变长，但是只要选择合适的配比，完全可以生产较高强度等级的普通硅酸盐水泥。由于陶瓷废料以硅酸盐矿物为主，具有一定的活性，在使用前只要处理得当，完全可以作为水泥混合材大量应用于水泥工业生产中，生产合格的较高强度水泥。在使用中应根据熟料的性能选择合适的配比，注意控制需水量和凝结时间，以获得良好的使用性能。

工艺流程：

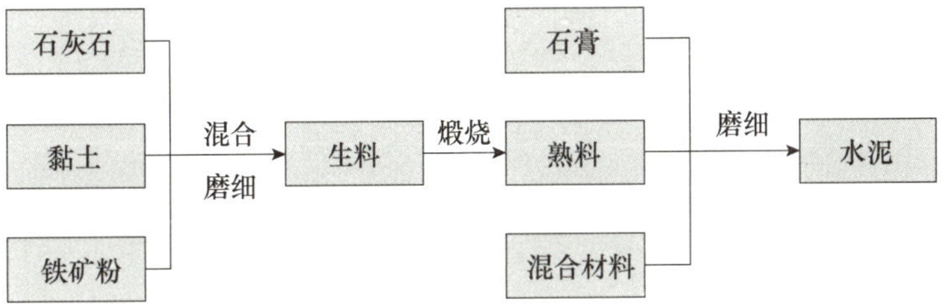

实例：

陶瓷废料化学成分见表 7-9，陶瓷废料活性见表 7-10，陶瓷废料不同掺量水泥各项性能指标见表 7-11。

表 7-9　陶瓷废料化学成分（%）

品种	SiO_2	Al_2O_3	Fe_2O_3	SO_3	CaO	MgO	K_2O	Na_2O	烧失量
卫生陶瓷	70.72	23.31	1.24	0.07	1.27	0.45	0.80	1.75	0.37
地砖	71.71	17.82	1.17	0.02	6.67	0.65	1.39	0.38	0.17

表 7-10　陶瓷废料活性

品种	烧失量（%）	SO_3（%）	火山灰性试验	28d 抗压强度比（%）
卫生陶瓷	0.37	0.07	合格	71
地砖	0.18	0.02	合格	68
标准要求	≤10	≤3	合格	≥62

两种陶瓷废料均符合作为活性混合材料的标准要求，粉磨后的陶瓷本身不具有水硬性，但是具有火山灰质混合材料的特性。

从表 7-11 可知，在使用前只要陶瓷废料处理得当，完全可以作为水泥混合材而大量应用于水泥工业生产当中，且可以生产较高强度的水泥。在使用过程中应根据水泥熟料的性能选择合适的配比，并注意控制需水量和凝结时间，以便获得良好的使用性能。另外，陶瓷废料的加入，对于水泥企业而言可以带来非常显著的经济效益。

表 7-11　陶瓷废料不同掺量水泥各项性能指标

编号	石膏掺量(%)	粉磨时间(min)	比表面积(m^2/kg)	细度(%)	标准稠度用水量(%)	安定性	凝结时间(h:min)		抗压强度(MPa)		抗折强度(MPa)	
							初凝	终凝	3d	28d	3d	28d
Q_0	3	27	356	4.1	25.8	合格	2:09	2:40	30.9	51.2	6.0	7.8
Q_8	3	25	361	4.0	26.0	合格	3:03	3:57	23.1	44.7	4.7	7.5
Q_{10}	3	25	365	3.3	26.0	合格	3:13	4:03	22.1	43.4	4.6	7.3
Q_{15}	3	26	368	4.8	26.0	合格	3:56	4:27	23.6	45.1	4.6	6.9
Q_{25}	3	25	370	4.6	27.0	合格	3:43	4:17	21.7	41.8	4.4	6.8
Q_{30}	3	25	372	5.1	27.0	合格	4:09	4:51	21.3	40.0	4.1	6.9
Q_{50}	3	25	380	4.6	29.0	合格	4:37	5:18	18.0	30.3	3.9	6.0
Q_{100}	0	26	402	1.6	—	—	—	—	—	—	—	—
W_{10}	3	25	310	5.3	26.4	合格	3:15	4:10	28.7	47.1	5.3	7.2
W_{15}	3	25	315	4.8	26.6	合格	3:20	4:30	26.3	46.5	5.1	6.8
W_{30}	3	25	303	5.0	27.0	合格	3:35	4:35	21.1	37.8	4.2	6.1

注：表中 Q 为地砖，W 为卫生陶瓷；下标表示掺量。

7.3.5 用于制作固体废弃物混凝土材料

固体废弃物混凝土材料（Solid Waste Concrete，简称SWC）是以固体废弃物为主要原料制作的，并具有普通混凝土性能的一种新型环保材料，既可用于制造建筑墙材，也可用于各种道路以及其他建筑工程的地面铺设材料。上海、天津等城市已有利用建筑垃圾制备SWC材料，用于生产道路砖的报道，而香港也有以生活垃圾为原料制造SWC环保砖的报道。我国一些研究人员在参考大量粉煤灰和其他工业废渣的资源化利用之后，通过试验表明，可以以陶瓷废料为主要原料，选用42.5以上的普通硅酸盐水泥和高强粘结剂，制备出性能符合有关标准要求的SWC材料。

工艺流程：

(1) 按照配比称量水泥：石灰：陶瓷废料：粉煤灰：石膏 = 15～20：15～20：20～40：30～40：3～5，并进行混料；

(2) 按照水料比称取用水，将水温控制在50～60℃，加入0.4%～0.8%的外加剂，与水混合均匀；

(3) 将与外加剂混合均匀的水加入干物料中，搅拌30～60s，加入0.06%～0.08%的铝粉，搅拌30～60s，搅拌过程中应有保温措施，以保证浆料浇注入模时温度在45～50℃；

(4) 将装有浆料的模具在50～60℃的温度下发气20～30min，发气完成后再预养2～4h，当坯体具有一定强度后，按照所需规格进行切割；

(5) 将切割好的坯体送至蒸压釜内在0.8～1.2MPa的气压下蒸养6～8h，再降温到常温，即得成品。

实例（加气混凝土砌块）：

原料化学成分见表7-12，原料配比见表7-13，产品性能见表7-14。

表7-12 原料化学成分 （%）

样品	SiO_2	Al_2O_3	Fe_2O_3	Na_2O	CaO	MgO	K_2O
陶瓷废料	69.16	16.99	0.60	2.97	1.17	2.91	1.72

表7-13 原料配比

水泥（%）	石灰（%）	陶粉（%）	粉煤灰（%）	石膏（%）	铝粉（1/万）	外加剂（%）	水料比	浇注温度（℃）	搅拌时间（min）
15～20	15～20	20～40	30～40	3～5	6～8	0.4～0.8	0.55～0.60	45～50	3～4

表 7-14 产品性能

指标	标准值	检测值
密度（kg/m^3）	≤625	560～620
放射性	IRa≤1.0、Ir≤1.0	IRa≤1.0、Ir≤1.0
抗压强度（MPa）	≥3.5	3.5～5.3
导热系数（W/m·K）	≤0.16	0.12～0.16
干燥收缩（mm/m）（标准法）	≤0.50	0.3
冻后质量损失（%）	≤5.0	≤5.0
冻后强度损失（MPa）	≤10	≤10

7.3.6 用于生产陶粒

陶粒顾名思义就是陶质的颗粒。陶粒形状因生产工艺不同而各异，大部分呈圆形或椭圆形，但也有一些仿碎石陶粒呈不规则的碎石状。陶粒的粒径一般在 2～20mm，小于 5mm 的为陶砂，由于陶瓷内部多孔、容重较小、成分较均一，且具有一定的强度，因而具有质轻、抗冻、抗震和良好的隔绝性、保温、隔热、隔潮、隔声等功能特点，可广泛应用于建筑、石油化工等部门，如在建筑方面，可以作为轻集料代替碎石、卵石制备轻骨料混凝土，也可以作为填料填在空心墙中起隔热保温的作用。

传统的陶粒和陶砂是由黏土和页岩烧制而成。需要开采大量的优质黏土和页岩矿山，不仅要破坏耕地，还要破坏自然环境，大大加重了环境负担。近年来国内开始了利用各种工业废料生产陶粒的研究，如武汉理工大学利用日用陶瓷废料研制的高强轻质陶粒，各项性能指标均达到优质人造陶粒的要求。

工艺流程：

（1）研磨　分别将日用陶瓷废料、赤泥、珍珠岩细磨、过筛；

（2）称量　按照配比称量各物料，并混合均匀；

（3）成球　将混合料倒入圆盘造粒机的成球盘中，调节好成球盘的转速、倾角。边转动边喷洒水溶液，使料球尺寸不断增大，直到所需要求；

（4）预热和焙烧　将料球在鼓风干燥机中干燥后，干燥程度以预热不开裂为准，直接放入电阻炉中在 400～600℃条件下预热一定时间，之后加热到焙烧温度，并保持一定时间；

（5）冷却　陶粒完成膨胀后，停止加热电阻炉，并将电阻炉门打开缓慢冷却至室温。

实例：

如佛山陶瓷研究所与华南理工大学合作，利用废料研制的陶粒用来生产地铁吸声材料，以陶瓷废料做成的轻质陶粒为主要原料，辅以造孔剂和防水剂，采用一般的成型方法研制成一种新型多孔地铁吸声材料。通过性能测试分析，该吸声材料吸声频率范围宽，吸声效果明显。

原料化学成分见表7-15，原料配比见表7-16，产品性能见表7-17。

表7-15 原料化学成分（%）

原料	SiO_2	Al_2O_3	Fe_2O_3	Na_2O	CaO	MgO	K_2O
日用陶瓷粉	69.04	25.80	0.30	1.14	0.50	0.20	3.02
珍珠岩粉	71.85	12.60	2.83	3.05	0.60	0.14	5.13
赤泥	21.10	7.80	9.08	2.78	44.06	1.00	0.66

表7-16 原料配比（%）

编号	1	2	3	4	5
日用陶瓷粉	30	40	50	60	70
赤泥	60	50	40	30	20
珍珠岩粉	10	10	10	20	10
造孔剂	—	2	4	6	—

陶粒密度小、内部多孔，形态、成分较均一，具有一定的强度和坚固性，因而具有质轻、耐腐蚀、抗冻、抗震和良好的隔绝性、保温、隔热、隔声、隔潮等功能特点。

表7-17 产品性能

编号	比筒压强度/$\times 10^{-3}$（$MPa \cdot m^3 \cdot kg^{-1}$）	堆积密度（$kg \cdot m^{-3}$）	12h吸水率（%）	耐酸蚀（%）	抗冻性	软化系数	热稳定性（次）
1	6.5	970	4.0	3	2	0.81	>5
2	6.3	692	5.0	3	2	0.69	>5
3	5.9	420	10.0	5	3	0.57	>2
4	8.0	398	6.2	1	3	0.80	>8
5	4.9	1050	4.0	2	1	0.62	>6

注：比筒压强度指筒压强度与颗粒密度的比值。

采用本研究所提供的原料配比、制备工艺和热处理方法等制造的陶粒，具有比筒压强度高、吸水率低等优良性能。且废日用陶瓷陶粒的主要原材料都是工业废渣，可以减少环境污染，降低生产成本，具有较好的经济效益和社会效益。

7.3.7 用于回收重金属

陶瓷，特别是电子陶瓷或功能性陶瓷，在制备过程中需要掺入一些贵金属元素，以便获得具有特定功能的陶瓷，因此这些陶瓷废料都含有一些很有价值的、可以回收利用的重金属，必须想办法回收利用，以减少资源的浪费及减轻对环境的污染。

目前从一般废弃电子陶瓷中回收银、钯的方法主要有化学法和高温熔炼法。但是多层陶瓷电容器废料不同于一般电子陶瓷废料，多层陶瓷电容器一般为20～30层，金属含量低于8%，这些方法不能直接用来回收银、钯这些金属。而是需要特殊处理，具体方法是：首先将多种陶瓷废料的混合物球磨至200目。在反应釜中加入一定浓度的KNO_3，开始搅拌，并缓慢加入磨细的物料，当物料加完后，通入蒸汽加热至80℃，并保持2h，反应结束后，将反应物倒入贮槽中冷却，之后用压滤机过滤，滤液放入塑料槽中待回收银、钯。滤渣用水洗涤至无钯后，储存他用，滤液放入另一塑料槽中待回收银、钯。

在富银滤液中，加入工业盐酸使之沉淀，过滤后，用热稀盐酸溶液反复洗涤氯化银，以去除杂质。洗净的氯化银经烘干后，在石墨坩埚中混匀，加入KNO_3，在1100℃下熔炼即得粗银锭，将粗银锭装入银电解工段可获得电解银粉，回收率高达88%。

盐酸沉淀银后的滤液中含大量的其他金属离子，因此不能直接浓缩富集钯。首先应加入工业浓硫酸，使Ba^{2+}、Pb^{2+}沉淀，静置后过滤。然后将滤液浓缩至黏稠状，去除游离的硝酸，用一定浓度的NaOH溶液稀释，并调整溶液至pH值为0.5，在室温下用铁粉还原钯，还原过程中应始终保持溶液为弱酸性，这样有利于过滤。用盐酸溶解过量的铁粉，在搅拌的同时，直接向洗水中加入黄药溶液沉淀钯，快速过滤，钯沉淀率可达99%，600℃的条件下煅烧分解黄原酸钯，通氢气还原得到粗钯，然后用王水溶解，浓缩驱硝。用氨水络合盐酸沉淀精制钯，回收率可达95%。

7.4 在综合利用过程中技术壁垒与瓶颈

（1）景观创作中的难题

陶瓷废料的再利用属于对陶瓷废料的二次加工，在设计的前期，需要考虑和其他材料以及整体环境的配合。设计师需要对陶瓷废料的种类、颜色、数量以及形状进行分类，然后根据设计图对这些原料进行必要的切割和打磨，这是一个非常大的工作量，如果处理不得当，会在很大程度上提高陶瓷废料的创作成本，这也是很多陶瓷废料设计方案得不到实施的本质原因。

(2) 原料配方和生产工艺问题

废料资源化回收利用应根据企业的实际情况，设计资源化回收利用工序，为了能够尽可能多地利用陶瓷废料，就需要研究可以大量掺入陶瓷废料的配方和生产工艺。而陶瓷废料以经过烧成的黏性土为主，来源相对复杂且不稳定，其可塑性和烧结活性差。因此，研究适应性好、烧结范围宽、能够大量掺入陶瓷固体废料的配方和工艺是陶瓷废料再利用的关键技术难点。

7.5 解决途径及发展方向

一方面，要将一件陶瓷废料作品设计并最终实施制作成功，是各个环节完美配合的结果，虽然它的创作过程比一般的艺术作品更为复杂，但是总体来说，是利大于弊的。我们应牢牢围绕设计时的意图，充分了解并利用陶瓷废料的优点，结合当地文化特色和周围环境特点，沿着现代的美学理论进行塑造，突出陶瓷废料的独特性优势，使其更加符合现代审美的特征与要求。

另一方面，随着废料加入量的增加，矿物原料或胶凝材料用量相对减少，导致粉体颗粒间的结合程度降低、收缩严重；坯体的成型密度下降、坯体强度下降。因此，从提高料浆的黏度和表面张力来制备堆积密度大、表面比较光滑的粉体颗粒，确定利用粘结性能强的黏土或胶凝材料来提高粉体密度，并通过提高其细度、适当添加矿化剂、增大坯体成型压力等措施来提高陶瓷废料含量高的产品的烧结活性，以及坯体和产品的强度。为了解决以废料为主的坯料可塑性差、坯体强度不够等问题，除了采用黏性好的黏土或胶凝材料外，还可以添加适量的聚丙烯酸钠作为坯体增强剂。聚丙烯酸钠与坯体在干燥后，长链状分子链可以在陶瓷颗粒之间架桥，产生交联作用而形成不规则网状结构，将陶瓷颗粒紧紧包裹，起到增加坯体强度的作用。

参考文献

[1] 曾令可，金雪莉，刘艳春．陶瓷废料回收利用技术［M］．北京：化学工业出版社，2010.

[2] 薛圣言，李颖．论陶瓷碎片在景观设计中的运用［J］．陶瓷科学与艺术，2007，41（5）：27-28.

[3] 吴建锋，陈金桂，徐晓虹，等．利用废陶瓷制备陶瓷透水砖的研究［J］．武汉理工大学学报，2009（19）：27-30.

［4］谢代义，吴清仁，杨媛，等．陶瓷抛光废料对多孔陶瓷轻质砖性能及结构影响的研究［J］．中国陶瓷，2008，44（1）：26-29.
［5］于利刚，吴锦锋，李云国，等．利用陶瓷废料作水泥混合材的试验研究［J］．水泥，2004（10）：10-11.
［6］贺大东，肖大威，李方贤，等．陶瓷废料制备蒸压加气混凝土砌块性能评测及市场分析［J］．南方建筑，2014（5）：113-116.
［7］王凯，钟金如．废日用陶瓷等固体废物制备高强轻质陶粒的研究［J］．硅酸盐通报，2006，25（1）：20-22.
［8］齐瑞文，钟丹．论陶瓷碎片在地面铺装设计中的运用［J］．中国陶瓷，2012（12）：82-84.
［9］陈梦成，方苇，许开成．陶瓷作为混凝土掺合料的可行性研究［J］．混凝土，2014（11）：107-110.
［10］范新晖．陶瓷抛光废渣循环利用的途径及技术难点的探讨［J］．佛山陶瓷，2013，23（8）：31-33.
［11］杨韵．陶瓷废弃物在环境设计中的再利用研究［D］．景德镇：景德镇陶瓷学院，2014.

8 废弃混凝土

8.1 废弃混凝土的来源及特点

废弃混凝土主要来源于旧建筑物的拆除。此外，更换下来或报废的水泥制品也会产生废弃混凝土，施工过程中也会产生建筑垃圾。近年来，随着我国城市化进程加快，建筑业进入高速发展阶段，大规模的城市建设活动产生了大量的建筑垃圾。我国现在每年新竣工面积达 20 亿平方米，按每万平方米排出垃圾 500～600t 估算，全年仅施工建设产生和排出的建筑垃圾就有上亿吨；加上每年旧建筑拆除产生建筑垃圾 3 亿吨，二者合计，我国建筑垃圾每年产生量达 4 亿吨。在大量的建筑垃圾中，废弃混凝土占了相当大的比率。

废弃混凝土主要是废旧建筑物拆除的产物，可以利用的水泥制品也主要是从建筑物拆除的建筑构件，其他水泥制品由于不便收集，难以利用。因此，拆除方式对废弃混凝土的品质有着相当大的影响。目前，我国废旧建筑物的拆除方式是采取直接爆破或推倒的方式，即对废除的建筑物，不做任何处理，直接炸掉或推倒，然后进行分选。这种方式拆除速度较快，有利于工程尽快开工。但是，这种拆除方式得到的是各种建筑废弃物的混合物。这种混合物堆积如山，其中有废弃混凝土、废砖、废钢筋和钢管、废弃电线和电器、废弃木材、废弃塑料等。显然，混杂在一起是无法利用的，但在这种废物堆上分选各种材料，既困难又不安全。

从废弃混凝土的来源看，我国的废弃混凝土具有以下几个特点：

（1）数量巨大且比较集中。自 20 世纪末以来，我国进入了大规模建设时期，大量的旧建筑物拆除产生了大量的建筑垃圾，现在每年仍然产生 4 亿吨的建筑垃圾。20 世纪末，主要是北京、上海等一线城市和经济相对发达的城市进入大规模建设。进入 21 世纪后，特别是 2010 年后，北京、上海等城市的建设接近尾声，一些二线省会城市和一些经济比较发达的城市开始大规模建设。由于我国经济建设逐步推进，废旧建筑物的拆除相对集中，便于处理和利用。废旧建筑物的拆除和新建筑物的建造是城市建设的两个不同阶段，一般来说，废旧建筑物的拆除是为了更好的建设。这就为建筑垃圾应用于建筑业提供了可能性。

（2）组成较复杂。这是由废旧建筑物拆除方式所决定的。即便可以将废弃金属、废弃电线和电器、废弃木材分离出去，一些墙体材料、粉刷材料，甚至防水材料都混在废弃混凝土中。这些材料的混杂大大降低了废弃混凝土的品质和可利用程度。

（3）硬化水泥石数量较多，但强度较低。我国目前拆除的废旧建筑物基本上都是20世纪80年代以前建造的建筑物。在那个时期，我国的水泥生产以机立窑为主，水泥的质量较差，大量使用强度等级为32.5的水泥。化学外加剂还没有推广使用，混凝土也是采用现场搅拌。因此，建筑混凝土强度等级以C20为主。但是，由于没有使用减水剂，混凝土的用水量较大，大约为200kg/m^3。水泥的质量不高，使得混凝土的水泥用量较大，但硬化水泥石的强度并不高。相对而言，在那个时期，骨料的品质较好。因此，在近期拆除的废旧建筑物的混凝土中，硬化水泥石的体积含量较高、强度较低，硬化水泥石与骨料的性能差别较大。在20世纪90年代后期，由于高效减水剂的大量使用，混凝土的用水量显著减少，建筑工程一般采用强度等级为42.5的水泥，水泥用量较少，使得混凝土中的硬化水泥石体积含量较少。近年来，由于施工人员对混凝土的流动性要求较高，要求新拌混凝土的坍落度为220～240mm甚至更大，坍落度要求的提高必然导致硬化水泥石体积含量的增加。因此，近几年浇注的混凝土中硬化水泥石的体积含量有增长的趋势。与20世纪80年代以前的混凝土相比，不同的是硬化水泥石的强度有较大的提高。

（4）质量波动较大。在废弃建筑物中有结构混凝土，这种混凝土的强度相对较高，一般在20～30MPa，一些预制构件，混凝土的强度更高。也有一些墙体材料，这些材料的强度则较低，一般不超过10MPa。性能相差较大的材料混在一起，很容易造成较大的质量波动。除此之外，还有一些装饰材料混在废弃混凝土中，这些材料的性能也不同于结构混凝土和墙体混凝土，例如，瓷砖、粉刷砂浆、石膏吊顶和石膏线等。这些材料不均匀地混在废弃混凝土中，也将引起废弃混凝土的质量波动。20世纪80年代后期，加气混凝土砌块在我国大量推广使用，加大了墙体材料与结构混凝土的性能差异。如若这些材料混合在一起，质量波动将更大。

废弃混凝土的上述特征与废弃混凝土的形成过程有着密切的关系。废弃混凝土主要来源于废旧建筑物的拆除，如果对废旧建筑物采取科学的拆除方式，采用合理的废弃混凝土加工方式，则可以更好地利用废弃混凝土的有利特征，更大限度地规避其不利特征，使废弃混凝土得到更好的利用，这些正是目前需要开展的工作。

8.2 废弃混凝土的综合利用机制

砂、石料是制备混凝土的主要原材料之一，制备1立方米混凝土需要1.8~2t的砂、石料。我国每年用于混凝土制备的砂、石料达几十亿吨。然而，为了保护生态环境，许多地方开始禁止开采或者限制开采砂、石料，砂、石料供应日趋紧张，砂、石料的品质也日趋下降，但价格却不断的提高。寻找新的砂、石料资源已经提到了议事日程。废弃混凝土中蕴含着大量的砂、石料资源，本身的性能也类似于天然岩石，是一种人工石。因此，从技术上说，利用废弃混凝土作为混凝土的骨料，制备再生混凝土，是缓解砂、石料资源匮乏的一个有效途径。

废弃混凝土是由硬化水泥石和天然骨料组成的。按体积计算，在废弃混凝土中，大约有30%以上的硬化水泥石。这些水泥石是由水泥熟料和矿物掺合料水化而成的，其矿物组成主要是一些水化产物，化学组成与水泥相接近。从这一方面看，用废弃混凝土中的硬化水泥石制备水泥是可能的。

废弃混凝土中基本上不含有毒成分，重金属和放射性元素的含量极低，在安全范围内。因此，利用废弃混凝土回填洼地不会污染地下水源。用废弃混凝土填充建筑物的标高，或者城市公园堆山造景，既处理了建筑垃圾，又减少了土地挖废，是两全其美的事。这也是废弃混凝土处理的一种方式。

由此可见，在城市建设过程中，将废弃混凝土中的骨料、硬化水泥石和混杂物分别加以利用，形成废弃混凝土资源化利用的产业链，实现废弃混凝土零排放是可能的。

8.3 废弃混凝土的综合利用途径

混凝土是由硬化水泥石、细骨料和粗骨料组成的。因此，废弃混凝土也是由这三部分组成的，这三部分的性能有着相当大的差异。一般来说，骨料的弹性模量较高，强度也较高。相对而言，硬化水泥石的强度和弹性模量则较低。另一方面，在建筑物的不同部位，混凝土的强度等级也可能不同。近年来，我国混凝土技术有了很大提高。20世纪80年代以前，我国建筑混凝土以C20为主。现在，我国商品混凝土的主流产品是 C30 ~ C40。因此，拆除不同时期建造的建筑物，其废弃混凝土的性能也是不同的。由此可见，废弃混凝土是一种细观不均匀材料，甚至是宏观不均匀材料。由于这种不均匀性，给废弃混凝土的综合利用带来了较大的困难。

在建筑物拆除现场，废弃混凝土通常以三种状态存在：大块状、碎粒状、粉状。这三种状态的废弃混凝土其组成是不同的。大块状混凝土中，粗骨料较多，硬化水泥石较少，这种废弃混凝土的弹性模量一般较高；碎粒状废弃混凝土中，细骨料较多，几乎不含粗骨料组分；粉状废弃混凝土中则以硬化水泥石组分为主，夹杂着一些内、外粉刷材料的粉末。

根据废弃混凝土的不同组成、不同性能和不同状态，可采取不同的利用途径。

8.3.1 废弃混凝土制备再生骨料

骨料是混凝土的重要原材料，用量非常大。因此，用废弃混凝土制备再生骨料是大量消耗废弃混凝土的一个有效途径。利用再生骨料制备再生混凝土也是解决混凝土骨料资源匮乏的有效途径。在废弃混凝土中，蕴藏着大量的天然骨料。我国目前每年产生建筑垃圾 4 亿吨，其中含有至少 1.5 亿吨的天然骨料。将这些骨料重新利用，不仅可以避免开山炸石产生的生态破坏，又解决了混凝土骨料的来源，同时还实现了建筑垃圾的减量化，一举多得，是一条可持续发展的道路。

1）制备方法

将大块废弃混凝土破碎作为混凝土的骨料，制备混凝土或者各种混凝土制品，这是废弃混凝土最主要的利用途径。

制备再生骨料通常经过四个步骤：破碎、整形、搓磨、表面处理。

破碎是将大块废弃混凝土破碎成所需要的粒径。在破碎过程中，废弃混凝土受到的机械作用力比较复杂，主要作用力形式有压碎作用、劈碎作用、折碎作用、磨剥作用和击碎作用等。

（1）压碎作用。压碎作用是利用破碎工作面逼近岩石时施加压力，当施加的压力超过废弃混凝土的强度时，发生破碎。

（2）劈碎作用。劈碎作用是利用上下相对的牙尖钣逼近废弃混凝土时而施加压力，相对的牙尖对废弃混凝土造成局部应力高度集中和超应力，牙尖揳入废弃混凝土局部体内，形成劈力而使混凝土破碎。

（3）折碎作用。折碎作用是利用上下两相吻合的牙钣，当废弃混凝土块在张开的牙钣中，牙尖逼近岩石时，所施加的压力形成三支点力的折断作用。其作用力与简支梁集中加荷的受力相当。废弃混凝土承受弯曲作用而折碎。

（4）磨剥作用。磨剥作用是破碎工作面在废弃混凝土面上相对位移，对废弃混凝土施加剪切力，造成废弃混凝土表面磨剥解离。

（5）击碎作用。击碎作用是利用冲击锤对舀内废弃混凝土施加瞬间冲击力。

普通的岩石是一个均匀体，岩石各部分的性能是一致的。受到外力作用时，岩石从应力最大处破坏。废弃混凝土是一个性能不均匀体，在外力作用下，破坏的位置取决于废弃混凝土块体中的强度分布和所受到的应力分布。混凝土是由粗骨料和硬化砂浆两部分组成的，或者说是由骨料和硬化水泥石两部分组成的。这两部分的颗粒形状和性能都不相同，甚至差异很大。强度较低的部分则是破碎时的首先破坏区域。一般来说，硬化水泥石的强度低于骨料的强度。此外，由于在废弃混凝土受力时，硬化水泥石与天然骨料的变形不一致，在两者之间的界面形成剪切力。这一区域是废弃混凝土中最薄弱的环节，由于这种剪切作用，使得硬化水泥石从骨料表面剥离。因此，在破碎废弃混凝土时，废弃混凝土的破碎不同于普通的岩石破碎，废弃混凝土破碎时通常形成的是较大的岩石块与细小的硬化水泥石碎屑，而岩石破碎通常形成的是具有连续级配的碎石。废弃混凝土的强度越低，其中的硬化水泥石和骨料之间的强度差别越大，所形成的硬化水泥石碎屑越细小。

用于制备粗骨料的设备有颚式破碎机、圆锥式破碎机、冲击式破碎机。

（1）颚式破碎机的工作原理是将物料给入颚式破碎机的破碎腔中。由于活动颚板绕固定芯轴周期摆动。当活动颚板靠近固定颚板时，物料受挤压、劈裂和弯曲而破碎。当活动颚板离开固定颚板时，已被破碎的小于排料口的物料靠其自重从排料口排出。位于上部还未充分压碎的物料随即下落，进入破碎腔。

颚式破碎机按活动颚板运动的特征可分为如下几种主要类型（图8-1）：

① 简单摆动型颚式破碎机。所谓简单摆动型是指活动颚板以悬挂轴为支点做往复运动，活动颚板上每一点的运动轨迹都是圆弧，上端的圆弧小，下端的圆弧大，故在破碎腔内破碎效果欠佳。偏心轴转动时，偏心顶点牵动连杆上下运动，牵动前后推板做伸张及收缩运动，使活动颚板时而靠近，时而离开固定颚板，压碎物料和排放碎物料。偏心轴转动一周，破碎机工作半周，空转半周，表现为间断破碎工作状况。用这种型式破碎废弃混凝土，混凝土块主要是受到压应力。

② 复杂摆动型颚式破碎机。这种设备的活动颚板直接悬挂在偏心轴上，即偏心轴与芯轴合二为一。活动颚板与连杆合为一个部件，肘板也只有一块。因此，它比简单摆动型颚式破碎机的构造简单得多。但是，由于活动颚板的质量和破碎力都集中在一根主轴上，使得主轴受力较大，因此，主轴对制造材料和轴承要求较高。这种类型颚式破碎机的活动颚板运动特点是既有水平方向的摆动，也有垂直方向的运动。它与简单摆动型比较，活动颚板上部行程大，约为下部的 1.5 倍，适合上部压碎大块岩石的要求；同样，活动颚板有垂直运动，垂直行程为水平行程的 2.5 ~ 3 倍，对岩块压碎作用的同时有磨碎作用，既有促进排料作用，又使产品粒度较小，破碎比较大。这种型式破碎机破碎物料时，物料不仅受到压应力，也受到剪切应力。因此，用这种型式破碎机破碎废弃混凝土，硬化水泥石更容易从骨料上脱落。

③ 组合摆动型颚式破碎机。这种类型颚式破碎机的活动颚板悬挂在偏心轴上，颚板底部支撑在与连杆铰接的两块推力板上。它的运动方式与构造介于简单摆动型鄂式破碎机与复杂摆动型鄂式破碎机之间或是两者的组合。

④ 液压式颚式破碎机（图 8-1）。其工作原理与简单摆动型颚式破碎机相同，其差别是在简单摆动型颚式破碎机的连杆和推力板上各安装一个液压油缸和活塞。液压装置有三个作用：一是分两段启动；二是当破碎腔中有异物时，油自动流出，颚板不动，起到一个保险装置的作用，防止事故发生；三是调整排料口的大小。

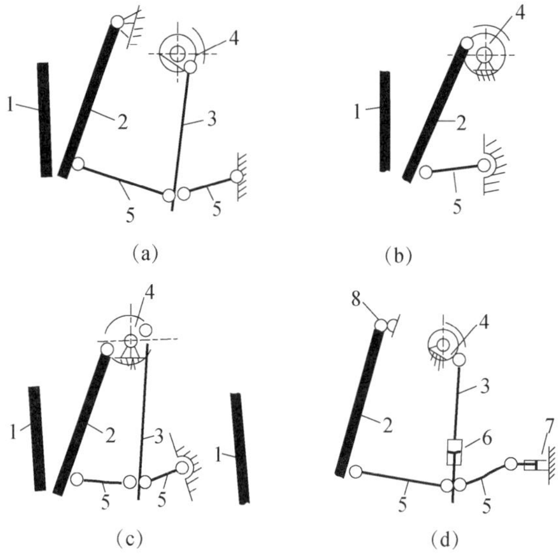

图 8-1　颚式破碎机的主要类型

（a）简单摆动；（b）复杂摆动；（c）组合摆动；（d）液压式

（2）圆锥式破碎机有粗碎圆锥破碎机和中、细碎圆锥破碎机两类。粗碎圆锥破碎机又称为旋回式破碎机，主要用于粗碎或中碎作业，尤其适用于坚硬物料的破碎。

粗碎圆锥破碎机工作部件是由两个截锥体，即动锥与定锥之间的间隙构成破碎腔。定锥（也称外锥）是倒置锥，固定在中部机架上。动锥（也称内锥）则固定在主轴上。主轴中心线和定锥的中心线与动锥的悬挂点相交成一个β角，动锥在偏心衬套中旋回运动，其绕中心线的偏心距为r。当物料落入破碎腔中，动锥靠近定锥时，挤压物料使之破碎成小岩块；动锥离开定锥时，小碎块由于重力作用而排出。其排出方式有侧面排料型和中心排料型。由于侧面排料型容易堵塞，目前均采用中心排料型。由于破碎作用是沿着圆周连续发生，而且物料夹在动、静两锥之间，同时能受到挤压力以及弯曲力和剪切力的综合作用，物料易于破碎。所以，旋回式破碎机的生产能力比颚式破碎机高，动力消耗低，旋回式破碎机工作原理如图 8-2 所示。

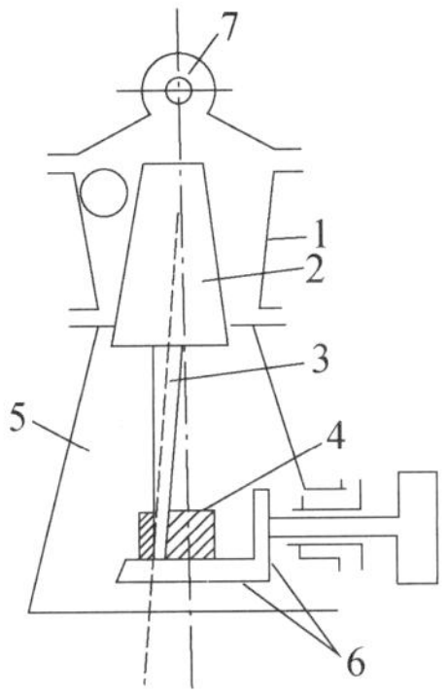

图 8-2　旋回式破碎机工作原理示意图

1—固定圆锥；2—可动圆锥；3—主轴；4—偏心轴套；
5—下机架；6—伞齿轮；7—悬挂点

中、细碎圆锥破碎机又称为圆磨或菌形破碎机。按破碎腔的形状分类，有标准型圆锥破碎机、中间型圆锥破碎机、短头型圆锥破碎机和超细碎圆锥破碎机。标准型圆锥破碎机的动锥较陡，压碎岩石的平行带较短，用于中碎；短头型圆锥破碎机的动锥倾斜较缓，压碎岩石的平行带长，用于细碎；中间型圆锥破碎机介于两者之间。另外，按排料口调整装置和保险方式分类，有弹簧圆锥破碎机和液压圆锥破碎机；按动锥运动的差别分类，有惯性圆锥破碎机和非惯性圆锥破碎机。中、细碎圆锥破碎机的工作原理与粗碎圆锥破碎机完全相同。构造上基本相似，但某些基本部件有较大差别，特别是圆锥性状和动锥支持方式有明显差别。粗碎圆锥破碎机的圆锥较陡，而且是动锥正置、定锥倒置；中、细碎圆锥破碎机的圆锥较缓，动、定锥都是正置的。此外，各种中、细碎圆锥破碎机的两个破碎锥之间均具有不同长度的平行带，动锥摆动次数也比较大，因而有较大的破碎比。

（3）冲击式破碎机是一种高效率的破碎机械，一般用于中细碎。冲击式破碎机的功效有以下特点：

① 破碎比很大。一般破碎机的破碎比最大不超过10，而反击式破碎机的破碎比一般为30～40，最大可达到150。可以减少破碎级数，简化生产流程，节省投资和管理费用。它的构造简单、制造方便、质量轻、体积小、生产能力大、省电，功率消耗一般为0.5～1.4kW/t。

② 冲击式破碎机的破碎作用，主要发生在物料的节理面、组织脆弱处和裂缝等，故破碎效率高、产量大、电耗低、产品粒度均匀、颗粒方正率高。

③ 具有选择性破碎的特点，破碎往往发生在节理面，使结晶体的界面脱开，故可以选择性破碎。

冲击式破碎机的工作原理是利用冲击作用对物料进行破碎。这类破碎机的工作部件是装有板锤的高速旋转的转子。当物料给予破碎机工作空间时，在转子锤击区受到板锤的打击，物料产生第一次破碎；同时，板锤的冲击又给予了物料能量，物料迅速飞向坚硬的机壁，机壁的反击，又使物料产生第二次破碎；破碎的物料，获得反弹的能量，再次折向转子，转子板锤又做第二次打击，产生第三次破碎；再次冲向机壁……如此连续不断地破碎。物料在受到机壁反弹的往返过程中，颗粒之间又相互碰撞，发生自碎。物料在冲击过程中，不断地产生裂缝，松散而破碎。

冲击式破碎机按其构造和破碎方式可分为以下几种类型：

① 反击式破碎机。反击式破碎机是由旋转轴带动锤头旋转，打击下落的物料。一方面将物料击碎，另一方面为物料提供能量，使物料高速冲击在反击板上，进行二次破碎。按转子个数，有单转子和双转子两类。双转子反击式破碎机又分为：两转子同向旋转的，两转子反向旋转的，两转子相向旋转的；两转子同一高度、平行排列的，两转子有一定高度差和平行排列的；转子可逆运动的，转子不可逆运动的。有时在转子下部设置匀整篦板，起筛选作用，使产品粒度较均匀。

② 锤式破碎机。锤式破碎机是将锤子的铰接悬挂在各圆盘之间的环槽内，由主轴带动旋转，打击破碎腔内的物料，小于篦子筛间隔的物料颗粒通过篦子筛；按转子个数，有单转子和双转子两类；按转子主轴的装置方式，有立轴式和横轴式。按转子的运动方式，有可逆旋转的和不

可逆旋转。

③ 笼式破碎机。按转子个数，有单转子和双转子两类。这类破碎机既有破碎作用，又有混合作用，但现在很少使用。

反击式破碎机的分类如图 8-3 所示。

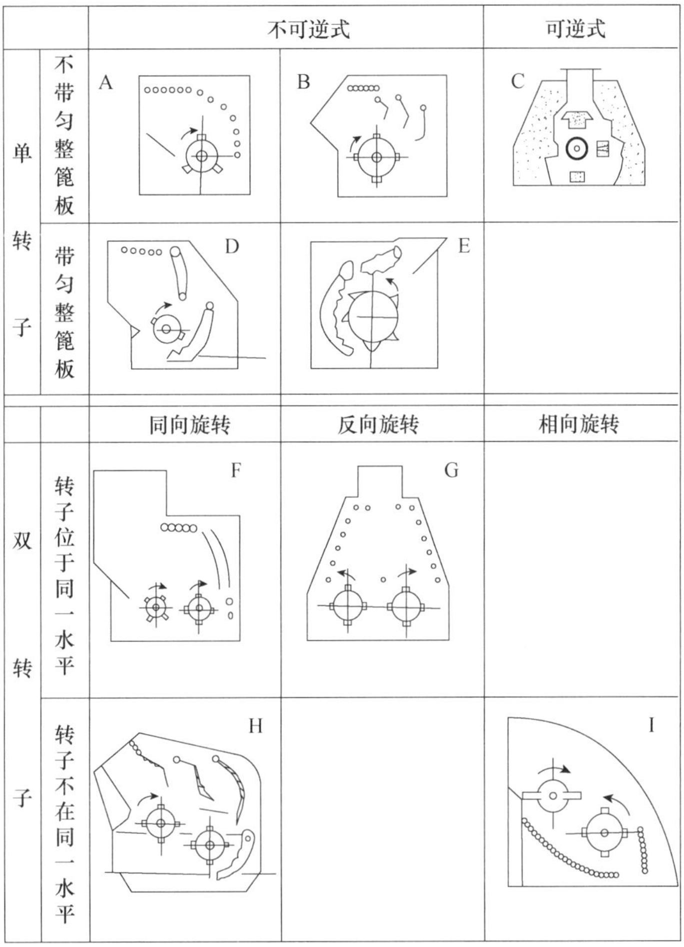

图 8-3　反击式破碎机的分类

废弃混凝土经破碎后，形成的颗粒通常具有较多尖锐的棱角，这些多棱角的颗粒对混凝土的工作性有较大的影响。因此，需要对破碎后的颗粒进行整形。所谓整形，就是去掉颗粒上凸出的尖锐棱角，将一些细长颗粒或扁平颗粒打碎成接近于球形的颗粒。

用废弃混凝土制备的再生骨料，在骨料颗粒表面上，常常黏附一些硬化水泥石，这些黏附的硬化水泥石与骨料结合得并不牢固，较容易脱落。用再生骨料制备再生混凝土时，这些黏附的硬化水泥石残块的存在影响新水泥浆与再生骨料的结合。再生骨料表面的浮灰也会降低新水泥浆与骨料之间的粘结。通过搓磨，去除浮在骨料表面且与骨料表面结合不牢固的物质，提高再生骨料的性能。

对骨料进行表面处理，主要是出于以下目的：

① 修补再生骨料的表面缺陷。废弃混凝土在破碎过程常常会留下裂纹等一些缺陷，一些研究者通过聚合物浸渍，对这些缺陷进行修补，从而提高再生骨料的性能。

② 提高再生骨料的表面活性。有研究表明，适当煅烧可以提高骨料的表面活性，在水泥水化时可以与 $Ca(OH)_2$ 反应，生成 C-S-H 凝胶。这一反应有助于提高骨料与硬化水泥石之间界面过渡区的性能。

③ 提高再生骨料表面与水泥浆的粘结性能。一些研究者用界面处理剂浸渍再生骨料，或者用水泥浆包裹再生骨料，以加强再生骨料与水泥浆的粘结。

上述这些表面处理方法目前还处于研究之中，由于这些表面处理方法都将较大幅度地增加再生骨料制备成本，因而没有得到推广应用。

用废弃混凝土制备再生骨料，破碎过程是基本过程，整形过程、搓磨过程和表面处理过程是对再生骨料性能的提升过程。对于废弃混凝土的破碎，反击式破碎机具有独特的优越性，这种优越性表现在：

① 反击式破碎机破碎比较大，有利于简化生产流程，实现废弃混凝土就地处理。这有利于降低运输费用，促进废弃混凝土的利用。

② 反击式破碎机具有选择性破碎的特点，有利于废弃混凝土中的骨料与硬化水泥石的分离，使得制备的骨料性能均匀。目前拆除的大多数是 20 世纪 90 年代以前的建筑物，混凝土强度较低，除了一些预制构件外，大多数混凝土的强度不足 30MPa。在这种混凝土中，硬化水泥石的强度远低于骨料的强度。用反击式破碎机破碎这种混凝土，基本上都是对硬化水泥石破坏，或者是骨料与硬化水泥石界面过渡区破坏。在物料多次撞击时，硬化水泥石很容易破碎成非常细小的颗粒，但骨料破碎的程度较差，仍然保持着较大的颗粒状态。筛分后，大颗粒基本上是骨料颗粒。由此可见，用反击式破碎机破碎废弃混凝土，从某种程度上说，是将废弃混凝土中的天然骨料与硬化水泥石剥离开来。

③ 在反击式破碎机中，物料与物料、物料与反击板、物料与锤头的反复撞击，使得废弃混凝土中骨料的棱角脱落，达到整形的目的。也可以使得黏附在骨料表面上硬化水泥石和浮灰脱落，达到净化的目的。也就是说，用反击式破碎机破碎废弃混凝土，实际上是集破碎、搓磨、整形三个过程于一体。

废弃混凝土是由骨料和硬化水泥石两部分组成的，骨料的强度通常较高，而硬化水泥石的强度较低。因此，废弃混凝土的强度一般取决于硬化水泥石的强度。对于强度较低的废弃混凝土，其中的硬化水泥石强度较低，这意味着硬化水泥石的强度与骨料的强度差别较大。这种废弃混凝土在破碎时通常是硬化水泥石破坏，骨料很少破坏。用这种废弃混凝土制备再生骨料，通常是将原有的骨料从废弃混凝土中分离出来，留下较细小的硬化水泥石碎屑。对于强度较高的废弃混凝土，其中的硬化水泥石强度较高，硬化水泥石的强度与骨料的强度差别较小，骨料与硬化水泥石之间的界面过渡区也较强。破碎这种废弃混凝土时，破坏面的选择性较小，骨料有可能破坏，所形成的再生骨料是原始骨料夹杂着硬化水泥石，所产生的硬化水泥石碎屑较少。一般来说，废弃混凝土的强度越高，制备的再生骨料中硬化水泥石的含量越多，排出的硬化水泥石碎屑越少。

2）产品性能

尽管都是由破碎而成，用废弃混凝土制备的再生骨料与用岩石制备的骨料在性能上差异较大，主要表现在以下方面：

（1）再生骨料的颗粒级配较差。制备再生骨料的原材料是废弃混凝土，前面已经谈到，废弃混凝土是由性能差异较大的硬化水泥石和岩石骨料两部分组成。在外力作用下，硬化水泥石很容易被破碎成很细小的颗粒，而岩石骨料则较难破碎，通常以较大的颗粒存在，甚至仅仅是将岩石骨料表面的硬化水泥石剥离，岩石骨料完全保持原有的形状。因此，用废弃混凝土破碎成的再生骨料，如不进行级配处理，通常是较大的岩石骨料颗粒和较细小的硬化水泥石颗粒组成，中间粒径的颗粒很少，是不连续的级配。用强度较低的废弃混凝土制备的再生骨料，级配的不连续性更为突出。因此，制备再生骨料时，可将硬化水泥石碎屑筛出，另作他用。这样处理既可以保证再生骨料颗粒均匀，又可以保证骨料的性能均匀。

（2）再生骨料的粒形较差。在废弃混凝土中，硬化水泥石通常是以薄片状存在于岩石骨料之间。由于岩石骨料与硬化水泥石之间的界面过渡区较薄弱，在外力作用下，这些片状的硬化水泥石很容易从骨料表面剥离，形成片状颗粒。在破碎机的作用下，岩石骨料的一些棱角也可能脱落，形成针、片状颗粒。因此，再生骨料中的针、片状含量较高。

（3）再生骨料的吸水率较高。再生骨料是由岩石骨料颗粒和硬化水泥石颗粒两部分组成的，岩石骨料颗粒的吸水率通常较小，但由于硬化水泥石是一种多孔材料，具有较高的吸水率，因此，再生骨料的吸水率高于普通的岩石骨料。再生骨料的吸水率与再生骨料中硬化水泥石含量有关，硬化水泥石含量越高，再生骨料的吸水率越大。

（4）再生骨料的强度波动较大。再生骨料的强度波动来源于两个方面：一是废弃混凝土的强度波动。在建筑物中，不同部位材料的强度是不同的。梁、柱、楼板的混凝土强度较高，而用于围护结构材料的强度则较低，例如，各种砖、加气混凝土砌块等，强度都较低。建筑物拆除时，不同部位的材料混在一起，使得制备再生骨料的原材料性能不稳定，制备出的再生骨料性能必然是不稳定的；二是废弃混凝土中不同组成部分强度的差异。由于制备再生骨料的废弃混凝土是一种不均匀材料，其中的岩石骨料强度较高，而硬化水泥石强度较低，如果将这些性能差异较大的组分都作为再生骨料，再生骨料的性能显然是不可能稳定的。制备再生骨料的原材料来源于旧建筑物的拆除，目前拆除的建筑物基本上都是二十世纪八九十年代以前的建筑物，在这一时期的建筑物中，围护材料以砖为主，加气混凝土砌块等一些新型的墙体材料还没有大量应用。框架结构混凝土的强度不高，一般为 C20 混凝土。楼板一般采用预制楼板，混凝土的强度比框架结构混凝土高一些，通常为 C30 混凝土。从这样的材料组成看，墙体材料的性能与框架结构混凝土的性能差异不算太大，将废弃墙体材料与废弃结构混凝土一起破碎成再生骨料还是可以接受的，只是在破碎过程中将产生较多的硬化水泥石碎屑。21 世纪以后的建筑物就不同了，C40 混凝土大量作为建筑物的结构混凝土，一些高层建筑物或特殊建筑物还采用 C50 以上的混凝土；相反，由于保温节能的需要，墙体材料普遍采用一些轻质材料，这些材料的强度远低于普通砖。由此可见，21 世纪以后建造的建筑物中，墙体材料与结构混凝土性能有相当大的差异，当这些建筑物拆除时，如果将这些材料混合制备再生骨料，所制备的再生骨料质量波动将很大。因此，必须将性能差异较大的材料分开，分别制备不同等级的再生骨料，用于不同的场合。

（5）再生骨料与硬化水泥石界面结合较好。大量研究表明，混凝土中的最薄弱环节是骨料与硬化水泥石的界面过渡区。界面过渡区之所以薄弱，其原因是：在骨料的下部形成水囊。混凝土浇注成型后，由于重力作用，骨料等颗粒向下运动，水则向上运动。水在运动过程中，遇到骨料时将受阻，这些受阻的水在骨料下方形成水囊。骨料粒径越大，所形成的水囊越大。由于水囊的存在，削弱了硬化水泥石与骨料之间的粘结；$Ca(OH)_2$的富集并定向排列。水泥熟料水化时释放出 $Ca(OH)_2$，这些 $Ca(OH)_2$溶解在水中，并随着水的运动而被带到骨料的下部。当水分蒸发或消耗时，由于水囊处有较大的空间，$Ca(OH)_2$在水囊中结晶，并在骨料表面定向排列。由于 $Ca(OH)_2$晶体沿 C 轴方向具有解理性，因而使得混凝土在这一方向最为薄弱；在骨料周围形成较多的辐射状微裂纹。在混凝土中，由于骨料与硬化水泥石的性能差异较大，骨料与硬化水泥石的变形是不一致的。由于这种变形的不一致性，使得骨料与硬化水泥石之间存在着相互作用。当这种相互作用较大时，在硬化水泥石中产生微裂纹。当采用再生骨料时，由于再生骨料的吸水率大于天然骨料，在骨料下方富集的水被骨料吸收，不容易形成水囊。在再生骨料中存在着一定数量的老硬化水泥石，老硬化水泥石与新硬化水泥石性质较接近，具有很好的相容性，能较好的结合。同时，由于再生骨料中存在着一定数量的老硬化水泥石，使得再生骨料与新硬化水泥石在弹性模量、变形性能、强度等方面的差距缩小，新硬化水泥石不容易开裂。由于上述这些原因，用再生骨料配制混凝土时，界面过渡区不一定是最薄弱的区域。

（6）再生骨料的强度和弹性模量一般低于天然骨料。一般来说，硬化水泥石的强度和弹性模量低于岩石的强度和弹性模量。在再生骨料中含有一定数量的硬化水泥石，由于这些硬化水泥石的存在，使得再生骨料的强度和弹性模量有所降低。此外，再生骨料在废弃混凝土破碎过程中可能留下一些微裂纹，这些微裂纹的存在也是再生骨料强度较低的一个原因。用低强度废弃混凝土制备再生骨料时，由于硬化水泥石的强度比骨料强度低得多，硬化水泥石很容易被破碎成碎屑，而骨料几乎没有破碎，从而形成了骨料石块和硬化水泥石碎屑。如果将硬化水泥石碎屑分离出去，得到的再生骨料几乎就是废弃混凝土中的骨料，这种再生骨料的强度和弹性模量几乎接近于天然骨料。在一些强度较高的废弃混凝土中，尽管硬化水泥石的强度也低于骨料的强度，但两者的差别较小。破碎时，仍然有较多的硬化水泥石与骨料粘结在一起。这种再生骨料的强度和弹性模量一般低于天然骨料。

（7）再生骨料的干燥收缩比天然骨料大。一般来说，天然岩石的吸水率很小，而硬化水泥石的干燥收缩则较大。由于再生骨料中含有一定数量的硬化水泥石，这部分硬化水泥石具有失水收缩、吸水膨胀的特性。因此，再生骨料的干燥收缩大于天然骨料。再生骨料的硬化水泥石含量越高，干燥收缩越大。

（8）再生骨料的热膨胀系数大于天然骨料的热膨胀系数。硬化水泥石的热膨胀系数为（10～20）$\times10^{-6}$/℃，而岩石的热膨胀系数为（6～12）$\times10^{-6}$/℃，大约为硬化水泥石是60%。在再生骨料中硬化水泥石的存在使得再生骨料热膨胀系数增大。因此，再生骨料的热膨胀系数大于天然骨料的热膨胀系数。

当然，再生骨料与天然骨料性能的差异也与再生骨料的制备设备和工艺有着密切的关系。如果采用较好的设备，将天然骨料从废弃混凝土中分离出来，保持骨料表面洁净，也可以使再生骨料的性能接近于天然骨料。

我国2010年制定了《混凝土和砂浆用再生细骨料》（GB/T 25176—2010）和《混凝土用再生粗骨料》（GB/T 25177—2010），这两个标准给出了再生细骨料和再生粗骨料的性能指标。

对于再生细骨料，《混凝土和砂浆用再生细骨料》（GB/T 25176—2010）与《建设用砂》（GB/T 14684—2011）相比，存在着以下差异：

（1）颗粒级配。GB/T 25176—2010与GB/T 14684—2011对颗粒级配的要求是一致的。但是，如经检验再生细骨料的颗粒级配不合格，可以人工掺配，掺配的细骨料经检验合格后，仍可以用于结构工程。

（2）微粉含量和泥块含量。与GB/T 14684—2011相比，GB/T 25176—2010降低了对再生骨料微粉含量和泥块含量的要求。其理由是再生细骨料中的微粉多为水泥石颗粒和石粉。MB <1.4时，对混凝土性能的影响较小。

（3）有害物质。GB/T 25176—2010适当放宽了再生细骨料中对硫化物和硫酸盐含量的要求；Ⅰ类、Ⅱ类再生细骨料氯离子含量采用日本现行Ⅰ类、Ⅱ类再生细骨料标准，Ⅲ类再生细骨料的氯离子含量采用GB/T 14684—2011中Ⅲ类天然砂氯离子含量的规定。其理由是原混凝土在生产和使用过程中会混入硫酸盐和氯盐，导致再生细骨料中硫酸盐和氯盐的含量增加。标准制定者认为，再生细骨料中的硫酸盐含量并没有对再生混凝土造成太大影响；而氯离子对钢筋混凝土的耐久性有较大的影响。

（4）表观密度、堆积密度、空隙率。GB/T 25176—2010在GB/T 14684—2011的基础上适当放宽了对表观密度、堆积密度、空隙率的评定标准。其理由是再生细骨料表面黏附有水泥石，粒形不规则，颗粒级配差别大等。

（5）坚固性和压碎指标。与GB/T 14684—2011相比，GB/T 25176—2010降低了再生骨料的坚固性和压碎指标。其理由是再生细骨料黏附着水泥石，而且粒形较差。

此外，对于再生细骨料，GB/T 25176—2010还在GB/T 14684—2011的基础上增加了两项技术要求：

（1）再生胶砂需水量比。所谓再生胶砂需水量比，就是在相同流动度时，用再生砂制备砂浆的需水量与用标准砂制备砂浆的需水量之比。

（2）再生胶砂强度比。所谓再生胶砂强度比，就是在相同流动度情况下，用再生砂制备砂浆的强度与用标准砂制备砂浆的强度之比。再生砂浆强度降低有两个方面的原因：一是再生砂的强度低于标准砂；二是再生砂的需水量大于标准砂，使得水胶比增大。再生胶砂强度比反映了这两个方面的综合结果。

表8-1给出GB/T 25176—2010对再生细骨料的分类与技术要求。从表中的技术要求看，存在着一些指标的不匹配性，特别是再生胶砂需水量比与再生胶砂强度比之间的匹配性较差。例如：对于Ⅰ类粗砂，要求再生胶砂需水量比小于1.20，再生胶砂强度比大于1.00。也就是说，需水量可以适当增大，但强度不得降低。该标准的主要编写人解释为Ⅰ类粗砂再生胶砂强度比大于1.00，原因是品质好的、细度较粗的再生细骨料比标准砂（细度较小）的需水量要小，所以强度大于标准砂基准砂浆。既然Ⅰ类粗砂的需水量小于标准砂，为什么需水量比要放宽到1.20？如果不能保证Ⅰ类粗砂的需水量小于标准砂，又如何保证再生胶砂强度大于标准砂基准砂浆？此外，母岩的性质对胶砂强度也有一定的影响。在GB/T 25176—2010中，基准砂浆所选择的细骨料为标准砂，属于石英质骨料。而再生细骨料所用的材料为废弃混凝土，废弃混凝土中除了硬化水泥石外，骨料的体积含量占60%~70%，骨料的岩性千差万别。可能是硬度较高的花岗岩，也可能是质地较软的石灰岩。岩石的性质可能影响再生胶砂强度，甚至可能限制某些母岩制备的废弃混凝土作为再生细骨料利用，这些问题还有待于进一步地试验验证。

表8-1 再生细骨料分类与技术要求

项目		Ⅰ类	Ⅱ类	Ⅲ类
微粉含量（按质量计,%）	MB值<1.4或合格	<5.0	<6.0	<9.0
	MB值≥1.4或不合格	<1.0	<3.0	<5.0
泥块含量（按质量计,%）		<1.0	<2.0	<3.0
云母含量（按质量计,%）			<2.0	
轻物质含量（按质量计,%）			<1.0	
有机物含量（比色法）			合格	
硫化物及硫酸盐含量（按SO_3质量计,%）			<2.0	
氯化物含量（以氯离子质量计,%）			<0.06	
饱和硫酸钠溶液中质量损失（%）		<7.0	<9.0	<12.0
单级最大压碎指标值（%）		<20	<25	<30
再生胶砂需水量比	细	<1.35	<1.55	<1.80
	中	<1.30	<1.45	<1.70
	粗	<1.20	<1.35	<1.50

续表

项目		Ⅰ类	Ⅱ类	Ⅲ类
再生胶砂强度比	细	>0.80	>0.70	>0.60
	中	>0.90	>0.85	>0.75
	粗	>1.00	>0.95	>0.90
表观密度（kg/m^3）		>2450	>2350	>2250
堆积密度（kg/m^3）		>1350	>1300	>1200
空隙率（%）		<46	<48	<52

与《建设用卵石、碎石》（GB/T 14685—2011）相比，《混凝土用再生粗骨料》（GB/T 25177—2010）对再生粗骨料的技术要求作了如下变动：

（1）颗粒级配。GB/T 25177—2010 将再生粗骨料的最大公称粒径限制在 31.5mm 以内，颗粒级配要求与 GB/T 14685—2011 相同。但是，GB/T 25177—2010 规定，当颗粒级配不能满足要求时，允许对再生粗骨料进行掺配。掺配后颗粒级配合格的，仍可以用于配制混凝土。

（2）微粉含量和泥块含量。与 GB/T 14685—2011 相比，GB/T 25177—2010 在微粉含量和泥块含量方面对再生粗骨料放松了要求，其理由是再生粗骨料中的含泥量不同于天然卵石和碎石，主要是由石粉、水泥石粉和泥土组成，并认为这些组分对混凝土的需水量后强度影响不大。

（3）针片状颗粒含量。与 GB/T 14685—2011 相比，在 GB/T 25177—2010 中再生粗骨料的针片状颗粒含量这一指标不进行分类要求，统一为小于 10%。其理由是再生粗骨料多为从原混凝土中剥离出来的天然卵石、碎石。在剥离过程中，原天然碎石中的部分针片状颗粒被破碎，建筑垃圾再生粗骨料中针片状颗粒的含量降低。此外，建筑垃圾再生粗骨料经过整形强化处理后，针片状颗粒的含量大幅降低，优于天然粗骨料。

（4）表观密度和空隙率。与 GB/T 14685—2011 相比，GB/T 25177—2010 降低了对再生粗骨料的表观密度和空隙率要求。其理由是再生粗骨料中含有较多的水泥砂浆，棱角多，内部存在大量的微裂纹，因此，再生骨料的表观密度、堆积密度均低于天然骨料，空隙率则高于天然骨料。

（5）坚固性和压碎指标。与 GB/T 14685—2001 相比，GB/T 25177—2010 降低了再生粗骨料对坚固性的要求。其理由是再生粗骨料中的岩石部分和黏附的砂浆均会受到硫酸钠晶体的破坏，而砂浆与天然骨料相比吸水率大、强度低，更容易被硫酸钠晶体破坏，但再生骨料的坚固性与所配制混凝土的强度并无明显关系。对于压碎指标，GB/T

25177—2010 中对Ⅱ类和Ⅲ类再生骨料的技术要求与 GB/T 14685—2011 中Ⅱ类和Ⅲ类天然碎石的技术要求相同；而 GB/T 25177—2010 中对Ⅰ类再生骨料的技术要求与 GB/T 14685—2011 中Ⅰ类天然碎石的技术要求相比有所降低。其理由是再生粗骨料压碎指标的大小对混凝土强度有显著影响，但再生粗骨料的压碎指标难以达到 GB/T 14685—2011 中Ⅰ类天然碎石的技术要求。

（6）硫化物和硫酸盐含量。GB/T 25177—2010 对再生粗骨料中硫化物和硫酸盐含量的限值比 GB/T 14685—2011 宽松。其理由是原混凝土所用水泥中含有石膏等硫酸盐，且原混凝土可能受到硫酸盐污染，故再生粗骨料的硫酸盐含量高于天然粗骨料。但再生粗骨料中的硫酸盐含量并没有对再生混凝土造成太大的影响。

此外，对于再生细骨料，GB/T 25177—2010 还在 GB/T 14685—2011 的基础上增加了三项技术要求：

（1）吸水率。因再生粗骨料中存在着一定数量的硬化水泥石，硬化水泥石的孔隙率较高，加上破碎过程中产生大量裂纹，使得再生粗骨料的吸水率大于天然卵石和碎石。吸水率能够反映再生粗骨料表面的清洁程度，因而作为再生粗骨料的分类指标。

（2）氯离子含量。氯离子含量是钢筋混凝土耐久性的一项重要指标。原混凝土在生产时可能加入一些氯盐，在使用过程中也可能受到氯盐侵蚀。在再生粗骨料的制备过程中，氯离子也可能随着碎屑而排出。由于再生粗骨料中的氯离子含量受原混凝土的生产、使用过程及再生粗骨料的制备过程影响较大，差异较大。为了保证钢筋混凝土结构的耐久性，需要作出限定。

（3）杂物含量。在再生骨料中，不可避免地混入一些杂物，如金属、塑料、沥青、木头、玻璃、草根、树叶、纸张、石灰、石膏等。这些杂物对混凝土的性能有一定的影响，因此，必须作出限定。

表 8-2 给出了 GB/T 25177—2010 对再生粗骨料的分类与技术要求。

表 8-2 再生粗骨料分类与技术要求

项目	Ⅰ类	Ⅱ类	Ⅲ类
微粉含量（按质量计,%）	<1.0	<2.0	<3.0
泥块含量（按质量计,%）	<0.5	<0.7	<1.0
吸水率（按质量计,%）	<3.0	<5.0	<7.0
针片状颗粒（按质量计,%）		<10	
有机物		合格	
硫化物及硫酸盐（折算成 SO_3，按质量计,%）		<2.0	

续表

项目	Ⅰ类	Ⅱ类	Ⅲ类
氯化物（以氯离子质量计,%）		<0.06	
杂物（按质量计,%）		<1.0	
坚固性（以质量损失计,%）	<5.0	<9.0	<15.0
压碎指标（%）	<12	<20	<30
表观密度（kg/m^3）	>2450	>2350	>2250

从上述分析可以看出，与对普通骨料的要求相比，GB/T 25176—2010 和 GB/T 25177—2010 对再生细骨料和再生粗骨料的技术要求放宽了许多。这些技术要求的放宽是否能保证混凝土的性能？特别是能否保证混凝土的变形性能和耐久性能？这是很值得关注的。总的来说，这两个标准还是很粗糙的，有待于进一步地试验验证和实际工程检验。

3）案例分析

（1）制备再生混凝土

我国的混凝土制备方式主要有三种：大多数城市建设采用商品混凝土的方式制备混凝土，由混凝土搅拌站根据工程要求制备混凝土，然后送到工地；一些大型工程建设采取自行搅拌混凝土方式，在工地现场设立混凝土搅拌站，由这些搅拌站集中搅拌混凝土，运往工地；一些私有房的建造和一些乡镇建设采用现场搅拌混凝土。应该说，商品混凝土是我国城市建设用混凝土的主体。从这一点看，流动性和流动性损失是新拌混凝土必须考虑的两个重要性能。由于再生骨料的需水量大于普通骨料，因而用再生骨料配制混凝土时，用水量将会增大。另外，再生骨料的吸水也将引起新拌混凝土的坍落度损失。因此，一般认为，采用再生骨料配制混凝土，用水量较大，新拌混凝土的坍落度损失也较大。在废弃建筑物中，不同部位废弃物的性能是不同的。笔者等人从废弃建筑物的不同部位取样，进行试验研究。不同部位取的样品在此称为"不同部位废弃建筑垃圾"试验采用 0.43 水胶比，粉煤灰掺量为 30%，灰砂比例为 1∶3。将废弃建筑垃圾破碎成砂，部分代替天然砂。试验结果如图 8-4 所示，图中的混合垃圾是板、柱、砖三种建筑废弃物破碎成砂的混合物，其中板砂占 50%，柱砂占 25%，砖砂占 25%。在这三种建筑废弃物中，柱混凝土强度较高，而砖的强度较低。从图中的试验结果看，用再生骨料部分取代天然骨料，对砂浆流动度的影响并不太大。废弃混凝土强度较高时，孔隙率较低，孔径也较小，制备的再生骨料吸水率较低，对新拌混凝土流动性的影响也将较小。砖的吸水率较大，掺入用砖制备的再生砂，砂浆的流动性降低。

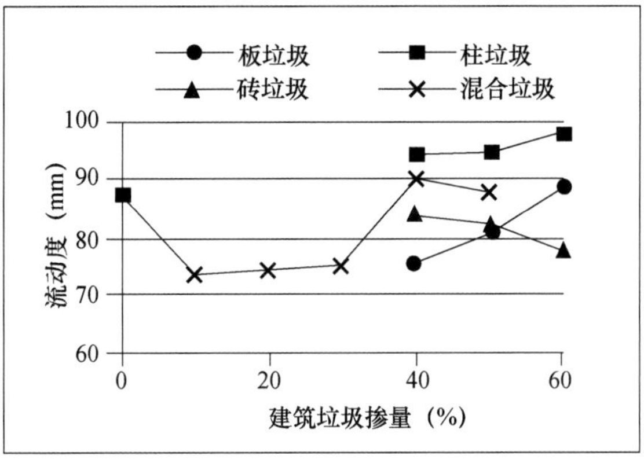

图 8-4　建筑垃圾掺量对砂浆流动度的影响

河南大学刘凤利将建筑废弃物破碎成粗砂，与开封特细砂混合，配制成中砂，并与天然中砂进行比较。研究结果表明，在配合比相同的情况下，中砂配制的砂浆稠度为 96mm，开封特细砂配制的砂浆稠度为 81mm，而再生粗砂配制的砂浆稠度仅有 20mm。但将再生粗砂与开封特细砂按 1∶1 的比例混合成中砂，用这种中砂配制的砂浆稠度可以达到 78mm。由此可以看出，如果合理地使用再生骨料，用再生骨料调整天然骨料的级配，可以减小再生骨料吸水率大的影响。对于再生骨料混凝土坍落度损失问题，可通过预湿骨料的方法来解决。

再生骨料自身强度对混凝土的强度将会产生不同程度的影响。笔者等人用不同部位的废弃混凝土制备成再生砂，并用再生砂部分取代天然砂进行砂浆强度试验，试验结果如图 8-5 所示。从图中可以看出，尽管柱、板混凝土具有较高的强度，但用这些废弃混凝土制备出的再生砂浆强度却并不高；相反，砖的强度并不高，但用废弃砖制备的再生砂浆强度却有所提高。究其原因有以下几方面：

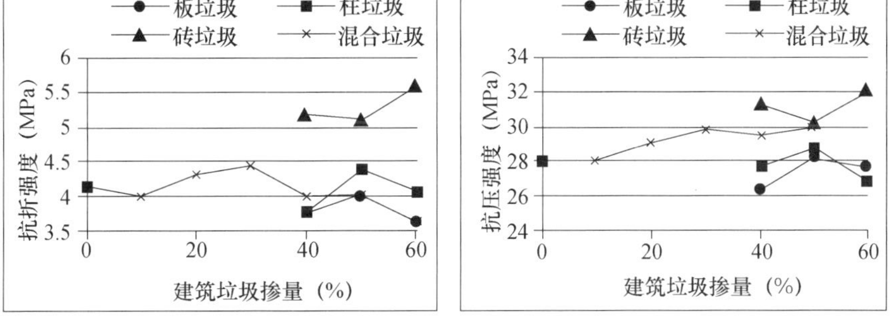

图 8-5　建筑垃圾掺量对砂浆抗折、抗压强度的影响

① 砖制备的再生砂性能比较均匀，而柱混凝土和板混凝土制备的再生砂性能不太稳定。砖是一种均匀的材料，用它制备的再生砂质量是均

匀的。混凝土是由骨料和硬化水泥石两部分组成的，这两部分性能差别较大。在制备再生砂时，形成了质量较坚硬的骨料颗粒和质量较差的硬化水泥石粉末。这些强度较低的硬化水泥石粉末在再生砂浆中形成了较薄弱的区域，从而导致再生砂浆强度降低。

② 砖较大的吸水率更有利于改善界面过渡区。试块浇注成型后，由于沉降作用，容易在骨料底部形成水囊。由于砖的吸水率较大，在骨料底部富集的水被骨料吸收，避免了水囊的形成。

③ 砖的性能更接近于硬化水泥石的性能。硬化水泥石具有失水收缩的性能，砖也具有失水收缩的性能；砖的弹性模量也与硬化水泥石的弹性模量相接近。两个性能较为接近的材料组合在一起，两者的变形性能也较为接近，两者之间的相互作用较小。这有效地避免了微裂纹的产生和发展。在图 8-5 中，掺砖砂使得再生砂浆抗折强度显著提高，与这一因素有着密切的联系。而在废弃混凝土中，含有大量的石子，这些石子几乎不吸水，干燥时收缩很小，因而废弃混凝土制备的再生骨料失水收缩比硬化水泥石小，弹性模量比硬化水泥石大。这些性能的差异使得在外界环境中产生不一致变形，较大的不一致变形必将造成较大的相互作用，严重时可能产生微裂纹，使再生砂浆的性能降低。

从笔者等人的试验结果和上述分析看，并不一定用强度较高的废弃混凝土制备的再生骨料配制的再生混凝土强度较高，再生骨料的均匀性以及与硬化水泥石性能的匹配性则是提高再生混凝土性能更重要的因素。

（2）制备再生混凝土制品

用再生骨料制备混凝土制品，已经有许多报道。最早的研究是利用再生骨料制备一些非结构混凝土制品，例如，用再生骨料制备各种人行道砖、路缘石、艺术小品、公园等休闲场所的混凝土桌凳等。随着再生骨料制备技术的发展，再生骨料质量有较大提高。近年来，也有一些报道将再生骨料应用于结构混凝土制品的制备，如综合管廊、装配式建筑构件等，扩大了再生骨料的应用范围。

用再生骨料制备非结构混凝土制品，一般问题不大。但用再生骨料制备结构混凝土制品，变形性能是一个很重要的性能，而在这一方面，再生骨料与天然骨料有很大的差别。这种差别的存在，使得再生混凝土制品表现出与普通混凝土制品不一样的行为。

① 再生骨料的弹性模量比天然骨料低。弹性模量表征着材料的弹性变形行为。在相同的应力作用下，弹性模量越高，材料的变形越小。但在相同的变形情况下，弹性模量越高，产生的应力也越大。应力可以是

来自外部施加的应力，也可以是内部存在的应力。再生骨料的弹性模量较低，当内部组分发生不一致变形时，所产生的相互作用力则较小，对减小微裂纹的形成与发展是有利的。但由于再生混凝土的弹性模量较低，在施加预应力时，弹性变形较大，这将造成较大的预应力损失。

② 再生骨料的干缩变形比天然骨料大。前面已经介绍过，用废弃混凝土制备的再生骨料，其干缩变形通常大于天然骨料。由于再生骨料的干缩变形较大，制备出的再生混凝土干缩变形也较大，但再生骨料与硬化水泥石干缩变形的差异较小。这一特性将对再生混凝土制品的行为带来两个方面的影响。对于普通混凝土制品或者普通钢筋混凝土制品，由于没有约束，或者约束不强，混凝土干缩变形稍大一些并不重要，而再生骨料与硬化水泥石干缩变形的差异较小，使得在干燥过程两者之间的相互作用较小，不容易产生微裂纹。对于预应力混凝土制品，混凝土干缩变形较大时，在干燥环境下，预应力损失则较大。

③ 再生骨料的徐变变形比天然骨料大。混凝土的徐变变形主要归因于硬化水泥石的徐变变形，天然骨料的徐变变形是很小的，可以忽略不计。用废弃混凝土制备的再生骨料中含有一定量的硬化水泥石，这些硬化水泥石的存在，使得再生骨料在外力作用下也会产生徐变变形。对于用天然骨料配制的普通混凝土，在外力作用下，仅仅是硬化水泥石发生徐变变形，而骨料不发生徐变变形，仅起到一个承担应力的作用。随着硬化水泥石徐变变形的增大，外力逐步由硬化水泥石向骨料转移。由于硬化水泥石承担应力的减小，徐变变形也将减小。因此，混凝土的徐变变形逐步趋于稳定。对于再生混凝土，在外力作用下，硬化水泥石发生徐变变形，再生骨料不仅承担着一部分应力，在这种应力的作用下也将发生徐变变形。尽管再生骨料也发生徐变变形，但与硬化水泥石的徐变变形相比是较小的。因此，随着外力作用时间的推移，仍然存在着应力由硬化水泥石向再生骨料的转移，应力转移使得混凝土的徐变变形趋于稳定。由此可见，再生混凝土的徐变变形行为与用天然骨料配制的普通混凝土有相似的规律，但再生混凝土的徐变变形比普通混凝土的徐变变形大，而且徐变变形稳定的时间也将长一些。在混凝土制品中，徐变变形有两个作用：一是可以松弛各种内应力。如在干燥环境下产生的干缩应力、在温度变化过程中产生的温度应力等。随着徐变变形的发生，可以使这些应力得到松弛，减小开裂的可能性；二是可以松弛预应力。对于预应力混凝土制品，在制品投入使用前混凝土就受到钢筋给予的预压应力，在这一应力作用下，混凝土将发生压缩徐变变形。徐变变形的发生和不断增大使得预应力不断减小。因此，对于素混凝土制品和非预应

力钢筋混凝土制品，再生混凝土开裂的风险较小。但对于预应力混凝土制品，由于预应力松弛较大，如不采取适当的措施，制品的抗裂性能将会降低。

④ 再生骨料的热膨胀系数比天然骨料大。在混凝土中，天然骨料的热膨胀系数一般小于硬化水泥石，大约为硬化水泥石热膨胀系数的60%。在用废弃混凝土制备的再生骨料中，由于存在着部分硬化水泥石，再生骨料的热膨胀系数比天然骨料要大一些。显然，在配合比相同的情况下，用再生骨料制备的混凝土热膨胀系数比用天然骨料制备的普通混凝土热膨胀系数大。此外，用再生骨料配制混凝土时，混凝土的用水量较大，相应地，胶凝材料用量较多。这意味着再生混凝土中硬化水泥石的体积含量较大。从这两方面看，再生混凝土的热膨胀系数大于普通混凝土，热膨胀系数反应材料在温度变化时的体积稳定性。从宏观上看，再生混凝土热膨胀系数较大，意味着热稳定性较差。但是，混凝土制品的尺寸是有限的，受到的约束一般不大。尽管再生混凝土的热膨胀系数较大，在温度变化时并不会产生较大的温度应力；相反，由于再生骨料的热膨胀系数较大，它与硬化水泥石热膨胀系数的差较小，在温度变化时，硬化水泥石与骨料之间的变形差较小，两者之间的相互作用较小，不容易形成微裂缝。从这一点看，再生混凝土更适合于混凝土制品。

从上述分析可以看出，用废弃混凝土制备的再生骨料生产混凝土制品具有一定的好处，特别是在防裂方面表现出一些优越性。但是，用再生骨料生产预应力混凝土制品，预应力损失可能较大，这是需要注意的问题。

（3）制备再生砂浆

废弃混凝土制备再生粗骨料后将产生大量的碎屑，在这些碎屑中，相当一部分颗粒属于细骨料的范畴。利用这些碎屑作为细骨料，制备再生砂浆，是再生细骨料利用的一种方式，也是废弃混凝土处理与利用的一个方向。

砂浆通常用于非结构部分，一般来说，砂浆对抗压强度的要求不高。但是，由于砂浆通常是与其他材料共同作用，它对粘结强度有较高的要求。此外，考虑到施工性能和抗裂性能，通常要求砂浆具有较好的保水性能和变形性能。然而，由于再生细骨料中含有一定数量的硬化水泥石，吸水性较强，使得砂浆在较短的时间就失去其可施工性。硬化水泥石的存在也导致硬化砂浆的收缩增大，使得砂浆容易开裂。因此，制备再生砂浆的再生细骨料中，严格控制硬化水泥石碎屑的含量是非常重要的。硬化水泥石含量越少，新拌砂浆的可施工性越好，硬化砂浆的体积稳定性也越好。另外，再生细骨料中的细粉含量对再生砂浆的性能也有很大的影响。适当地增加细粉含量，可以使得新拌砂浆柔软易抹，也可以提高砂浆的粘结强度。但细粉含量太多，砂浆的强度较低。不仅如此，细骨料中的细粉含量较多时，砂浆的收缩较大，易开裂。由此可见，再生细骨料的性能与天然细骨料的性能有较大的差别。对砂浆，再生细骨料的这些特性有有利的一面，也有不利的一面。因此，应根据再生细骨料的特性，综合平衡砂浆的性能。可以说，再生砂浆是处理和利用废弃混凝土碎屑的一个重要方面，但还有一些工作要做。

8.3.2 废弃混凝土碎屑或粉末制备胶凝材料

1）制备方法

在废弃混凝土碎屑或粉末中存在着大量的硬化水泥石，这些硬化水泥石是由水泥熟料或各种掺合料经水化反应而成的，其矿物组成主要是水泥矿物的水化产物，如 C-S-H 凝胶、水化铝酸钙、水化铁酸钙、水化硫铝酸钙、氢氧化钙等。将这些水化产物脱水，可以得到各种脱水产物，如无水硅酸钙、无水铝酸钙、无水铁酸钙、无水硫铝酸钙，等等。

通过适当的工艺过程，可以使这些脱水产物保持着原有水化产物的晶格结构。由于晶格缺陷的存在，使得这些脱水产物具有一定的活性，可以作为胶凝材料或者作为活性掺合料。

研究表明，水化硅酸钙可分成两类：一类是托勃莫来石系列；另一类是结晶得不好的 C-S-H 矿物系列。托勃莫来石系列是最重要的矿物，Megaw 和 Kelsey 测定了这个结构，它是由平行于（001）的各层组成，这与黏土矿物中的云母层状结构很相似，每层厚 11.3Å，中心层可看作是变形了的 $Ca(OH)_2$薄片。在每一边都是硅氧“三链”，但共用几个氧原子，这有如卷曲的 SiO_3链。这一结构式是 $Ca_4Si_6O_{18}$；化学式单位中其他的钙和四个水分子均堆砌在通道中，通道是由 SiO_3链的卷曲而成的肋所形成的。组成式也可写成 $Ca_5(Si_6O_{18}H_2)\cdot 4H_2O$。结晶得不好的C-S-H 矿物系列有两种主要类型：CSH（Ⅰ）和 CSH（Ⅱ），在电子显微镜下观察 CSH（Ⅱ）是 Ca/Si 分子比大于 1.5 的纤维状物质。从组成式中可以看出，托勃莫来石中有 4 个水分子存在于层间，1 个水分子存在于结构层中。在高温下，处于层间的水分子较容易脱出，使得层间距减小。这种脱水产物遇水时，水分子可以进入层间。

钙矾石的六方形晶胞含有两个分子的 $3CaO\cdot Al_2O_3\cdot 3CaSO_4\cdot 31H_2O$，$a_0=b_0=11.10$Å，$c_0=21.58$Å。在钙矾石结构中，铝形成 $Al(OH)_6$团，呈

八面体配位。硫以 SO_4^{2-} 四面体形式存在。有 4 个 Ca 离子配位数为 7，8 个 Ca 离子配位数为 6。48 个水分子位于平行于 C 轴的通道中，有两个水分子更紧密地砌筑在结构中。因此，结构式成为 $Ca_{12}Al_4(OH)_{24}(SO_4)_6 \cdot 50H_2O$。在 100～110℃脱水，失去间隙中的 48 个水分子，同时晶格缩小，$a_0 = 8.4Å$，$c_0 = 10.21Å$（$=20.42/2Å$）。在差热分析中于 160℃出现最大的峰，300℃时还有一个小峰，是由于与 Al 结合的氢氧离子的分解。即使在赤热时也还保留 1～2 个分子的水。由此可见，当煅烧温度超过 300℃时，可以脱出钙矾石中的大部分水。这些水的脱出，形成空腔，使得脱水产物具有一定的活性。

在硬化水泥石中还有一定数量的 $Ca(OH)_2$、水化铝酸钙等水化产物。$Ca(OH)_2$ 在 450℃左右脱水，生成 CaO。在较低的温度下水化铝酸钙也将脱水生成无水铝酸钙。这些在低温下形成的脱水产物都会留下较多的空腔。因此，这些脱水产物具有一定的活性。

这一方法处理和利用废弃混凝土包括两个关键的工艺过程：一是分离；二是煅烧。分离过程是将硬化水泥石从废弃混凝土中分离出来。在废弃混凝土中，骨料通常是天然岩石，这些岩石一般是没有活性的，即便是活性骨料，相对于胶凝材料，其活性也是非常低的。天然岩石的活化一般需要上千度的温度。而硬化水泥石中的水化产物在几百度的温度下就可以脱水。由此可见，在废弃混凝土中，比较容易活化成胶凝材料的组分是硬化水泥石。为了制备再生水泥，必须将硬化水泥石从废弃混凝土中分离出来。如果在硬化水泥石中夹杂着骨料，将会影响煅烧出的再生水泥的质量。

从废弃混凝土中分离硬化水泥石主要是利用废弃混凝土中骨料与硬化水泥石性能的差异。对于用天然骨料配制的废弃混凝土，骨料的强度远高于硬化水泥石的强度。用反击式破碎机破碎废弃混凝土时，硬化水泥石从天然骨料表面脱落下来，或者被破碎成碎粒。经过粗筛分，则可去除废弃混凝土中的粗骨料。由于天然砂和粗骨料碎屑的易磨性低于硬化水泥石，通过对粗筛分下来的细颗粒采取适当地粉磨，将硬化水泥石磨成细粉，而骨料仍然具有较大的粒度，通过细筛分将细骨料和粗骨料碎屑除去，留下硬化水泥石粉末。

从硬化水泥石的分离工艺过程可以看出，废弃混凝土中硬化水泥石与骨料的性能差异是决定分离效果的关键因素。如果这两者的性能较为接近，分离效果则较差。例如废弃轻骨料混凝土，骨料的强度较低，破碎时，骨料与硬化水泥石一起破坏，硬化水泥石很难与骨料分开。高强混凝土，由于硬化水泥石的强度较高，它与骨料的强度差别较小，因而也较难分开。幸运的是在大多数废弃混凝土中，硬化水泥石与骨料之间性能差别是较大的，分离这两者是较容易实现的。

煅烧过程是硬化水泥石中的水化物脱水过程。硬化水泥石是一个多相聚集体，有结晶相，也有凝胶相。结晶相有氢氧钙石、钙矾石、低硫型水化硫铝酸钙、水化铝酸钙等。不同相的脱水温度是不同的。结晶相具有特征的脱水温度，凝胶相没有特征脱水温度，而是一个脱水温度区间。随着温度变化，还可能发生一些相变。相变过程对再生水泥的性能有相当大的影响。

C-S-H 凝胶是硬化水泥石中的最主要组成，C/S 一般为 1.5 ~2.0。当水泥中掺入较多的混合材或混凝土中掺入较多的矿物掺合料时，C-S-H 凝胶的 C/S 比可能降低到 0.8 ~1.5。从其化学组成看，如果将 C-S-H 凝胶煅烧成硅酸钙晶体，应该形成的是 CS 或 C_2S。CS 没有胶凝性。C_2S 有四种变体：α-C_2S、α'-C_2S、β-C_2S 和γ-C_2S。α-C_2S 在 1447℃以上是稳定的。在 1447℃时，α-C_2S 转变为α'-C_2S。α'-C_2S 在 830 ~1447℃范围内是稳定的。在 830℃时，α'-C_2S 可以直接转变为γ-C_2S，如果冷却速度很快，则转变为β-C_2S。显然，在 800℃左右的温度下煅烧 C-S-H 凝胶，稳定的产物应该是γ-C_2S，γ-C_2S 的胶凝性很低。由此看来，在低温下煅烧硬化水泥石，所形成矿物的胶凝性是不能令人满意的。为了获得较高的活性，可以采取两个方面的技术措施：一是控制好煅烧温度和煅烧时间，使 C-S-H 凝胶脱水后保持原来 C-S-H 的结构，只是将其中的水脱去。C-S-H 凝胶脱去水后，在结构中留下空穴，这些空穴将成为水分子进入的通道。另外，C-S-H 凝胶中水的脱出，打破了原来电场的平衡，使得脱水产物具有活性；二是加入矿化剂。在硅酸盐水泥的烧成过程中，矿化剂有两个作用：一是降低液相形成温度。例如掺入 1% ~3% 氟化钙可以使液相开始出现的温度降低几百度，而烧成温度可降低 50 ~100℃；二是防止晶型转变。在冷却过程中，高温型矿物可能转变为低温型矿物，使水泥熟料的活性降低。为了防止这种晶型转变，引入一些离子进入高温型晶体结构中，提高高温型晶体结构的稳定性，可以有效地防止冷却时的晶型转变。在贝利特水泥熟料的烧成过程中，矿化剂起到了至关重要的作用。用废弃混凝土生产再生水泥时，煅烧温度仅为 700 ~800℃，不可能形成液相，矿化剂的主要作用是防止脱水相的致密化，使晶格产生畸变。结构中的空穴为水的进入留下通道，晶格畸变可以造成结构中力场的不平衡，这都有利于提高脱水相的活性。

因此，根据废弃混凝土中硬化水泥石的矿物组成，控制好煅烧温度和时间，利用有利的相变，防止不利的相变，使之形成所需要的矿物相，是煅烧工艺的核心。在这一方面，目前研究得并不深入，还有许多工作要做。但这是一个很值得研究与开发的领域。

将硬化水泥石从废弃混凝土中分离出来时，不可避免地会混入一些其他组分，在高温煅烧时，这些组分也会发生反应，其反应产物可能影响再生水泥的性能。尤其值得注意的是，废弃混凝土中的骨料为碳酸盐骨料时，由于碳酸盐骨料较软，在分离时较容易混入硬化水泥石中。煅烧时，这些碳酸盐将分解，生成 CaO 和 MgO。碳酸钙大约在600℃开始分解，898℃时分解压达到1atm。碳酸镁一般在400℃开始分解，到600～650℃时分解反应剧烈进行。在700～800℃的煅烧温度下，CaO 和 MgO 以游离状态存在。尽管在800℃的温度下可以生成 CA 或 C_2F，但在废弃混凝土的硬化水泥石中，铝酸盐是以 C_3AH_6 形式存在的，在这一温度下不可能吸收 CaO。在这一温度下，也可能形成 C_2S，但由于刚刚开始形成，数量很少，因而吸收 CaO 的量很少。再生水泥通常是在700～800℃的温度下煅烧的，在这种温度下，形成的 CaO 和 MgO 活性很高，遇水时迅速水化。如果再生水泥中 CaO 和 MgO 含量较高，可能出现瞬凝现象。同时，由于 CaO 和 MgO 的水化反应伴随着体积膨胀，可能导致水泥的强度降低。

2）产品性能

用废弃混凝土制备再生水泥，这项技术目前正处于研究阶段，还没有见到相应的产品。从文献报道看，有研究表明，再生水泥的性能可以与普通硅酸盐水泥相媲美。硅酸盐水泥熟料中的主要矿物是 C_3S、C_2S、C_3A 和 C_4AF，其中硅酸盐矿物为最主要矿物。这些矿物都具有介稳的高温型结构，并且固溶着其他组分，使得它们具有结构不稳定性。同时，由于不规则配位，以及结构的变形或结构中电场分布的不均匀性，使得这些矿物中存在着活性阳离子。因此，这些矿物具有较高的活性。在我国，结构工程中使用的水泥基本上都掺入了较多的混合材，在混凝土制备时也掺入了较多的矿物掺合料，这些混合材或掺合料虽然化学组成也是以 CaO、SiO_2、Al_2O_3 和 Fe_2O_3 为主，但 CaO 含量通常是较少的。由于这些混合材或矿物掺合料的掺入，使得硬化水泥石中以低钙型水化产物为主。这些低钙型水化产物脱水则形成低钙型的无水矿物。稳定的低钙型矿物胶凝性很低，甚至没有胶凝性。从这一点看，用废弃混凝土中的硬化水泥石通过低温煅烧生成的再生水泥，其活性很难与硅酸盐水泥矿物相比，甚至不能称为水泥，只能算是活性较高的掺合料。

因此，在生产再生水泥时，使水泥矿物的结构中存在较多的缺陷是非常重要的。再生水泥的性能在很大程度上取决于缺陷的数量。

尽管有资料报道了再生水泥的生产，但从技术上讲还是不成熟的，目前还处于研究阶段，还有许多问题需要解决。废弃混凝土中含有相当数量的硬化水泥石，它与天然骨料的性能有较大的差异。将它混入骨料中，必将影响骨料的性能。在这些硬化水泥石中蕴藏着一定量的潜能，将其用于回填，是一种资源的浪费。由此可见，用这些废弃混凝土中的硬化水泥石生产再生水泥，是高效利用废弃混凝土的一个途径。

3）案例分析

韩国一家公司成功开发从废弃的混凝土中分离水泥，并使这种水泥能再生利用的技术。该公司将从 2005 年下半年开始批量生产这种再生水泥。他们首先把废弃混凝土中的水泥与石子、钢筋等分离开来，然后在 700℃的高温下对水泥进行加热处理，并添加特殊的物质，就能生产出再生水泥。据称每 100t 废弃混凝土就能够获得 30t 左右的再生水泥，这种再生水泥的强度与普通水泥几乎一样，有些甚至更好，符合韩国的施工标准。而且这种再生水泥的生产成本仅为普通水泥的一半，在生产过程中不产生 CO_2，有利于环保。应该说，这是充分利用资源的一个有效途径。我国每年产生建筑垃圾约 4 亿吨，按照韩国这家公司的方法，可生产再生水泥 1.2 亿吨，减少石灰石消耗 1.2 亿吨，减少 CO_2 排放 0.6 亿吨，无论是从经济效益，还是从环境效益，或者是从资源保护方面，都是十分可观的。遗憾的是我国在这一方面并没有引起重视。即使是工业性生产，在这一方面的研究都很少，应该引起注意。

8.3.3 填充标高或作为路基材料

在废弃混凝土中有许多残渣，这些残渣的组成比较复杂，有废弃混凝土破碎时产生的碎屑，也有装修材料的碎屑，甚至有一些碎木屑、碎玻璃等。这些东西混在一起，很难利用。但这些残渣可以用于填充标高或者铺垫路基，甚至可以堆山造景。废弃混凝土的产生量与城市的建设规模有着密切的关系，废弃混凝土产生量越大，表明城市的建设规模越大。建筑物的建设和道路等基础设施的建设是城市建设的主要内容，建筑物建设需要大量材料填充标高，道路建设也需要大量的材料来铺垫路基。以往的做法是从远处运土来填充建筑物的标高和铺垫道路的路基，这样不仅需要大量的运输费用，而且可能挖废土地。利用废弃混凝土的残渣则可以就近取材填充这些部位，同时也就近处理了这些残渣，两全其美。美化城市也是城市建设的一个重要内容，利用废弃混凝土残渣堆山造景，既处理了废弃混凝土残渣，又美化了环境，这些都是处理废弃混凝土残渣的有效途径。

废弃混凝土残渣能否用于回填，前提条件是这些残渣中是否有有害组分。其一是说废弃混凝土残渣中是否有对人体有害的组分。回填的废弃混凝土残渣都与地面接触，如果其中含有有害组分，则可能随着雨水等渗入地下水，进入饮用水系统，影响人们的身体健康；其二是说废弃混凝土残渣中是否有对建筑物有害的组分。如果废弃混凝土残渣中含有对建筑物有害的组分，如 Cl^-、K^+、Na^+、硫酸盐等，用废弃混凝土残渣回填建筑物标高时，这些有害物质存在于建筑物附近的土壤中，有可能通过地下水扩散到建筑物，影响建筑物的安全。废弃混凝土残渣来源于建筑物，其中对人体有害的物质很少，对建筑物有害的物质也不会超过规范的要求，因而可用于回填。

废弃混凝土残渣中的主要组分是硬化水泥石碎屑、石灰和石膏等粉刷材料和装饰材料，这些材料本身的强度高于黏土，而且当这些材料混合在一起时，可以发生一系列的反应，使路基硬化。因此，用废弃混凝土残渣回填标高或路基，其稳定性比用黏土回填好。

8.4 在综合利用过程中技术壁垒与瓶颈

我国目前正处于一个大规模建设时期，建筑物拆除量非常大，不言而喻，废弃混凝土的数量也是相当大的。我国目前利用和处理废弃混凝土的方式是以回填标高为主。上海市每年产生废弃混凝土或工程渣土2300 万 ~2400 万吨。每年平均有 3000 个工地需要回填土，大约消耗废弃混凝土或渣土 1500 万吨。仅有一座利用废弃混凝土或工程渣土生产砌块或再生骨料的加工厂，每年消耗废弃混凝土或渣土约 20 万吨。目前还没有利用废弃混凝土生产再生水泥的企业。由此可见，我国目前对废弃混凝土还是以处置为主、利用为辅。与一些发达国家相比，存在着较大的差距。这一问题的存在有管理方面的原因，也有技术方面的原因。

从管理角度看，我国有关部门在 1995 年时出台了城市固体垃圾处理的法规，这是第一次将建筑垃圾问题提了出来。但这是一项限制建筑垃圾产生和排放的措施。由于废弃混凝土的利用存在着一些困难，在这一法规的约束之下，开发商们都将眼光放在建筑垃圾的处理上，基本上不考虑对建筑垃圾的利用。而一些发达国家则不然，他们更多地考虑对建筑垃圾的再利用。例如日本，他们对建筑垃圾的主导方针是：尽可能不从施工现场排出建筑垃圾；建筑垃圾要尽可能地重新利用；对于重新利用有困难的则应予以适当处理。日本由于国土面积小、资源相对匮乏，因此，将建筑垃圾视为“建筑副产品”，十分重视将其作为可再生资源而重新开发利用，并相继在各地建立了以处理混凝土废弃物为主的再生加工厂。1991 年日本政府又制定了《资源重新利用促进法》，规定建筑施工过程中产生的渣土、混凝土块、沥青混凝土块、木材、金属等建筑垃圾，必须送往“再资源化设施”进行处理。日本建设省于 1997 年 10 月 7 日做出规定，在施工中建设工地所产生的混凝土块和污泥土等所谓的建筑垃圾，要实现资源再利用，制定出“建设资源再利用推进计划”和“建设工程材料再生资源化法案”。根据这项“法案”的规定，在规定的建筑面积以上的建筑物拆除解体时，要把混凝土、木材、玻璃等建筑材料，在现场分类收集，然后资源再生利用，把其作为建筑物业主及拆除解体商的附加义务，据日本统计，2000 年建筑垃圾资源再利用率达到 80%，这些经验值得我们学习。

从技术角度看，建筑垃圾是由多种材料组成的混合物，组成波动很大，有废弃混凝土，有废弃玻璃，有废弃陶瓷，有废弃钢材，有废弃防水材料，还有废弃的电线、木材、塑料等，这些性能完全不同的材料不均匀地混杂在一起，使得这些材料难以利用。即便是废弃混凝土，由于拆除的建筑不同、部位不同、拆除方式不同等引起的废弃物组成随机性太大，性能差异也较大。现在拆除的一般是低层建筑物，以砖混结构为主。这种结构的建筑物中，梁、柱、楼板混凝土的强度较高，而围护结构材料的强度则较低。不同性能材料混在一起，必将带来均匀性问题。再从细观层次上看，废弃混凝土中骨料与硬化水泥石的性能也是不一致的。因此，分离技术是高效利用这些废弃物的关键。要把废弃混凝土从建筑垃圾中分离出来，要把各种性能差别较大的混凝土分离开来，难度较大。可以说，这是废弃混凝土高效利用的一个瓶颈，需要进行深入的研究。

利用废弃混凝土生产骨料，并以此来制备再生混凝土，这是高效利用废弃混凝土的一个方向。混凝土的性能与原材料的性能有着密切的关系。因此，材料性能的稳定性是混凝土性能的保证。然而，与天然骨料相比，再生骨料的性能不仅较差而且波动较大，骨料粗糙、易吸水、强度低、细粉含量高及形状不好等，这是再生混凝土配制和质量控制中需要克服的一个困难。

砂、石材料是一类廉价材料，用废弃混凝土制备再生骨料，虽然技术上是可行的，社会效益也很可观，但经济上却是制约再生骨料利用的一个瓶颈。从建筑物拆除的废料堆中分离出废弃混凝土，运到再生骨料制备厂，进行破碎、整形、搓磨、表面处理等过程，再运到工地或商品混凝土搅拌站，生产成本和运输成本都较大，使得再生骨料在经济上与天然骨料没有可竞争性，这也是再生混凝土难以推广的一个重要原因。

另外，我国是一个水泥生产大国，其产量超过了世界总产量的一半，产能严重过剩，去产能的任务十分艰巨，这一背景也限制再生水泥的生产。

由此可见，废弃混凝土的利用受到多方面的制约，既有技术层面的制约，也有经济层面和管理层面的制约。目前，我国废弃混凝土大部分用于回填，而加以利用的较少，与这些制约也有一定的关系。因此，从政策和技术两个方面加强研究，对于推动废弃混凝土的资源化利用有着特别重要的意义。

8.5 解决途径及发展方向

废弃混凝土主要来源于旧建筑物的拆除。建筑垃圾中各种废弃材料的混杂与旧建筑物的拆除过程有着密切的关系。我国目前采取的拆除方式是爆破或推倒的方式。爆破或推倒时，上层的各种材料自由落下，相互碰撞破碎，并形成了建筑垃圾混合物。这种拆除方式虽然简单，但却增大了各种废弃物分离的难度，给废弃物的利用带来了困难。在旧建筑物中，每种材料都有固定的位置，界线比较清晰。在这种情况下，比较容易分离。如果按废弃物材料，从电器到装饰材料、家具和门窗、墙体、结构框架分步拆除，可以很方便地将各种材料分开。不仅可以将废弃混凝土从建筑垃圾中分开，而且可以进一步将性能差异较大的废弃混凝土也区分开来。例如可以将墙体材料的混凝土与框架结构的混凝土分开。这样做，尽管拆除速度慢了一些，但既可以降低废弃物的分离成本，又可以提高废弃混凝土的品质，方便废弃混凝土的再利用。日本在《建筑工程材料再生资源化方案》中规定“在规定的建筑面积以上的建筑物拆除解体时，要把混凝土、木材、玻璃等建筑材料，在现场分类收集”。由于这些措施，日本2000年建筑垃圾资源再利用率达80%，这些经验值得我们学习。

废弃混凝土产生于建筑物拆除工地，从拆除工地运输到再生骨料制备厂，制备成再生骨料后再运到工地或商品混凝土搅拌站，这样多次运输势必增加运输费用，而且在多次装运过程中不可避免地对环境产生一些污染。如果能将再生骨料制备设备运到建筑物拆除工地，在工地现场制备成再生骨料，然后将再生骨料直接运到施工工地或商品混凝土搅拌站，这样既可以减少运输费用，提高再生骨料的竞争力，又可以减少环境污染。日本对建筑垃圾的主导方针是：尽可能不从施工现场排出建筑垃圾；建筑垃圾要尽可能地重新利用；对于重新利用有困难的则应予以适当处理。由此可见，就地消化废弃混凝土和其他建筑废弃物是今后发展的一个模式。

制备再生骨料需要有相应的设备和生产线，现场制备再生骨料要求骨料的制备设备具有便携性。也就是说，主机设备在满足生产能力的前提下尽可能地小，辅助设备应可以拆卸，并根据现场条件进行组装。在这一方面，还有许多工作要做。

废弃混凝土是一类量很大的废弃物，容易对环境造成较大的污染。因此，应尽可能的处理和利用，实现零排放。由于废弃混凝土组成的复杂性，需要将废弃混凝土中的不同组分区分开来，并根据组分的特性，采取不同的处理和利用方式。从废弃混凝土中粗骨料的利用，细骨料的利用，硬化水泥石的利用，到残渣的处理，形成一条废弃混凝土利用与处理的链，从目前以处置为主、利用为辅的状态转变为以利用为主、处置为辅，使废弃混凝土中各组分物尽其用。

参考文献

[1] 徐小荷、余静. 岩石破碎学［M］. 北京：煤炭工业出版社，1984.
[2] 吴一善. 粉碎学概论［M］. 武汉：武汉工业大学出版社，1993.
[3] 张祥珍. 建材机械与设备［M］. 武汉：武汉工业大学出版社，1995.
[4] 刘崇熙，文梓芸，汪在芹，等. 混凝土骨料性能和制造工艺［M］. 广州：华南理工大学出版社，1999.

9 废弃砌体材料

9.1 废弃砌体材料的来源及特点

随着我国经济的不断发展，城镇化进程加快，因拆迁和旧城改造而产生的建筑垃圾不计其数。城市建设在带来巨大物质财富的同时，也带来建筑垃圾数量的增加。中国建筑废弃物的数量已占到城市垃圾总量的30%～40%，总体来说，建筑废弃物的主要成分为碎砖和混凝土。砖混结构建筑碎砖组分占废弃物总量的30%～50%，而框架结构建筑碎砖组分占废弃物总量的15%～30%。我国对建筑废弃砌块利用率不高，处理方式相对落后于发达国家。绝大多数建筑废弃物未经处理就被直接运到郊外或乡村采用露天堆放或填埋的方式进行处理。城镇化过程中需大量建筑材料，建筑废弃物作为建筑副产品本身就是一种资源，应对建筑废弃物尤其是碎砖进行处理利用，缓解建材资源压力[1]。

9.1.1 废弃砌体材料的来源

（1）自改革开放以来，我国城市的人口快速增加，我们在满足新增人口住房要求的同时，还要使原有居民的住房水平得到提高，因而城市住房开发的压力越来越大。为了解决这一问题，旧城区的改造以及新城区的开发已经在所难免。但城市的过度扩张必然引起新的城市问题，“为了控制城市用地规模，防止其盲目扩张，就必须要充分利用现有城市内部土地的空间使用价值，对其不断地加以改造和重组”[2]。而在现阶段的城市更新重组过程中，由于部分城市决策者只重视眼前利益而缺乏长远的发展眼光，所以很多城市的规划往往滞后于城市的发展。此外，一些规划法令、法规朝令夕改，造成了城市中建筑发展的混乱，很多仍在使用年限之内的建筑只能被强行拆除。多方面因素的相互结合，使得大量的建筑成为城市更新过程中的牺牲品，从而产生出了大量的旧建筑资源。废弃砖与混凝土砌块具体来源见表9-1。

表 9-1　废弃砖与混凝土砌块具体来源

建筑废弃砌块来源	拆除旧建筑	砖混结构旧建筑	砖、瓦（80%）
			木料、碎玻璃、石灰、渣土
		框架结构旧建筑	废弃混凝土（50%～60%）
			砖、砌块、砂浆、金属、塑料制品和木材
	施工	砂浆、混凝土、砖石、打桩截下的钢筋、混凝土桩头、废金属料、竹木料	
	装修	天然木材、纸类包装物、少量砖石、混凝土、砂浆、钢材、玻璃和塑料	

（2）除了上述原因之外，一些严重的自然灾害（如地震、海啸、飓风等）的发生往往会造成大量建筑的毁坏。在这些情况下所产生的建筑垃圾一般都会较为集中，而且数量往往非常巨大。如我国 2008 年发生的 5·12 汶川地震，“引致倒塌房屋 680 万间（约 1.3 亿 m^2），受损房屋 2300 余万间（其中 50% 需要拆除）。倒塌房屋和危房拆除两项合计将产生建筑垃圾 5 亿 t 左右（通常拆除 1 平方米建筑产生 1.2～1.6 吨建筑垃圾），远远超过一个特大城市 20 年所产生的建筑垃圾量总和（2000 万人口特大城市，年产建筑垃圾 2000 万 t 左右）”。地震后建筑物基本损毁，建筑损毁后产生大量的建筑垃圾其中废弃黏土砖就占据相当大的一部分。汶川震后倒塌现场如图 9-1 所示。

图 9-1　汶川震后倒塌现场

9.1.2　废弃砌体材料的特点

老旧建筑所使用的砌体材料多为烧结黏土砖，其具有防火、隔热、隔声、吸潮等作用。由于土地资源的日趋减少和人口快速增加，人均耕地逐年减少。近年来建筑用砌块有混凝土砌块、粉煤灰砌块、石膏砌块、复合砌块，应用最广的为加气混凝土砌块。其具有质量轻、保温隔热性能好、强度高、隔声性能好等优点。建筑废弃砌体材料一般都是在建设过程中或旧建筑物维修、拆除过程中产生的固体废弃物。废弃砌体材料属于无污染的无机物、无机材料，具有耐酸、耐碱、耐水性，化学性质比较稳定，同时具有稳定的物理性质的特点。建筑垃圾的这些性质决定其经过处理是一种很好的再生建筑材料。建筑物拆除伴随大量砌体材料产生，同时它也是城市垃圾中最为清洁的，合理利用不会产生二次污染的建筑“资源”。

9.2 废弃砌体材料的分离方式

建筑垃圾是建（构）筑物在建设、维修、拆除过程中产生的，主要包括砖块、混凝土块、施工中散落的砂浆和混凝土、金属、竹木、装饰材料、包装材料及其他废弃物。成分十分繁杂，将其回收作为一种再生资源利用，必须进行分捡、筛分、分类处理（图 9-2）。

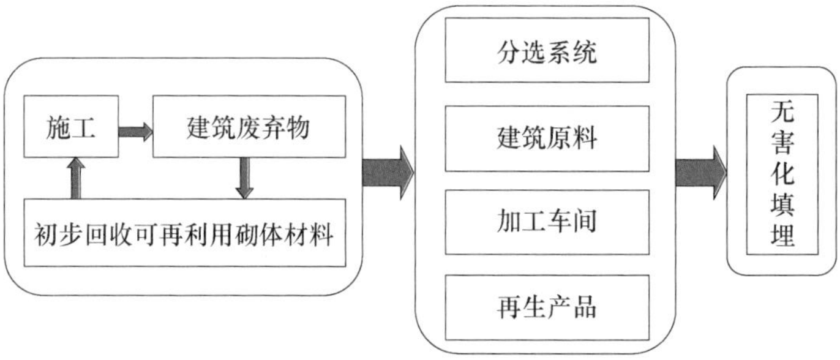

图 9-2 建筑垃圾分离方式

9.3 废弃砌体材料的综合利用途径

中国可持续发展建立在资源的可持续利用和良好的生态环境基础之上。我国政府高度重视循环经济发展。《中华人民共和国循环经济促进法》自 2009 年 1 月 1 日起施行。该法所称再利用，是指将废物直接作为产品或者经修复、翻新、再制造后继续作为产品使用，或者将废物的全部或者部分作为其他产品的部件予以使用。该法所称资源化，是指将废物直接作为原料进行利用或者对废物进行再生利用。

《“十二五”循环经济发展规划》于 2012 年 12 月 12 日发布。此后一个时期，我国政府围绕提高资源产出率，健全激励约束机制，积极构建循环型产业体系，推动再生资源利用产业化，推行绿色消费，以加快形成覆盖全社会的资源循环利用体系，全面推进建材行业的循环经济发展。

废砖石和砂浆与普通水泥混合，再添加辅助材料，可生产轻质砌块；废旧水泥、砖、石、砂等经过配置处理，可制作成空心砖、实心砖、建筑废渣混凝土多孔砖等[3][4]，其产品与黏土砖相比，具有抗压强度高、耐磨、吸水性小、质轻、保温、隔声效果好等优点。利用建筑垃圾制造各种砖和建筑砌块的技术，已被许多大专院校和环保科技公司研发成功。而且经研究表明，建筑废料制成的砖和砌块不含任何放射性物质和其他有毒成分。

纵观全国，建筑垃圾铺路、建楼等工程实例在各地均有实践。如合宁高速公路全长133.5km，水泥混凝土路面，1991年建成通车。随着交通量和使用年限的增加，混凝土路面出现了不同程度的病害。通过就地和就近利用废弃混凝土再生骨料代替天然骨料配制再生混凝土用于道路，废弃混凝土的利用率达到了80%，节约骨料的运输费用130万元，节省废混凝土占用土地费用75万元。再如，2004年上海市建筑科学研究院莘庄科技发展园区内建成的生态建筑示范楼，墙体全部采用再生骨料混凝土空心砌块，其再生材料使用率达到60%，具有超低能耗和很好的经济指标。

9.3.1　制作路基填充材料

目前，旧城改造的步伐越来越快，由此产生的建筑垃圾数量也日益巨大。旧城区建筑多为砖混结构，建筑垃圾也以黏土砖为主。如能合理利用这些废弃建筑垃圾，则会产生巨大的经济和社会效益。

废砖瓦含量高的建筑垃圾附加值比较低，再生骨料只能生产低强度的建材产品。现阶段应用于公路路基工程的建筑垃圾主要是指拆除物中的混凝土块、砖块、砂浆块、陶瓷、玻璃以及由这些成分所产生的细料。路面基层对再生骨料的技术要求包括良好的连续级配、较好的粒型、杂质含量低、质地相对均匀等。

1）制备方法

第一阶段：此阶段是初选工作。可利用人工、机械分选，将建筑垃圾中废弃木材、塑料等杂物选出来单独堆放，提高其附加值。

第二阶段：通过YDS系列颚式移动破碎站（图9-3），对较大建筑垃圾块体进行破碎，然后过筛分级进入下一个加工阶段。

郑州中意矿机生产的YDS系列颚式移动破碎站对建筑垃圾进行处理。特点：采用国标车架，长度短、质量轻；机动性强。不仅可以在普通公路上行驶，也可以在破碎厂区崎岖的道路上行驶；适应性强。可组合成不同的破碎工艺，既可以组成“先碎后筛”流程，也可以组成“先筛后碎”的流程；组合灵活。可以灵活组合为粗碎、中碎、细碎三段破碎筛分系统，还可以单机组独立运行，适应不同的工程需要。

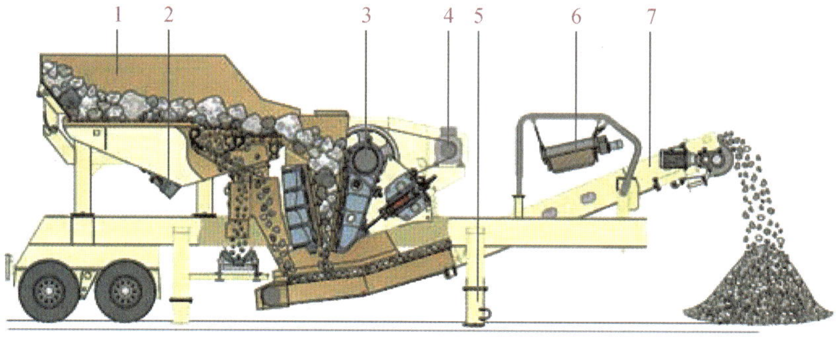

图 9-3　YDS 系列颚式移动破碎站工作原理图

1—振动喂料机；2—喂料机电机；3—颚式破碎机；4—颚式破碎机电机；
5—液压支腿；6—除铁器；7—皮带机

第三阶段：通过风选从再生骨料中进一步去除较小的轻物质和有机物，提高建筑垃圾再生骨料的品质。

建筑垃圾破碎工艺分为粗破碎和细破碎两级或多级破碎。对颚式破碎机破碎后的废弃砖块进行破碎整形，破碎整形的目的是通过选用合理的破碎设备使建筑垃圾具有较为完好的粒型结构。在投资规模有限的场合，由于建筑垃圾的硬度不高，可以选用颚式破碎机进行粗破。该设备具有较好的生产效率。但颚式破碎机破碎形成的颗粒组成中针片状含量较高，所以在后期加工需要进一步细破。细破过程可选用上海世邦公司生产的锤式反击破碎机（图 9-4），这种破碎设备组合形式生产的骨料具有较好的粒型结构。要求进料粒径 700mm 以下，破碎完成后成品粒径 10 ~ 31.5mm、5 ~ 10mm、0 ~ 5m 可视具体情况自定。在投资规模较大的加工生产线，为了提高生产速度和效率，细破可选择两级圆锥破碎机组合，不但可以进一步提高再生骨料的粒型质量，同时也大大提高了生产速度。

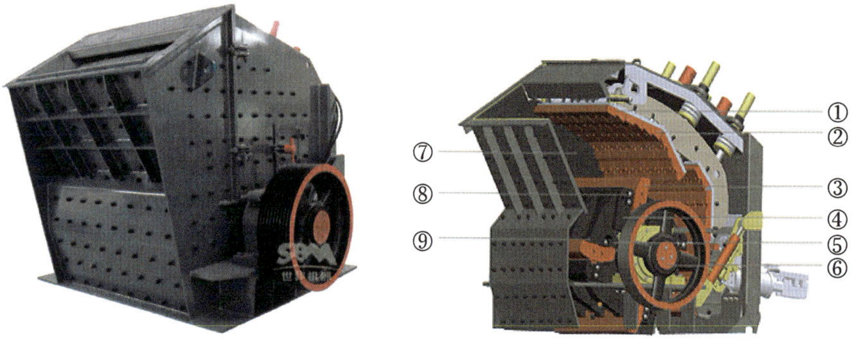

图 9-4　PFW 系列反击式破碎机与构造图

1—小击反板；2—大击反板；3—板锤；4—挡块；5—夹块；
6—主轴；7—衬板；8—转子；9—楔块

在破碎设备终端设置多层圆振筛，筛出已经符合粒径要求的颗粒。由此可以降低细破的破碎量，提高筛分效率，降低设备磨耗。设置多层网振筛将已经符合粒径要求的颗粒筛分成多个粒级，以便于再生骨料合理的级配搭配及应用。筛出的不符合要求的较大颗粒回到上级破碎处理，进行二次破碎。破碎后的骨料再次进入这个振动筛，筛出已经符合粒径要求的颗粒，循环往复直至达到粒径要求。再生粗、细骨料采用分粒级方式堆放（图 9-5）。

图 9-5　废弃黏土砖破碎分类堆放

原料堆料和成品细骨料堆场受自然风影响极易产生扬尘，为避免扬尘降尘采取的主要措施是喷淋和局部场地封闭。在整个工艺流程均应设置喷淋系统，各个喷淋点的水压、水量、水的雾化状态均可逐个调控。控制的要求是使物料处于潮湿状态，不起扬尘为宜。但不能过于潮湿，由于砖瓦类材料细粉含量较多，材料表面过于潮湿会相互吸附，影响筛分的正常进行。

在作为路基填充料时应严格控制颗粒级配，粗料主要起骨架支撑作用，而细料起着填充粗料之间的空隙和连接骨料的作用，粗细骨料相互补充。建筑垃圾中砖块和混凝土块的吸水率远远高于碎石，砖块的表观密度和毛体积密度相差较大，据相关研究表明其吸水率高达 21.6%。由此我们可以得出作为建筑垃圾中的主要成分——砖块属于质轻多孔结构，在碾压过程中容易发生进一步的破碎。砖瓦等材料与原始的材料相比略显疏松，因此，再生骨料的强度比天然碎石骨料的强度要低一些。

2）产品性能

参照《公路路基设计规范》（JTG D30—2015）和《公路路基施工技术规范》（JTG/T 3610—2019）

3）案例分析

以西宝高速公路改扩建工程为例，施工方案如下：在众多的垃圾中初步挑选建筑垃圾进行收集集中，对收集集中的建筑垃圾进行筛分并清理混凝土建筑垃圾，将这些建筑垃圾直接进行路基填筑。对于粒径大于25cm的建筑垃圾进行破碎处理，对在其中的生活垃圾、草皮、树根等杂物进行人工清理，分类堆放粒径小于25cm和粒径小于10cm进行路基填筑。

由于现场建筑垃圾经试验检测小于5mm粒径的材料CBR（CBR又称加州承载比，是California Bearing Ratio的缩写，由美国加利福尼亚公路局首先提出来，用于评定路基土和路面材料的强度指标。在国外多采用CBR作为路面材料和路基土的设计参数）小于3，故设计方案为掺1.5%水泥进行加固处理，水泥采用强度等级为P·C 32.5。采用机械上料、拌合机拌和，设备选用（XCYD-200），根据建筑垃圾现场密度1.286t/m^3和拌合机传料速度控制掺灰量，并按100m^3/批对已拌和好的建筑垃圾的灰剂量、含水量和骨料配比进行批次检测，经检测合格后用运输车运至路基填筑区。

在垃圾摊铺前，首先根据试验数据确定建筑垃圾在路基填筑时的虚铺系数（虚铺系数＝虚铺厚度÷压实厚度），本工程建筑垃圾试验虚铺系数为1.16，然后由填筑区域大小和虚铺厚度准确计算材料用量，在路基上标出10m×10m倒料方格，按照方格网点布置控制用灰饼，用测量仪器测定出灰饼高度。

科学、合理的施工工艺和合理的施工顺序，对于确保路基碾压质量和创造良好的经济效益，其作用尤为关键。参照《公路路基施工技术规范》和《公路工程质量检验评定标准》，采用施工过程沉降量观测和末端弯沉值指标的双向质量控制方法，要求最后一遍碾压施工完成后沉降量值≤1mm。

为保证掺灰建筑垃圾填筑路基的结构强度，结合水泥特性，设计要求确保路基碾压成型后面层始终保持湿润状态，养护周期为7d，覆盖养生。通过检测路基设计横断面、宽度、轴线偏位、表面平整度均满足设计和规范要求，通过对该段的检查、试验检测、短期沉降观测得知，该段建筑垃圾填筑达到设计及技术要求，前期试用基本成功。后期通过现场埋设的沉降观测点进行沉降观测，并同时用弯沉检测进行控制，观测时间不小于3个月。后期通过检测，试验段路基稳定，沉降值<1mm，采用高速路弯沉检测方法检测的弯沉值指标也满足高速公路要求，将在西宝高速公路改扩建工程中的方法在阿房宫立交路基中广泛应用。

据施工后统计，试验段路基工程，用建筑垃圾代替砂砾填料，采用购买移动式建筑垃圾破碎方案，工程费用节约60多万元。既减少垃圾的二次转运又保护了当地的环境和有限的土地资源，最重要的是为建筑垃圾的再生利用开辟了新的途径，使得建筑垃圾变废为宝，社会效益和经济效益显著。

9.3.2 制作高速公路边坡保护（制作成可生长植物通透性好的混凝土防止土壤流失）

随着我国经济建设的蓬勃发展，新的建筑物的建设伴随着旧的建筑物的拆除，因而拆除过程中产生了大量的废弃物。建筑废弃物的再利用是生态文明建设中不可或缺的一部分。环境恶化问题日益严重，在边坡防护工程中，传统的边坡防护形式对生态环境造成了如土壤易受雨水侵蚀而发生的山体滑坡、边坡塌方等不可逆转的自然灾害。传统混凝土造价相对较高，同时石材开采也会对自然环境带来新的问题。

由于作为边坡防护的混凝土对于混凝土强度要求较低，故采用建筑废弃的砌体材料作为边坡防护混凝土的骨料来配制出成本低、经济效果好并且视觉美观的植生型多孔混凝土来作为高速公路护坡[5]。

1）制备方法

由于连续孔的存在，为植物的根茎生长提供了空间，同时也有利于水分和空气的流动，只要采取适当的措施就可以在多孔混凝土上种植某些植物。这种混凝土可应用到河道、道路及场地的遮盖物等带斜面性质的工程中（图9-6）。

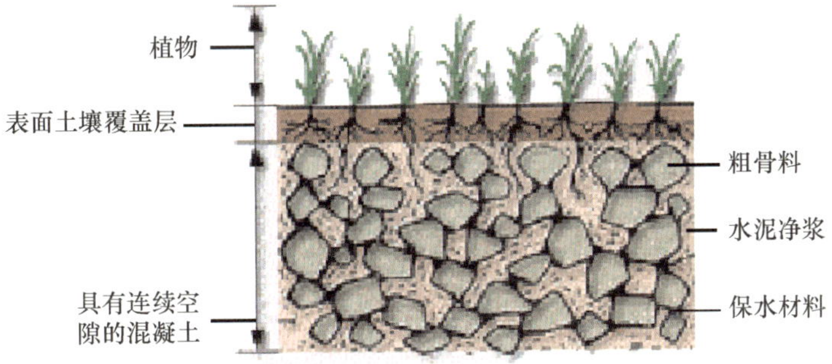

图9-6 植生型多孔混凝土断面结构

根据筛选已分类的骨料（废弃砌体材料），结合混凝土配制骨料要求分类堆放。植生型多孔混凝土制备路线如图9-7。

植生型多孔混凝土是由粗骨料、混合材、水泥、化学添加剂和水等拌制而成的一种多孔混凝土。它不含细骨料，由表面包裹着一薄层水泥浆的粗骨料相互粘结而形成孔穴均匀连续分布的蜂窝状结构，这可以说

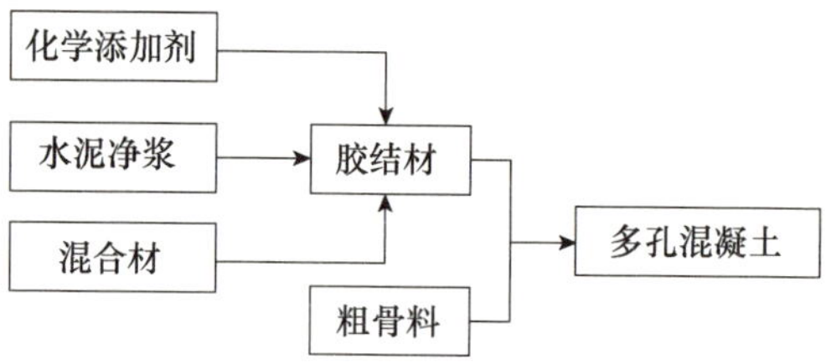

图 9-7　多孔混凝土制备路线

是植生型多孔混凝土的最主要的结构特点。因此对试验原材料的选择，主要是水泥强度等级、组成成分、粗骨料种类、粒径以及化学添加剂性能等就显得尤为重要。在粗骨料相互接触而形成的双凹粘结面上，水泥浆厚度越厚，粘结点越多，粘结就越牢固。就强度而言，人工破碎的废弃砌体材料，选择单一粒径的作为骨料皆不利于相互粘结。但另一方面植生型多孔混凝土因为种植的需要，要求植物根系必须穿透混凝土。通常，选用骨料的粒径应在10 ~ 20mm 之间，且单一粒级级配更利于连续孔隙的形成。

作为植生型多孔混凝土，其对粗集料的外观及来源要求更加严格。所选粗集料应满足片状含量少、表面干净杂质少的要求。若碎石表面含有一些有机杂质、黏土、粉尘、硫化物、盐类等，这将不仅影响到植生型多孔混凝土的制备成型，而且会影响到混凝土的孔隙表面的物理化学性质，从而进一步影响到多孔混凝土中植物根系的生长与发育，这就要求将筛选后的骨料采用水泵冲洗干净，去除骨料表面有害杂质。

为了提高植生型多孔混凝土的强度和适当降低孔隙内碱度，掺入适量的混合材是必须的，如粉煤灰、矿渣和硅灰。

化学添加剂的选用主要是起到胶结材增强增黏作用，因此高效减水剂和有增黏增韧效果的聚合乳液成了不错的选择，此外植生型多孔混凝土拌和用水不能含有有机杂质。

植生型多孔混凝土常用的配合比设计方法有体积法、质量法、比表面积法，这几种设计方法有各自的优缺点（表 9-2）。

表 9-2　配合比设计方法

配合比设计方法	优点	缺点
体积法	能对设计孔隙率进行有效的控制，利于掌握孔隙率的特性	填浆量大时，实测孔隙率与目标孔隙率落差大
质量法	利用经验图表，可迅速计算各材料用量，易于现场施工	填浆量多少不可控制，孔隙率差异性大很难得到保证
比表面积法	与传统混凝土浆体包裹骨料的理论相符	需计算各骨料的比表面积，并确定浆膜厚度，设计过程烦琐

根据植生型多孔混凝土的结构特点，为确保良好的透水性能，便于配合比计算，以及便于工程操作等方面考虑，决定配合比设计方法采用体积法。

体积法的基本原理为：粗集料在紧密堆积的情况下，通过水泥胶凝材料浆体的包裹而粘合在一起，胶凝材料浆体水化硬化后与骨料颗粒共同构成连续型、半连续型和封闭型多孔结构。由于植生型多孔混凝土是由骨料、水泥、水、外加剂混合而成的多组分体系，所以体积法配合比设计是将各原材料的体积与设计孔隙体积之和作为混凝土的体积来计算。

若以 ν_g、ν_c、ν_f、ν_w、ν_s、ν_a、ν_k 分别表示粗骨料、水泥、矿物掺合料、水、细骨料、外加剂、空气的体积，则植生型多孔混凝土体积 ν 可用下边的式子表示：

$$\nu_g + \nu_c + \nu_f + \nu_w + \nu_s + \nu_a + \nu_k = \nu$$

若以 m_g、m_c、m_f、m_w、m_s、m_a 分别表示单位体积混凝土中粗骨料、水泥、矿物掺合料、水、细骨料、外加剂的用量（kg/m^3），ρ_g、ρ_c、ρ_f、ρ_w、ρ_s、ρ_a 分别表示单位体积混凝土中粗骨料、水泥、矿物掺合料、水、细骨料、外加剂的表观密度（kg/m^3），以 P 为植生型多孔混凝土的设计孔隙率，则可用下列式子表示：

$$\frac{m_g}{\rho_g} + \frac{m_c}{\rho_c} + \frac{m_f}{\rho_f} + \frac{m_w}{\rho_w} + \frac{m_s}{\rho_s} + \frac{m_a}{\rho_a} + P = 1$$

参照《透水水泥混凝土路面技术规程》（CJJ/T 135—2009）对多孔混凝土配合比设计的要求，以体积法为基本原则，植生型多孔混凝土配合比设计按以下步骤进行：

（1）单位体积粗骨料用量计算：

$$W_G = \alpha \times \rho_G$$

式中 W_G——多孔混凝土中粗骨料用量（kg）；

ρ_G——粗骨料紧密堆积密度（kg/m^3）；

α——粗骨料用量修正系数，取0.98。

（2）胶结料浆体体积计算：

$$V_P = 1 - \alpha \cdot (1 - v_C) - 1 \cdot R_{void}$$

式中 V_P——每立方米多孔混凝土中胶结材料浆体体积（L）；

v_C——粗骨料紧密堆积孔隙率（%）；

R_{void}——设计孔隙率（%）。

（3）单位体积水泥用量计算：

$$W_C = \frac{V_P}{R_{W/C} + 1} \cdot \rho_C$$

式中 W_C——每立方米多孔混凝土中水泥用量（kg）；

V_P——每立方米多孔混凝土中胶结材料浆体体积（L）；

$R_{W/C}$——水胶比；

ρ_C——水泥密度（kg/m^3）。

（4）单位体积用水量计算：

$$W_W = W_C \cdot R_{W/C}$$

式中 W_W——每立方米多孔混凝土中用水量（kg）；

W_C——每立方米多孔混凝土中水泥用量（kg）；

$R_{W/C}$——水胶比。

（5）外加剂用量计算：

$$M_a = W_C \cdot a$$

式中 M_a——每立方米多孔混凝土中外加剂用量（kg）；

W_C——每立方米多孔混凝土中水泥用量（kg）；

a——外加剂掺量（%）。

多孔混凝土采用的拌和方法有一次投料法和水泥浆裹石法。一次投料法即一次性把骨料、细骨料、水泥投入搅拌机，并加水和减水剂进行拌和。水泥浆裹石法是先将水泥、水和减水剂加入搅拌机制备成水泥净浆，然后加入粗骨料进行搅拌，使水泥净浆包裹在粗骨料表面。经过改进拌和方法具体操作步骤如下：首先将骨料、水泥、粉煤灰倒入强制式单卧轴混凝土搅拌机干拌60s，使骨料、水泥、粉煤灰搅拌均匀，相互间充分接触；然后边搅拌边加入50%的水，搅拌30s；最后加入另外50%的水与减水剂，搅拌时间为60s。

自然养护为试件成型连试模一起放置在自然空气中，养护24h后脱模，然后试件继续在自然空气中养护至要求龄期。

2）产品性能

查阅国内外文献，根据日本生态混凝土护岸工法的规定，对于以植生为主的护岸工程，多孔混凝土28d抗压强度需在10MPa以上，对于一般要求的护坡工程，多孔混凝土抗压强度需达到5.5～10MPa。《公路排水设计规范》（JTG/T D33—2012）中要求在排水基层中，水泥处治碎石集料的7d浸水抗压强度不得低于3MPa，《公路排水设计规范》（JTG/T D33—2012）中要求混合骨料的渗透系数不得小于300m/d（约为3.47mm/s）。

3）案例分析

西安环山公路绿化景观改造提升二期工程，环山公路景观改造提升工程分为东西两端，长度29.4km，绿化改造提升用地约148.5万m^2。

对于两旁道路的浆砌石边坡进行了复绿设计，采用了陡峭边坡绿化技术，施工效果好且增加了有效的绿地面积（图9-8、图9-9）。

图9-8 西安环山公路绿化景观改造（一）

图9-9 西安环山公路绿化景观改造（二）

“终南阴岭秀长安，绿荫大道诗意浓”。驱车行驶在环山公路长安段时，会惊喜地看到，笔直的道路两侧绿树茂盛成荫，路边盛开的花朵争相吐蕊，与巍巍秦岭、蓝天白云交相辉映，勾勒出一幅和谐的画卷，洋溢着一股绿色的生机和活力。

西安环山公路绿化景观改造提升二期工程，全长29.4km，按照“南低北高、顺势而为、简明大气、注重节点、人文关怀”的原则，全段以大叶女贞、栾树、杨树、紫叶李四个乔木品种栽植补植，采用大段落、大效果的手法，简洁、大气、纯粹，对各道路岔口，河道两岸进行细节处理，栽植花灌木，形成小景观，沿线护坡路段喷播挂网总面积3900m^2，全面展现秦岭自然美景和形成有别于城市绿化风格的田野绿道长廊。

经过高标准的景观提升改造，昔日道路沿线“杂、乱、混、疏”的星点绿色，已被“爽、连、浓、美”且又显山露水的大面积绿化景观所代替。如今的环山公路长安段，已成为秦岭脚下一条特色鲜明、美观大方的生态景观长廊。

9.3.3 制作混凝土装饰制品

中国城市建设的高速发展带来巨大的建设需求，大量的建筑和城市工程项目为景观设计带来了难得的发展机遇。随着绿色环保理念的持续进步，城市规划、建筑、景观及相关设计行业清晰地认识到节能环保、绿色生态的意义，景观项目在设计及施工中对于施工技术和材料的应用更加重视。当代景观设计最为注重景观环境的整体性和空间体验，装饰混凝土和更多绿色高性能的混凝土材料因其卓越的装饰性能已经得到越来越多的应用和关注。目前大量的景观设计项目都对装饰混凝土材料的应用进行了深入广泛的研究和探索，取得了很大的成效。可持续的发展要依赖于材料的技术革新和突破，更加依托于设计理念及材料应用等方面的创新和发展。

装饰混凝土是指利用混凝土的可塑性和材料构成的特点，在成型的过程中进行艺术加工，使其表面具有装饰性线型和纹理质感，且可以混合其他材质和颜色，形成更加多元化的材质和肌理效果，能够在很大程度上满足景观中的装饰设计要求。随着景观项目的发展和设计的逐渐深入完善，景观设计中很多功能设施和造型设计都需要更多的视觉效果和丰富的空间体验。装饰混凝土突出的装饰性能和强大的表现力可以使景观设计的造型和功能设施的设计发展到一个更高的层次，在景观设计领域已经成为不可替代的装饰材料。同时，混凝土材料强大的装饰性能和环境适应能力可以满足景观环境对于防腐、耐高温、防潮防湿等要求，让它在景观设计项目中具有绝对的优势和地位。

1）制备方法

混凝土仿木栏杆主要材料由混凝土与钢筋混凝土组成，大多以可塑性材料仿做。还有一种仿木栏杆是天然的木材经烘干加工而成，这种仿木栏杆受气候的影响比较大，冬季易干缩，夏季易膨胀，养护比较烦琐，但是相对于钢筋混凝土类混凝土仿木栏杆，其天然、舒服、木质感比较强。混凝土仿木栏杆由于制作自由，造型非常活泼，形式也非常多样，可以制作出天然石材的效果。混凝土仿木栏杆凭借着经久耐用，造型灵活、制作方便、容易维护、使用寿命长、高强度的防撞击、耐腐蚀等优势，是现在栏杆的主流材料。混凝土仿木栏杆广泛适用于水利河道、市政桥梁、水库堤坝、公路交通以及园林景观装饰工程。

（1）栏杆安装。栏板与立柱采用榫接方式连接。现场放线安装，先固定立柱后榫接栏板。栏板一般可预埋 3 ~ 5cm。

（2）栏杆调校。每隔 15 ~ 20m 对安装好的栏杆进行调校，调校后用 C25 混凝土浇灌预留孔固定立柱。

（3）勾缝处理。用勾缝剂和配发的表面处理材料对榫接处进行勾缝涂刷。

（4）清洁清理。若安装时，砂浆等溅到产品表面上，应及时用水刷拭干净，以防黏附在产品表面，影响产品表面美观。安装完毕及时清理现场。

（5）仿木栏杆的喷涂。

① 喷涂前的准备。

仿木栏杆安装完毕后，应养护仿木栏杆，待仿木栏杆养护期满后再进行喷涂工序；不应在下雨等恶劣天气情况下进行喷漆流程。

② 仿木栏杆涂装。

喷涂工序的技术要点：在喷漆过程中，应注意仿木栏杆的漆表面均匀度、光洁度等，做到漆表面均匀、有亮度。构件表面不应有误涂、漏涂，涂层不应有脱皮，涂层应均匀，无明显褶皱、流坠、气泡等现象。涂层厚度、涂装遍数应符合设计要求，刷（喷）底漆、面漆和保护漆；喷涂工艺要点：对涂料的混合、搅拌要领，以及上一道与下一道涂装间隔等。混凝土仿木栏杆染色看似简单，其实里面大有学问，染色要根据仿木栏杆的造型以及仿的是何种木材来配色，切不可胡乱配色。涂刷工具，应选用适合该涂料特性的工具，如改用其他涂料时，要把全套工具彻底洗净。

仿木栏杆和仿木装饰材料的加工根据审定的样品加工一致的优质材料，审定的样板及模型有专人保管发放、回收。对原料进场半成品，组织验收通过后再进一步细加工，有专人分管技术尺寸，做到步步把关。制作后成品编工号及构件编号，对每个构件分类验收，标准主要是尺寸、口角、垂直度，平面平整度均应符合设计要求，对验收通过的成品外用木框架内用塑料袋包装后妥善堆放，有措施的派专人管理，以免材料污染及损坏并根据工程需要，提前5d通知进场安装，保证整个工程的进度。

仿木栏杆装饰材料的结构要求除满足设计文件规定外，强度均必须达到C25标准，吸水率≤5%。

2）产品性能

混凝土仿木栏杆应符合下列要求：

（1）混凝土护栏所采用的混凝土强度等级不应低于C25，不宜采用冷加工钢筋。

（2）采用悬臂式栏板时，板厚度不应小于100mm。

（3）板厚不应小于60mm，板内应设置钢筋网片。顶部应设压顶梁，压顶梁宽度不宜小于150mm，高度不宜小于120mm；纵筋不应小于4ϕ10，箍筋不宜小于ϕ6@250，顶梁纵筋应与肋（柱）或主体可靠连接。

混凝土栏杆在安装施工中的要求：

（1）安装基础。安装基础应保证平整度合格率在95%以上，基础预留宽25cm×长25cm×深15cm，预留孔用于预埋立柱。预留孔的中心距根据所选栏杆款式的中心距预留。

（2）栏杆组装。栏板与立柱采用榫接方式连接，现场放线安装，先固定立柱，后榫接栏板。

（3）栏杆调校。每隔15～20m对安装好的栏杆进行调校，调校后用C25混凝土浇灌预留孔固定立柱。

（4）勾缝处理。用勾缝剂或水泥砂浆对榫接处进行勾缝涂刷。并及时擦拭溅到产品表面的勾缝剂或水泥砂浆。勾缝剂干透后再用随车配发的表面处理材料勾缝部分。勾缝处理仅限仿木产品，仿石产品不用勾缝。

3）案例分析

图9-10、图9-11为实际工程中应用案例。

图9-10　混凝土仿木栏杆应用（一）

图9-11　混凝土仿木栏杆应用（二）

混凝土仿木栏杆是一种高仿真的工艺产品，产品强度高、使用寿命长、安装方便、坚固牢靠。因其防腐、耐水、耐燃、耐候性远远超过自然木材，外观木纹细致逼真，造型别具匠心而被广泛应用于水利河道、市政桥梁、水库堤坝、公路交通以及园林景观装饰工程。其具有以下优点：

（1）高仿真：给人们以大自然和树林的亲情感。仿木产品对每一个细节如木纹、年轮，从外观直到色泽，贴近自然，保持树木、木材的原色。

（2）抗老化。不变形、不腐朽、不风化；表面喷涂耐紫外线、耐脏性好和耐腐蚀性高的高级处理材料，使产品有很高的抗老化性。

（3）产品安装方便，组合快捷，坚固牢靠。

（4）强度高。仿木产品应用钢筋、混凝土作基材，有高效抗折强度和抗弯曲强度。

（5）尺寸稳定性好、使用寿命长，五年内不需要任何维护修理。

9.4 在综合利用过程中技术壁垒与瓶颈

我国开展建筑垃圾资源化技术研究已有近 20 多年的历史，取得了一定的成绩，但由于认识和实践的限制，即对建筑垃圾的处理，基本限于将建筑垃圾为原料做再生建材的研究。随着建筑垃圾资源化产业的起步发展，这样的研究对建筑垃圾的减量化作用并不大，对提升建筑垃圾资源化率和推动整个资源化产业发展的作用有限。建筑垃圾资源化技术实际是研究建设工程的可持续发展和资源的循环利用技术，是建设工程能持续发展的保证。

再生混凝土制品技术主要以砖骨料为主，产品有再生普通砖、装饰砖、透水砖、再生广场砖、再生路缘石、再生挡土砌块、再生护坡砌块、再生连锁砌块等，是目前主要产品，应用普遍。存在的问题是消耗建筑垃圾量小、附加值不高、中小企业偏多。再生混凝土技术，对骨料的来源有限制，以废混凝土骨料为主。在再生骨料品质、掺合料对再生混凝土性能的影响、配合比设计、外加剂适用性、高性能再生混凝土等多方面开展的研究，实验室和理论研究成果较多。但由于实际骨料的现状和对其品质的担心、搅拌站的技术及生产水平限制，实际掺加应用比例并不高。大规模的再生混凝土生产与应用实践尚未展开，两部技术规范《再生混凝土结构技术标准》（JGJ/T 443—2018）和《再生混合混凝土组合结构技术标准》（JGJ/T 468—2019）的实施，将对再生混凝土技术有推动作用。再生砂浆技术，对骨料没有限制，用再生砂适量替代天然砂可以改善骨料的级配，再生细粉可以起到填充作用，高的吸水能力利于水泥的水化和强度的持续发展，较多孔隙不仅降低砂浆自重，对砂浆的保温隔热能力有所提高，稠而不黏的特性易于施工，又不存在安全顾虑，因此，再生砂浆近几年发展较快，易于接受与推广。

利用再生粉体制备水泥技术：一是用15%左右的建筑垃圾再生粉体用作水泥掺合料；二是将建筑垃圾取代黏土用作生产水泥的原料，研究和实践的效果都证明热耗低，质量稳定，且生产工艺不需要改动等，但由于地域和原料的限制，推广面较窄。所谓再生微粉可直接替代水泥只是一种理想，要经过低温煅烧才有可能。用再生微粉替代粉煤灰研究尚需大规模工程实践检验。

道路用建筑垃圾再生料技术，根据再生骨料的性质可用作城市道路和高等级公路的基层、底基层、路床和附属设施制品等，使用率为30%～100%，使用量大，技术成熟。

再生骨料渗蓄材料技术，由于再生砖骨料比天然石料有着高吸水、储水能力和相同的透水能力，应用在海绵城市建设中有着广阔的前景。再生骨料在水环境治理工程中开始有了少量的应用研究与实践，可提高再生骨料附加值。其他如利用建筑垃圾中的黏土烧结制品技术、利用弃土制 CLSM（又称混泥土）技术等，因为现有政策的限制或其他原因，都处于讨论和研究阶段。

9.5 解决途径及发展方向

为了更好地处理、利用建筑废弃物，还应提高分选装备的制造与应用技术，移动式资源化装备制造技术，高质量、高附加值再生制品的提升技术、适宜再生骨料特点的再利用技术，弃土利用技术，泥浆利用技术，利用大数据互联网＋进行建筑垃圾管理和资源化生产控制技术等[6]。我国的建筑垃圾每年的产生量是世界其他国家无法比拟的，且在近期内还会增长或持续一段时间。因此，研究建筑垃圾资源化技术既是时代的需要，又同时给广大科技工作者和致力于建筑垃圾资源化的从业者提供了一个难得的机遇和广阔的创新舞台。只要我们认识到位、行动到位，就一定能取得他人无法取得的成就，给子孙后代造福，为实现伟大的中国梦做出贡献。

参考文献

[1] 陈裕佳，杨善顺，徐仁崇．建筑废砖的资源再循环利用［J］．砖瓦，2016（11）：65-67.

[2] 卢永钿．旧建筑资源再利用研究［D］．天津：天津大学，2009.

[3] 刘亚萍．建筑垃圾的处理：废砖，混凝土再生利用问题的探索［J］．建筑科技情报，1998（1）：11-14.

［4］何健恒，孙南屏，李炜，等. 利用废砖粉制备免烧压制砖的试验研究［J］. 新型建筑材料，2014（8）：12-14.
［5］郑德戈，谢修平，林山华. 生态混凝土护坡及灌注型植生卷材绿化工法在水利工程护岸中的应用［J］. 水利水电技术，2012，43（2）：26-30.
［6］郭烨，薛斌. 一种利用废弃加气混凝土砌块制作可利用介质的方法［P］. 发明专利 CN111869540A，2020 年 11 月 3 日公布。

10 污　　泥

10.1 污泥的来源及特点

污泥是城市污水处理过程中产生的体积最大的副产品。我国的污水处理事业的发展经历了以下几个阶段，随着污水处理事业的发展，污泥处理也呈现出不同的鲜明特性。

（1）污水处理发展的初期阶段

20世纪60年代，由于我国污水处理厂较少且处理量不大，因此污泥处理处置尚未成为问题。由于污水处理厂少，污泥量不多且成分简单，污泥可简单处理作为农肥，如在上海、北京、天津，污泥就作为肥料使用。上海、北京、天津等城市的污泥受到农民的欢迎，污泥作为农家肥施用。所以，在此阶段污泥是资源，污泥处置尚未成为问题。

（2）现代污水处理厂建设阶段

从20世纪80年代至今，我国城市污水处理事业获得了跳跃性发展，城市污水处理厂由最初的400多座发展到2004年的708座。由于污水排放量的骤增和环境保护意识的增强，这一时期污水处理事业的重点主要集中在城市污水处理厂的建设上，资金、技术、装备和土地也集中在污水处理厂建设上。

这一时期，污水处理的过程产物污泥的处理处置尚未纳入污水处理厂的规划和设计中去。污泥大多在污水处理厂经过简单的处理后就进行处置。而各个部门受认识、资金、技术、土地等条件的制约，在污泥处置方面仍以农田利用和堆放消纳为主，但由于重金属等污染问题，农业利用受到限制，污泥成为隐患。

（3）污水处理厂快速发展阶段

进入21世纪后，随着城市发展和环境污染的加剧，我国城镇污水处理厂的建设开始加速发展。2003年全国污水处理率为42.39%，其中约有27.4%的城市污水得到污水处理厂的集中处理。据国家统计局发布的数据，我国的城市污水处理率在2007年已经达到62.9%，2008年，全国投入运行城镇污水处理厂1529座，处理污水量233亿m^3，相比“十五”初期增加约一倍，产生含水率80%的污泥约1600万t。

随着经济的发展和生活质量的提高，公众对环境问题越来越关注，对环境质量的要求也逐渐提高。为节约水资源，改善生态环境，我国的污水处理事业迅猛发展，城市污水的处理率逐年提高。

截至2017年末，全国市级城市共有污水处理厂2209座，污水厂日处理能力17716万 m^3，全年污水处理总量465.49亿 m^3，污水处理率94.98%；全国县级城市共有污水处理厂1572座，污水厂日处理能力3218万 m^3；全年污水处理总量87.77亿 m^3，污水处理率90.21%。

2000—2017年，我国市级城市污水处理能力和污水处理率如图10-1所示。

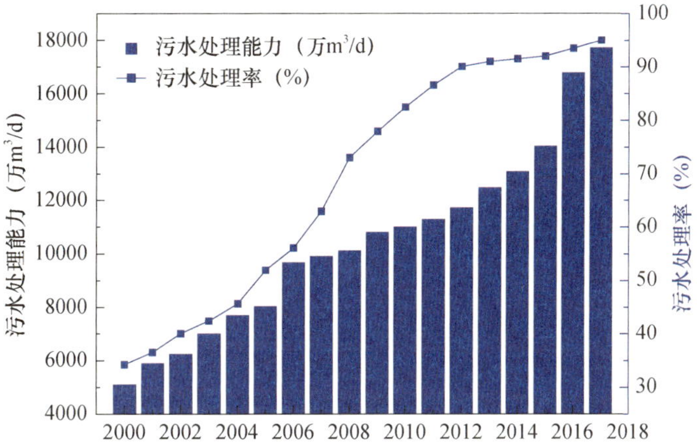

图10-1 我国市级城市污水处理能力和污水处理率

2000—2017年，我国县级城市污水处理能力和污水处理率如图10-2所示。

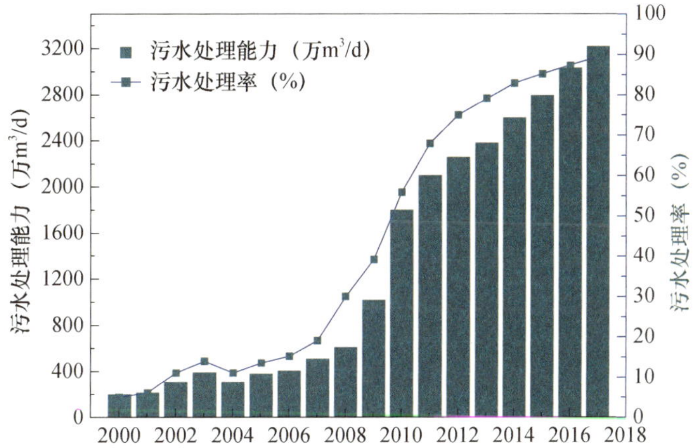

图10-2 我国县级城市污水处理能力和污水处理率

一般情况下，污泥量通常占生活污水量的0.3%～0.5%（体积）

或者为污水处理量的1%～2%（质量），如果污水采用深度处理，则污泥量会增加0.5～1倍。2004—2017年，我国生活污泥的产生量如图10-3所示。

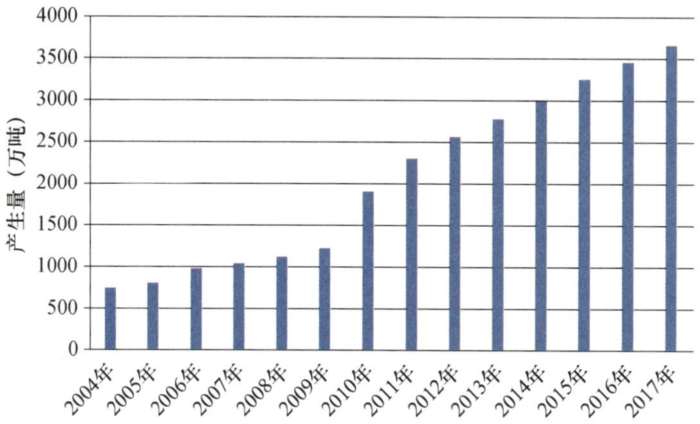

图10-3　生活污泥产生量

2010—2017年，我国工业污泥的产生量如图1-4所示。

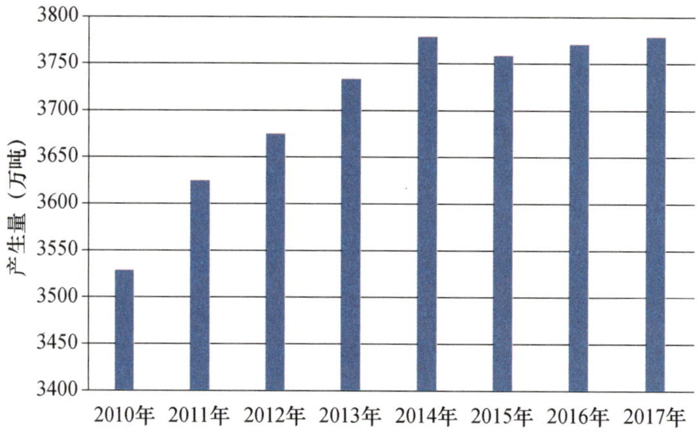

图10-4　工业污泥产生量

随着我国社会经济的发展，污泥的产生量也逐步增长。据有关部门预测，我国城市污水量在未来十年还会有较大增长。另外，随着污水排放标准日益严格，污水处理功能不断完善，污泥产量也随之增加。例如无机营养物质氮、磷的去除，使得污泥产量比传统活性污泥法明显增加。根据国外脱氮除磷污水处理厂的运行经验，如果污泥中磷的含量为5%，则产生的污泥量比传统活性污泥法增加13%。

随着城市生活污水处理量和处理率的大幅度提高，污泥已经成为困扰污水处理厂的最严峻的现实难题之一，只有实现了污泥的安全无害化处置才能达到消除污染的目的。

污泥是城市污水处理过程中产生体积最大的副产品，是由多种微生物形成的菌胶团与其吸附的有机物和无机物组成的聚合物。

污泥基本组成为 90% ~99% 的水和 1% ~10% 的固含物。其中，固含物中含有大量有机成分（>60%）。发达国家污泥中干基有机物含量一般为 70% ~80%，而发展中国家略低。表 10-1 是我国天津纪庄子污水厂的污泥理化组成。

表 10-1 天津纪庄子污水处理厂污泥理化组成

项目	初沉污泥（%）	剩余污泥（%）
固体	7.8	1.4
挥发性固体	49.9	67.7
油脂类	10.0	6.4
蛋白质	13.8	38.2
碳水化合物	26.1	23.2

污泥中既含有易腐败的有机物质和无机营养元素，也含有大量的病原菌、寄生虫（卵），还有 Cu、Zn、Cr 和 Hg 等重金属，以及部分有害的难降解有机物，如多环芳香族碳氢化合物等。这些化学物质不仅会污染地表水和地下水源，污泥散发的臭气也会污染空气，病原体对人类健康也是潜在的威胁。污泥对环境的污染途径如图 10-5 所示。

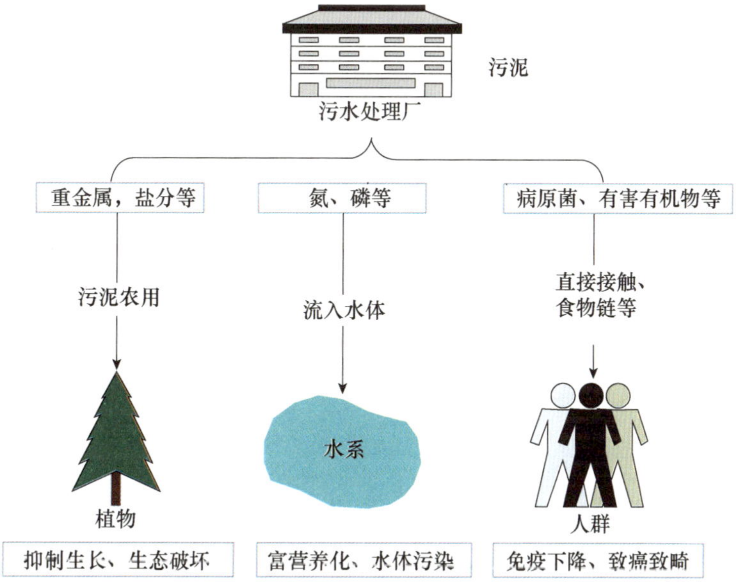

图 10-5 污泥对环境的污染途径

因此，污泥如果不妥善处理，任意堆放和排放将对环境与人类造成严重的危害。在我国城市化水平较高的城市与地区，污泥问题已经十分突出。我国政府非常重视污泥问题的控制与解决，相继制定了《农用污泥中污染物控制标准》（GB 4284—2018）、《城市污水处理厂污水污泥排放标准》（CJ 3025—1993）、《城镇污水处理厂污染物排放标准》（GB 18918—2002）及《城市污水处理及污染防治技术政策》，对污泥的处理处置提出了严格的要求。无害化、减量化和资源化是我国城市污水厂对剩余污泥处理处置的基本原则，政府鼓励经济有效的污泥处理处置技术的应用。

10.1.1 污泥中的水分特性

作为一种固液稳态的体系，在没有外力作用的条件下，污泥的固液比例保持相对的稳定性。污泥中所含的水分包括孔隙水、毛细水、附着水和内部水四大类，其结构如图 10-6 所示。

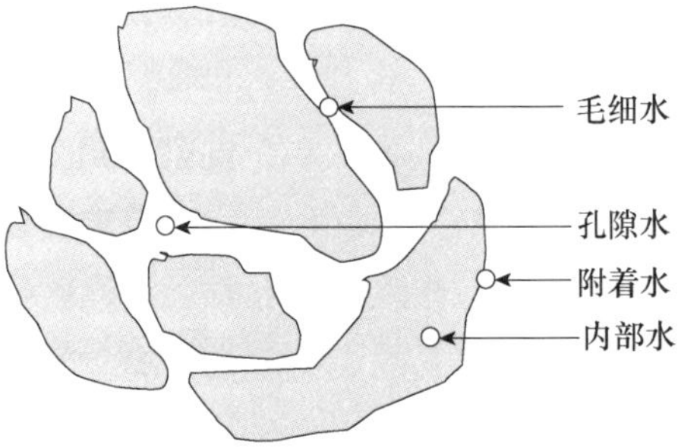

图 10-6 污泥水分示意图

（1）孔隙水

孔隙水也称自由水，是指存在于污泥颗粒间隙、被污泥固体所包围的水，约占污泥体积的 70%。孔隙水与固体没有直接结合，相互间不存在化学作用，结合力相对较小，比较容易从固体中分离。

（2）毛细水

毛细水存在于高度密集的细小污泥固体颗粒周围，一般是填充在污泥固体颗粒之间的缝隙中，占污泥水分的 10% ~20%。污泥由高度密集的细小固体颗粒组成，在固体颗粒接触表面上，由于毛细力的作用，形成毛细结合水。由于毛细水和污泥颗粒之间的结合力较强，浓缩作用不能将毛细结合水分离，需借助较高的机械作用力和能量，如真空过滤、压力过滤和离心分离才能去除这部分水分。

（3）附着水

附着水是指活性污泥固体颗粒表层上附着、吸收和结合的水，实际上是胶体颗粒的结合水，占污泥水分的 5% ~15%。污泥属于凝胶，是由絮状的胶体颗粒集合而成。污泥的胶体颗粒很小，与其体积相比表面积很大，由于表面张力的作用吸附的水分也就很多。胶体颗粒全部带有相同性质的电荷，相互排斥，妨碍颗粒的聚集、长大而保持稳定状态，因而表面吸附水用普通的浓缩或脱水方法去除比较困难。只有加入能起混凝作用的电解质，使胶体颗粒的电荷得到中和后，颗粒呈不稳定状态，黏附在一起，最后沉降下来。颗粒增大后其比表面积减小，表面张力随之降低，表面吸附水也随之从胶体颗粒上脱离。

（4）内部结合水

内部结合水也称作胞内水，是指在活性污泥内部、与颗粒结合在一起的水。微生物细胞膜内细菌化学组成部分所含的水也是内部结合水。内部结合水的含量不多，占污泥水分的5%～8%。这种内部结合水与固体结合得很紧密，使用机械方法去除这部分水是行不通的。要去除这部分水分，必须破坏细胞膜，使细胞液渗出，由内部结合水变为外部液体。为了去除这种内部结合水，可以通过好氧菌或厌氧菌的作用进行生物分解，或采用高温加热和冷冻等方法。

10.1.2　污泥的泥质特性

1. 黏度高

污泥属于黏性流体中的非牛顿流体。即污泥的切应力和剪切速率之间存在着非线性关系，黏度值随剪切应力或剪切速率的变化而改变。工程中，常用“黏度”表示其流变特性。

描述非牛顿流体流变性的方程主要有 Ostwald 方程、Herscher-Bulkly 方程和 Bingham 方程，分别如下式所示：

$$\tau_w = \mu\ (dv/dy)^n \tag{10-1}$$

$$\tau_w = \tau_0 + \mu\ (dv/dy)^n \tag{10-2}$$

$$\tau_w = \tau_0 + \mu\ (dv/dy) \tag{10-3}$$

其中：τ_w表示剪切应力；τ_0表示初始屈服应力；μ 表示黏度。

根据黄志斌等人的测量，含水率为80.5%的污泥，其黏度为0.738×10^3 Pa·s，且随着含水率的增加；污泥的黏度也增加；55%～65%的含水率被众多学者认为是污泥的胶粘临界点。

污泥的“胶粘相”一直被视为污泥干化的瓶颈。

2. 密度高

污泥密度的测量方法为在25mL量筒中加入体积为V_1的去离子水，称量其初始质量M_1；往量筒内加入少量污泥，称量其质量M_2，记录其体积V_2，则污泥的密度为

$$\rho = M/V = (M_2 - M_1)/(V_2 - V_1)$$

3. 流动性差

本试验中，不同含水率的污泥物理状态见表 10-2。

表 10-2　不同含水率的污泥物理状态

含水率（%）	物理形态
90 以上	近似液态
80～90	粥状
70～80	柔软，但不可流动
60～70	近似固态
50	黏土状

4. 颗粒细

污泥颗粒的大小、表面电荷的水合程度以及颗粒间的相互作用是影响污泥浓缩、脱水、干化等性能的主要因素。首先，污泥颗粒越小，颗粒的比表面积越大。这意味着更高的水合程度和对过滤（脱水）更大的阻力及改变污泥脱水性能需要更多的化学药剂。其次，污泥中颗粒大多是相互排斥的。由于水合作用，有一层或几层水附在颗粒表面而阻碍了颗粒相互结合，并且污泥颗粒一般都带负电荷，相互之间表现为排斥，造成了稳定的分散状态。

10.1.3　污泥的组成特性

污泥的主要组成如图 10-7 所示。

- 污泥
  - 固相
    - 有机相
      - 元素组成：C、H、N、O、S、Cl
      - 化学组成
        - 毒害性有机物组成
        - 有机官能化和组成：醇、酸、脂、醛、醚、烃、芳香化合物、腐殖质等
        - 有机生物质组成：可溶性糖类、纤维素、木质素、脂肪、蛋白质等
      - 微生物组成
        - 致病菌、病毒
        - 致病虫卵
    - 无机相
      - 毒害性有机物组成：As、Cd、Cr、Hg、Pb、Cu、Zn、Ni
      - 植物养分组成
        - 氧及其化合态
        - 磷、钾及其可溶态
      - 无机矿物组成：Fe、Al、Ca、Si 等的氧化物、氢氧化物
  - 液相
    - 水分
      - 自由水分
      - 间隙水分
      - 表面（吸附）水分
      - 结合水分
    - 水溶组分

图 10-7　污泥主要组成成分

综合以上分析可知：污泥含水率较高，一般在75%～85%且大部分是结合水，无法通过机械方法去除。同时，脱水污泥属于牛顿流体，随着固体含量的增加还会变成塑性流体。在表观性状上，脱水污泥呈黏稠状，倾向于聚合成块，不易分散。脱水污泥的孔隙率低，长期存放易造成内部厌氧而腐败发臭。

脱水污泥富含丰富的有机质，其含量达到60%～70%，污水中的N、P、S等营养元素大部分富集在污泥中，使其生物稳定性差。

另外，污泥中含有重金属、致病微生物等有毒有害成分，如果不经妥善处理，任意堆放和排放将对环境与人类造成严重的危害。

10.2 污泥的综合利用机制

以北京市为例，对污泥进行理化特性全分析，判断污泥的可综合利用机制。

（1）污泥养分含量分析

经测定，北京市污泥的平均养分含量统计见表10-3，北京市城区及郊区污泥中养分含量见表10-4。

表10-3　北京市污泥养分含量统计（g/kg）

养分含量	最小值	中值	最大值	平均值	标准差
TN	14.8	40.9	39.6	14.8	0.866
TP	10.3	20.4	20.8	10.3	0.377
TOM	225	309	313	225	3.95
TK	1.9	7.17	6.74	1.9	0.27

表10-4　北京市部分污泥养分含量测定（g/kg）

污水厂名称	TN	TP	TOM	TK
北小河	29.9	17.4	301	4.43
方庄	14.8	10.3	225	1.92
卢沟桥	44.3	22	318	9.23
昌平	49	28.7	309	11.59
吴家村	34.6	20.2	309	6.45
高碑店	47.7	20.4	405	2.69
怀柔	37	23.4	388	8.37
顺义	38.3	20.1	292	7.35
密云	45.8	20.9	315	4.65
黄村	50.3	20.3	316	4.57
延庆	34.3	19.1	297	8.75
金开源	44.4	21.1	313	7.24

续表

污水厂名称	TN	TP	TOM	TK
酒仙桥	46.7	20.4	271	7.81
清河	39	25.8	307	10.59
肖家河	42.9	21.1	301	4.08
平谷	38.9	24.4	326	9.36
房山	31.2	18.2	297	5.2

从表10-3及表10-4可知，TN、TP、TOM及TK含量分别为38.3g/kg、20.4g/kg、311g/kg及6.14g/kg，养分含量可观，与我国传统农家肥中的养分含量比较，北京市城市污泥的总氮显著高于猪粪（20.9g/kg）和牛粪（16.7g/kg），总磷显著高于猪粪（8.96g/kg）、牛粪（4.3g/kg）和鸡粪（9.29g/kg）。这表明，北京市城市污泥的肥分很高，如果经过适当的堆肥工艺处理，使得污泥达到腐熟，并且在重金属、有机污染物不超标的情况下，完全可以作为有机肥进行土地施用。

但是，北京市污泥的含水率一般在80%、相对密度在1.2以上，经过研究实验证明，堆肥最适合的含水率应为50%~60%，因此，不仅需要添加部分干物质将含水率调整到60%以下，而且需要添加可增加通风的调理剂，促进污泥堆肥时内部通风。

（2）污泥的重金属含量分析

经测定，北京市部分污泥中的重金属元素含量如表10-5所示。

表10-5　北京市部分污泥中重金属元素含量测定（mg/kg）

污水厂名称	Zn	Cu	Pb	Cr	Cd	Ni	Hg	As
大兴区黄村	1090	159	40.1	46.2	1.67	19.5	4.29	10.7
房山区良乡	4630	242	40.6	48.4	1.18	24.6	3.9	12.4
门头沟区门城	743	83.4	35.2	27.9	1.12	26.6	8.84	13.9
延庆县夏都	365	79.8	28.9	35.4	0.44	20.6	5.15	14.2
昌平区	784	131	36.9	39.4	0.95	88.8	6.21	13
密云区	856	232	44.8	408	0.83	535	4.24	16.6
密云区溪翁庄	207	32	38.3	62.4	0.014	26.4	1	9.17
平谷区污水处理厂	596	150	63.5	69.5	1.08	48.5	3.95	20.8
怀柔区污水处理厂	928	1020	66.5	144	0.99	139	3.82	20.6
顺义区污水处理厂	856	297	37	80.2	1.06	50.5	5.4	8.04
顺义区新城	293	97.8	55.3	39.7	0.96	74.9	0.42	8.49
平均	1031.6	229.5	44.3	91	0.9	95.9	4.3	13.4
农用标准（碱性）	1000	500	1000	1000	20	200	15	75
农用标准（酸性）	500	250	300	600	5	100	5	75

从表10-5可知，污泥中的重金属Zn和Cu超过了国家农用标准，因此，在污泥农用时，一定要建立长期定位监测点，对重金属总量和活性进行检测，研究重金属在植物、地下水、土壤中的迁移、累积规律，保证重金属不在食物链中产生累积效应，系统评价施用污泥后的土地环境质量。

（3）污泥有机污染物含量分析

经测定，北京部分污泥中的有机污染物含量见表10-6。

表10-6　北京部分污泥中有机污染物

污水厂名称	苯并芘（ug/kg）	多氯联苯PCB（ug/kg）	多氯代二苯并二噁英（pg TEQ/g）
高碑店	0.3325	11.775	13
北小河	<0.001	7.525	12
方庄	<0.001	8.01	15
酒仙桥	<0.001	10.66	11
清河	<0.001	6.115	10
小红门	0.753	21.5	3.5
吴家村	1.096	32.4	14

从表10-6可知，污泥中含有大量有机污染物，因此，在污泥农用前，必须进行预处理，将有机污染物降解。此外，还应该进行长期定位监测实验，对有机污染物进行检测，保证生态环境不受到二次污染。

（4）污泥热值分析

由于污泥含有的养分较多，因此具有一定的热值。经测定，北京污泥的干基热值介于1800～4000kcal/kg之间。但换算成80%含水率后，则污泥热值变为负值，如果要直接进行焚烧处理，需要添加大量的辅助燃料。因此，必须对污泥进行干化预处理，降低污泥的含水率，提升污泥热值。

（5）污泥的化学元素分析

北京部分污泥化学元素组成测定结果如图10-8所示。

从图10-8可以看出，污泥中的主要化学元素为Si、Al、Fe、Ca、P及S，其中四种主要元素与水泥窑需要的物质相同，因此，污泥适合于水泥窑处理。同时，P还可提高生料易烧性，起到矿化剂的作用，但可能影响水泥熟料的凝结时间；但S含量高易造成预分解系统的结皮堵塞，造成窑况运行不稳定，需要在操作上进行调整。

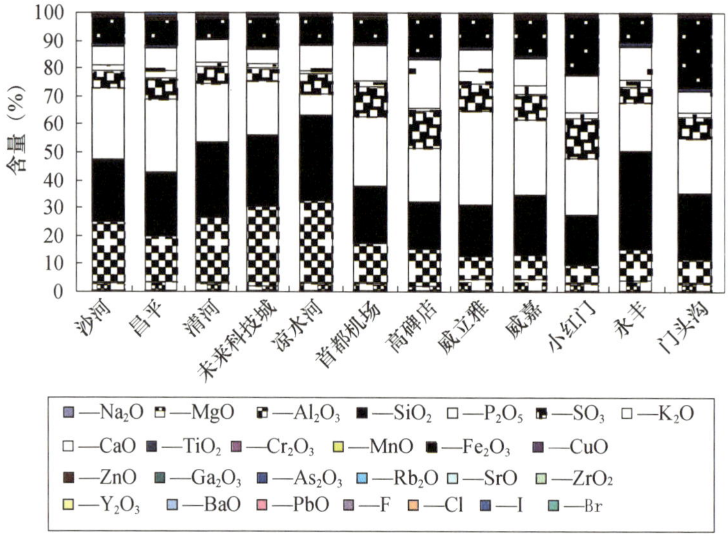

图 10-8 北京部分污泥中重金属元素组成

结合污泥中的重金属含量分析可知，利用水泥窑协同处置污泥，重金属可固化在水泥熟料中，不会对环境产生危害。而且，水泥窑焚烧段温度高达 1400℃以上，污泥中的有机污染物焚毁率可达到 100%。

10.3 污泥的综合利用途径

从 10.1 节的分析可知，污泥由有机物和无机物、水分三部分组成，因此可以利用其有机物制备肥料、沼气、活性炭等；也可以利用其无机物制备陶粒、水泥等。

10.3.1 利用污泥制备有机肥料

1. 制备方法

1）堆肥简介

污泥制备有机肥料多采用堆肥的方法。堆肥是各种有机固体废物无害化与资源化的有效处理途径之一。堆肥是指依靠自然界广泛分布的细菌、真菌、放线菌等微生物，在合适的废弃物破碎度、水分、营养、通气条件下，对有机物有控制地进行生物降解，使之转化为腐殖质的生物化学处理技术。堆肥化处理因具有经济、实用、不需要外加能源、无二次污染等优点，近年已成为世界各国资源、环保领域的一个研究热点。堆肥过程中的物质变化如图 10-9 所示。

根据处理过程中起作用的微生物对氧气的不同要求，可以把有机废物堆肥处理分为好氧堆肥和厌氧堆肥。好氧堆肥堆体温度高，一般在

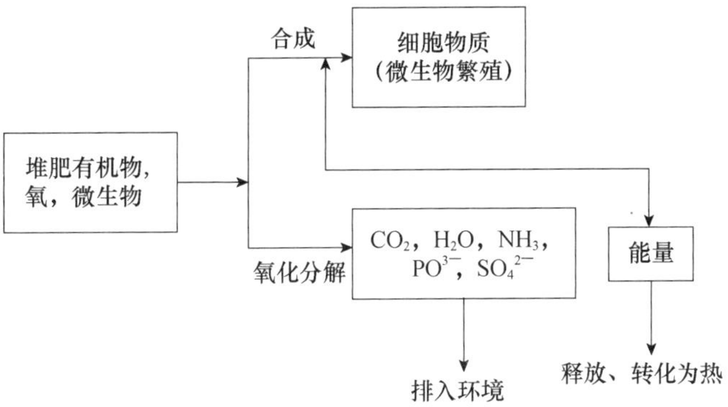

图 10-9 堆肥原理示意图

50～65℃，故亦称为高温堆肥。高温堆肥的本质就是在好氧条件下群落结构演替非常迅速的多个微生物群体共同作用而实现的动态过程。

在通风有氧的情况下，好氧微生物利用秸秆、垃圾、粪便、污泥等堆肥物料，通过自身的分解代谢和合成代谢过程，将一部分有机物分解氧化成简单的无机物，从中获得微生物新陈代谢所需要的能量，同时将一部分的有机物转化合成新的细胞物质，使微生物生长繁殖，产生更多的生物体。高温堆肥的养分损失少、质量高，易于被作物吸收，同时，释放的热能能有效杀灭病原菌和杂草种子，减轻病虫害对作物的危害，使有机物达到稳定化。高温堆肥温度一般在 55℃以上，可维持 7～11d，极限可达 80℃以上。由于具有堆肥周期短、无害化程度高、卫生条件好、易于机械化操作等优点，在有关污泥、城市垃圾、畜禽粪便和农业秸秆等堆肥中被广泛采用。由于高温堆肥可以最大限度地杀灭病原菌，同时对有机物的降解速度快，为了大量而快速处理有机废弃物，高温好氧堆肥方法是处理有机固体废物最常用的方法，也是发展最快的技术。

传统的堆肥技术分为动态堆肥和静态堆肥，种类有很多，如隧道式、烟道式、塔式、槽式、滚筒式、堆垛式等。目前有用多种分类方式同时并用的形式描述堆肥工艺，如高温好氧静态堆肥，高温好氧连续式动态堆肥，高温好氧间歇式动态堆肥等。国外有用较为直观的分类方法，即按照堆肥技术的复杂程度，将堆肥系统分为条垛式堆肥系统、通风静态垛堆肥系统、发酵仓堆肥系统（或反应器堆肥系统）等。

条垛堆肥是将混合好的固体废物堆成条垛，并在好氧状态下进行分解。采用机械或人工翻堆，保持好氧状态。条垛堆肥的堆体规模要适当。堆体太小则保温性差，易受气候影响，尤其在雨天和冬季的时候；与大堆体相比，处理等量的废物，所需土地面积更大。堆体太大，易在堆体中心发生厌氧发酵，产生强烈臭味，影响周围环境。条垛堆肥系统的堆体适宜规模参数底宽为2~6m，高为1~3m，长度不限。最常见的料堆尺寸底宽为3~5m，高为2~3m，其横截面大多呈三角形。条垛堆肥示意图如图10-10所示。

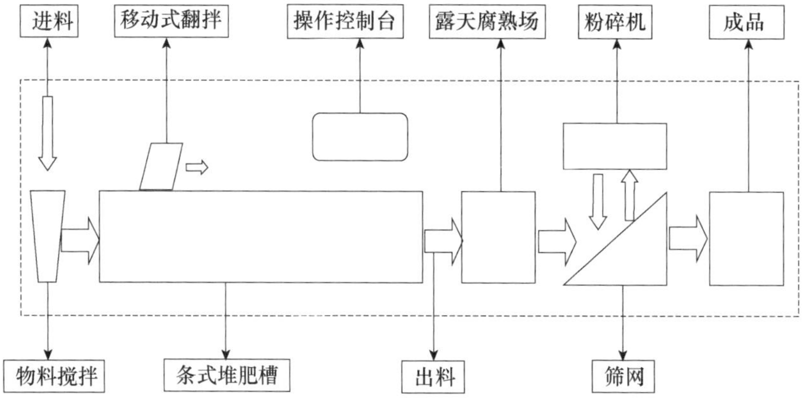

图10-10　条垛堆肥示意图

通风静态垛堆肥系统是在条垛堆肥基础上增加通风系统而得到的。通风静态垛与条垛堆肥系统的不同之处在于：堆肥过程中前者的料堆静止不动，通过强制通风方式给堆体供氧，后者的堆体需定期翻动，从而达到通风供氧的目的。在通风静态垛堆肥系统中，通气系统包括一系列管路，它们位于堆体下部，与鼓风机连接。在这些管路上铺一层木屑或者其他填充料，可以起到缓冲作用，使通气更均匀。通风系统之上堆放堆肥物料构成堆体，在最外层覆盖上过筛或未过筛的堆肥产品进行隔热保温。

对强制通风静态垛系统，通风系统是决定其能否正常运行的重要因素，也是温度控制的主要手段。在堆肥过程中，通风不仅为微生物分解有机物提供氧气，同时也去除二氧化碳和氨气等气体，散热并蒸发水分。水分蒸发是散热的主要途径。根据通风需求和堆料组成，大部分堆料所需氧的理论值是1.2~2.0gO_2/gBVS［Biodegradable Volatile Solids（缩写为BVS），生物挥发性固体］。通风速率可分为最小、平均和最高速率。最高通风速率通常是平均通风速率的4~6倍，其对间歇堆肥过程的影响大于对连续堆肥过程的影响。

通风静态垛系统示意图如图10-11所示。

发酵仓堆肥是使物料在部分或全部封闭的容器内，控制通气和水分条件，使物料进行生物降解和转化的堆肥方法。发酵仓系统与其他两类系统的根本区别在于：在一个或几个容器内进行，机械化和自动化程度较高。堆肥基本步骤与上述两类系统类似。作为反应器堆肥，堆肥的整个工艺要能够实现机械化大生产。发酵仓示意图如图10-12所示。

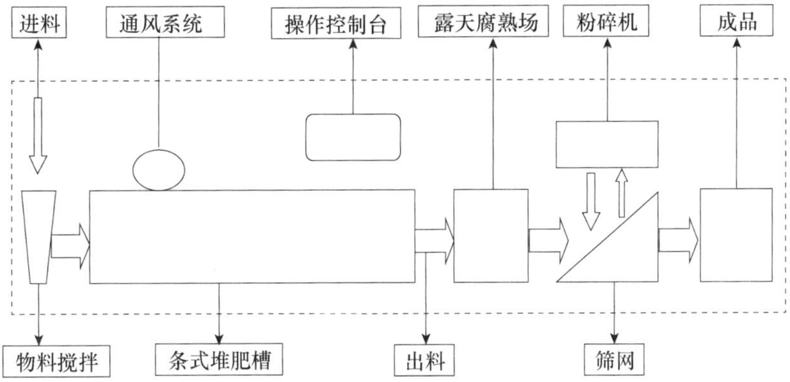

图 10-11 通风静态垛系统示意图

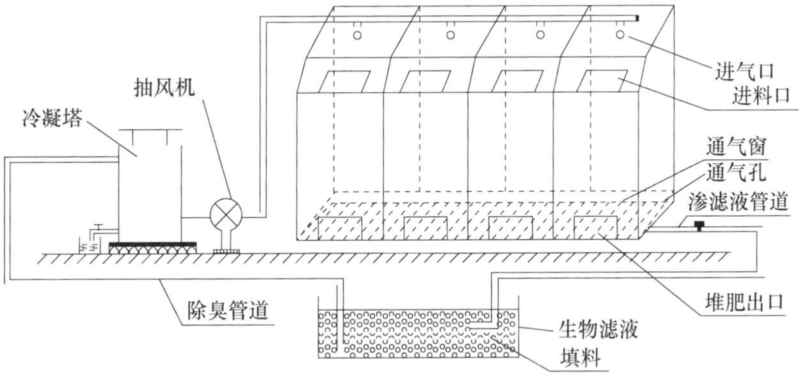

图 10-12 发酵仓示意图

2）堆肥物料选择

适合堆肥的固体废物主要有城市有机生活垃圾，植物废物（蔬菜瓜果废物，作物废物等），污泥，动物废物（粪便，骨骼，食物残渣，皮革废物等）。

有机生活垃圾堆肥的成败在很大程度上取决于源头分离的程度。对于源头分离较好的生活垃圾，其中的有机生活垃圾有机质含量高，采用堆肥方法不需要复杂的前处理和后处理，降低了建设成本和运行成本，堆肥产物品质好，易于获得成功；反之，对于没有经过源头分离的生活垃圾，有机质含量不高，采用堆肥方法还需要复杂的前处理和后处理，提高了建设成本和运行成本，而且垃圾中的重金属容易对土壤造成新的污染，不易获得成功。在欧美各国，随着生活垃圾源头分类政策的实施，有机生活垃圾堆肥作为废物资源化的一种手段，较填埋、焚烧等处理技术受到越来越多的青睐。我国正在推广垃圾源头分类，堆肥法处理生活垃圾也会逐渐得到重视。

植物废物包括蔬菜瓜果废物和作物废物等，含有丰富的有机质，是堆肥较好的原料。然而，在蔬菜类废物的堆肥过程中，酵母菌的大量繁殖会抑制好氧微生物的生长，在这种环境条件下，废物会散发出难闻的气味，导致最后的堆肥产品不稳定且有大量病菌存活。而且，蔬菜类废物堆肥时易释放出富含 N 的物质，引起养分损失和气味问题。这些可以通过添加木屑等膨胀剂改善堆肥物料的孔隙度进行调节。

污泥堆肥建设和运行成本低，堆肥产品是良好的肥料，在欧美许多国家都获得了成功。然而，污泥本身含水率高、颗粒较细，是影响堆肥效果的不利因素，可以采用有效的脱水设备并添加 C/N 较高且粒径较大的木屑、稻壳等调理剂来改善物料的堆肥特性。污泥中重金属含量多少也是影响堆肥品质和应用效果的重要因素，需要侧重加以考虑。

动物废物主要有动物粪便、骨骼、动物的食物残渣、皮革废物等。动物废物的丢弃一方面产生了严重的环境污染问题；另一方面，这些废物含有丰富的氮元素和其他营养元素（如 S、K 等），它是堆肥的良好原料。将动物废物和秸秆、木屑等废物一起堆肥，可以改善物料的孔隙度、pH 值和 C/N 比，最终的堆肥产物和污泥堆肥产物类似。

综上所述，不同固体废物堆肥技术的研究主要集中在以一种物料作为堆肥主要原料方面，另一种物料要么作为结构调理剂，起到改善物料的孔隙度，防止发生厌氧的作用；要么作为能源调理剂，起到改善物料 C/N 比、pH 值，加速发酵，减少养分损失的作用。

3）影响堆肥的条件

堆肥的成功与否与很多因素有关，其中系统内氧气、水分和能量迁移的管理是关键。许多学者研究了堆肥过程中最主要的四个参数：底物中的生物挥发性固体含量、氧气量或通风速率、水分、能量或温度。

C/N 是影响堆肥效果的重要因素，碳、氮源影响着酶分泌及酶活，微生物的生长需要合适的碳氮比。碳是发酵过程中的动力和热源。在微生物的新陈代谢中碳约 2/3 转化成 CO_2 被消耗掉，1/3 用于细胞膜的合成，而氮素主要用于细胞原生质的合成，是控制生物合成的决定性因素，也是控制反应速度的决定性因素。在堆肥过程中，物料的 C/N 比对分解速度有重要影响。根据微生物 C/N 比的平均计算结果：每合成一份基质碳素，约需四份碳素作能源。如细菌的 C/N = 4 ~ 5，需 16 ~ 20 份碳素来提供合成作用的能量，故细菌生长繁殖的 C/N 为 20 ~ 25 较适宜；对真菌而言，合适的 C/N 为 26 ~ 30。C/N 偏低分解速度快，温度上升迅速，堆肥周期短，但过量的 N 转化成氨气，N 损失大；C/N 偏高时，分解速度慢，温度上升缓慢，堆肥周期长，造成 N 源不足，堆肥成品

C/N 比过高，会引起土壤氮饥饿。考虑到堆肥过程中热量的散失，C/N =25 ~35 较适宜。

生物挥发性固体中的能量是堆肥过程的驱动力。这些能量的多少及其释放速率取决于底物类型及其他因素的变化，如堆体温度、水分、pH 值等。文献表明：新鲜混合垃圾的 CO_2 产生速率为 1 ~8mol/day/g BVS。类似地，微生物种群也能显著改变降解速率。堆肥降解速率取决于其他变量如温度、水分和底物可利用性。温度对 BVS 降解速率具有显著的影响，温度对 BVS 降解速率符合三种经验曲线：对数曲线、二次曲线、扁平 ~ 尖曲线。

通风在提供氧气的同时会带走有机物发酵产生的二氧化碳、热和水蒸气。相对于厌氧发酵而言，好氧呼吸迅速产生热量导致自产热。而且，采用不同的通风速率可以控制堆体温度，较高的氧浓度对提高产热及形成对流降温至关重要。一些学者考虑将氧气或二氧化碳浓度作为反馈变量控制堆肥过程。在假设条件下，气体流速已知，通过测量二氧化碳或氧气的浓度可以确定降解速率。一般认为，氧浓度低于 5% 就会限制好氧微生物的生长，影响好氧环境。

堆肥系统中，水是必不可少的物质。水既是微生物活性所必需的物质，同时也是其产物。水分影响孔隙度和气体扩散，同时会通过微生物产热作用而蒸发。堆肥中过多的水分可减少空气流导致降解速率的降低。水分含量与孔隙度也密切相关，随着水分含量的提高，孔隙度降低，减少了氧气的可利用性，降低了降解速率。对于多高的含水率会出现好氧呼吸限制，不同学者的研究结果并不一致。有的学者认为，含水率为 50% ~70% 时，可达到最大耗氧速率的 95% 。也有学者坚持，含水率大于 65% 时可能发生厌氧而产生气味、降低温度、排走空气、淹没堆体、冲走营养物等问题。关于多低的含水率会出现好氧呼吸限制，研究者的结果亦不相同。有人指出，无论何种堆肥系统，含水率均不应小于 40% 。含水率低于 40% ~45% 营养不再是水相的，就不能被微生物所利用，微生物活性降低，降解缓慢；含水率低于 20% 微生物几乎完全失去活性。堆肥水分含量影响材料的结构特性、热力学特性和生物降解速率，太少的水分会延缓降解，影响堆体升温。

堆体温度是代谢产热的函数，反过来温度决定了代谢活性。堆肥温度在很大程度上是微生物产热与通风散热、堆体表面冷却和水分散失等因素动态平衡的表现。有的学者认为，最有效的堆肥温度是 45 ~59℃。如果温度低于 20℃，微生物不能增殖，降解缓慢；如果温度超过 59℃，一些微生物会被抑制或杀死，微生物的多样性减少，降解速度也会受到限制。微生物在耐温范围的上限降解效果较好，因此，堆肥过程在不抑制微生物活性的前提下，应尽可能维持堆体较高的温度。一般认为，堆肥过程中，堆体温度应控制在45～65℃之间，但在55～60℃时比较好。温度控制对于杀灭致病菌、优化呼吸速率、去除水分和稳定堆肥物料至关重要。在堆肥中，达到高温阶段可以有效杀灭致病菌，提供安全的堆肥产品。微生物活动产热是达到高温条件的必要条件。而且，保持高温状态一定时间是杀灭致病菌的必要条件。根据美国国家环保局的规定：对于发酵仓系统和强制通风静态垛系统，堆体内部温度大于55℃的时间必须达到3d；对于条垛系统，堆体内部温度大于55℃的时间至少为15d，且在操作过程中，至少翻堆5次。同时，高温阶段保持最佳降解温度可以使堆肥过程更快、更完全。然而，在极端高温条件下，微生物体内的蛋白质遭到破坏，微生物活性会由于种群的死亡而降低。强制通风能显著提高堆体散热效果，使热传导占据次要地位，大约98%的热量损失通过通风机制实现，剩下的是传导损失。在强制通风系统中，散热所需的空气远大于供氧所需的空气量。

空隙率是堆体中可由流体（空气、水）自由占据的空间体积与堆体总体积之比。空隙率过低，将使外部的氧很难扩散到堆料内部，造成厌氧状态。一般静态堆肥的空隙率不应低于40%，动态堆肥应不小于35%。污水厂的污泥大都进行了脱水处理，非常黏稠和致密，同时泥饼本身的强度很差，在堆积过程中由于自重压紧，很容易形成大团块，因此，污泥单独堆肥是很难满足堆肥空隙率要求，必须加入膨胀剂如秸秆、塑料以及木屑等，构起支撑作用的骨架，保证污泥与空气的充分接触。

除了上述的BVS、氧气、水分和温度等参数外，还有一些参数也很重要，如物料的物理、化学和生物学性质等。细菌生存繁殖的合适pH值为6～7.5，真菌为5.5～8。如果pH值低于6，微生物特别是细菌将死亡，导致降解缓慢；如果pH值高于9，氮将转化为氨气逸出，微生物就无法利用，这也将延缓降解速度。在堆肥的最初阶段，由于可利用的能量物质较多，微生物繁殖很快，其活动产生的有机酸使物料的pH值下降，这时耐酸性的真菌起主要作用，有机酸一部分被微生物利用，另一部分随温度升高而挥发，同时含氮有机质所产生的氨使物料的pH值又开始回升到中性，甚至达到微碱性。随着pH值的升高，细菌开始起主要作用。

物料性质的变化对堆肥过程也有显著影响。物料特性包括密度、蓬松性、回流比和粒径等。堆体过高会产生压缩作用，减少空气的流动和氧气的可利用性，提供同样的空气将需要更大功率的风机。很多文献表明：综合考虑堆体高度和密度增加造成的气流减少问题，静态好氧垛的最佳堆高应为2～3m。

4）污泥堆肥发展

从“八五”时期，我国着手污泥工业化堆肥技术的研究，“九五”期间在唐山、秦皇岛和北京密云等地建立了23项污水处理厂污泥堆肥示范工程。后来，国内陆陆续续在北京、太原、烟台、洛阳、天津等地建设了市政污泥堆肥工程和一些工业污泥堆肥项目，但到目前为止，正常运行的总数加起来不足20座，处置规模也为每天10～300t不等，并且运行项目也存在产出物料用途不明确、处理标准不统一、技术水平参差不齐以及其重金属、臭气排放等问题，这些因素都严重影响了污泥堆肥产业的发展。另外，经济因素也是制约产业发展的另一重要因素。我国的污泥处理处置费用（包括污泥浓缩脱水）一般占污水处理厂工程总投资和运行费的24%～45%，而欧美等发达国家的这一比率能达到50%～70%。所以由于投资及运行费用高昂的原因，国内绝大部分的污水处理厂对污泥处理的配套设施还不完善，或者干脆不进行污泥的稳定化处理，即使有部分污水处理厂建有完善的污泥处理设施，也因其运行费用高而难以正常运行。

5）污泥处置标准体系

与发达国家完善的污泥处置标准体系相比，我国关于污水污泥处置标准体系的建设起步较晚，我国较早的农用污泥堆肥是参照1984年制定的《农用污泥污染物控制标准》（GB 4284—1984）执行，一直到2002年才出台《城镇污水处理厂污染物排放标准》（GB 18918—2002），主要指标也是基于GB 4284—1984的标准制定的。因为缺乏科学健全的污泥处理处置标准体系和规范，所以一直难以有效指导污泥处置工作的实践，各城市污水处理厂污泥无序外运，随意弃之不管的现象非常严重。随着污泥引起的生态环境问题的进一步突出，各有关部委陆续颁布出台了相关标准和规章。从2007年开始，住房城乡建设部先后颁布实施了《城镇污水处理厂污泥泥质》（GB 24188—2009）、《城镇污水处理厂污泥处置　分类》（GB/T 23484—2009）、《城镇污水厂污泥处置 园林绿化用泥质》（GB/T 23486—2009）等标准，才加快了我国污泥处理处置的技术导则和标准规范的编制进程。2008年、2009年，住房城乡建设部、国家标准化委员管理会、国家质量监督检验检疫总局相继出台了《城镇污水处理厂污泥处置　农用泥质》（CJ/T 309—2009）、《城镇污水处理厂污泥处置　土地改良用泥质》（GB/T 24600—2009）等相关规范和标准，对进一步规范我国的污泥处置工作，指导城镇污水处理厂妥善处置产生的污泥，提高污泥资源化利用率，最终实现污泥的稳定化、减量化和无害化，起到一定的推动作用。

6）污泥堆肥工艺选择

污泥堆肥可采用条垛式堆肥系统、通风静态垛系统、发酵仓系统（或反应器系统）等。在生产实际应用中，应用最广泛的污泥微氧堆肥系统有两类：一个是强制通风静态垛系统，另一个是发酵仓系统。其中，强制通风静态垛系统是通过风机和埋在地下的通风管道进行强制通风供氧的系统。对于强制通风静态垛系统，通风系统决定其能否正常运行，也是温度控制的主要手段。

发酵仓系统是使物料在部分或全部封闭的容器内，控制通风和水分条件，使物料进行生物降解和转化。发酵仓系统有很多分类方法，美国环保局把发酵仓系统分为推流式和动态混合式。在推流式系统中，系统是按入口进料、出口出料的原则工作的，每个物料颗粒在发酵仓中的停留时间是相同的。在动态混合式系统中，堆肥物料在堆肥过程中被搅拌机械不停地搅拌至均匀。

在美国1993年的普查中，全国321个堆肥厂中有136个强制通风静态垛系统，占总量的42.3%。1993年比1992年增加了31个堆肥厂，其中15个为强制通风静态垛系统，占总增长量的48.4%。操作运行费用低是通气静态垛系统被选择的主要原因。目前世界上最大的污泥堆肥厂，位于美国洛杉矶的污泥处理厂也是强制通风静态垛系统。

连续封闭发酵仓式系统是目前国际上较为先进的污泥处理系统，其连续发酵工艺在日本、韩国以及欧美一些国家普遍使用。这种系统采用机械方式进料、通风和排料，具有自动化程度高、周期短、日处理污泥量较大、处理后的污泥质量稳定，以及能有效控制臭气和其他环境污染因素等优点。

7）污泥堆肥工艺流程

污泥堆肥过程主要分为预处理、堆肥（一次发酵）、陈化（二次发酵）、后处理（制肥）四个过程。

（1）预处理

目的：调整脱水污泥的含水率和碳氮比，也可添加菌种以促进发酵过程快速进行。

方法：添加有机膨松剂和调理剂，如农作物秸秆屑、花生壳、玉米芯、木屑、稻壳、蘑菇渣等。堆肥物料中加入这些干燥、较轻而易分解的物料，可以降低物料的堆比重，并加大疏松程度，增加与空气的接触面积，有利于微氧发酵；另外添加一些干燥的物质比如粉煤灰、膨润土等，以降低含水率，改善透气性。

（2）堆肥（一次发酵）

目的：使污泥中的挥发性物质降低、臭气减少，杀灭寄生虫卵和病原微生物，使污泥含水率降低，变得疏松、分散，便于储存和使用。

方法：在微氧条件下，好氧细菌对污泥中的有机物进行吸收、氧化、分解，并通过高温（>55℃）杀灭病原菌。

（3）陈化（二次发酵）

目的：发酵后的污泥尚未达到腐熟，需要继续进行陈化。陈化的目的是将污泥中剩余有机物被进一步分解、稳定、干燥，以满足后续制肥工艺的要求。

方法：陈化可采用自然堆放的方式，不需要强制通风供氧。陈化过程堆肥温度逐渐下降，陈化后的污泥含水率可降低至40%左右，污泥呈粉状、深棕色。

（4）后处理（制肥）

目的：堆肥产品还要根据用途和市场需要进行干燥加工，如制作有机肥或复混肥。

方法：直接将腐熟堆肥进行粉碎、造粒、烘干冷却、筛分分级后包装，作为有机肥销售，用于农田、菜园、果园或作土壤改良剂，或再添加氮磷钾等化肥生产有机无机复混肥。

污泥堆肥过程流程图如图10-13所示。

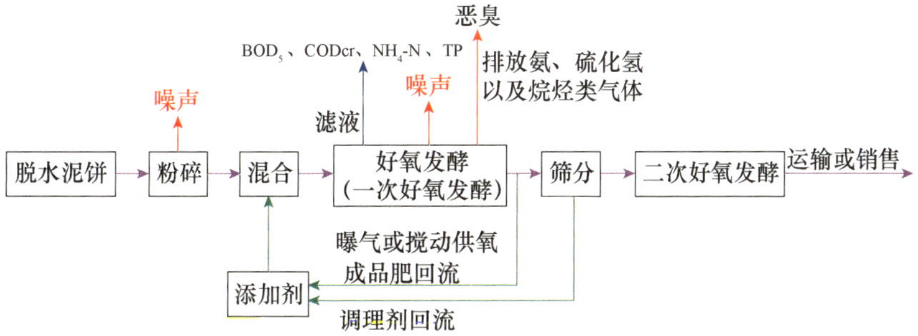

图10-13　污泥堆肥过程流程示意图

2. 产品性能

堆肥的最后产物应该是不含致病菌和异味气体的稳定腐殖质。对于静态好氧堆肥而言，堆体温度在55℃以上的持续时间应为3d或更长，以便杀灭致病菌。但是由于存在温度梯度和水分梯度，堆体中物料的腐熟度和稳定性会存在一定差异。同时温度梯度又使各层处于不同的温度之下，从而致病菌的杀灭程度也会不同。所以，底物必须进行必要的混合，确保所有的物料都经历了高温阶段的处理。

堆肥产品的生物稳定性通常用耗氧速率这一指标来反映。堆体中的水分梯度会影响其生物稳定性。在干燥速率大于降解速率的堆肥区域，降解受到水分可利用性的限制，降解和稳定过程就容易进行得不彻底。堆肥物料的降解速率受堆肥过程中温度、氧浓度、水分、营养及其他因素的影响而变化。如果这些影响因子随空间位置变化，在堆体内就会造成降解的不均匀性。

（1）表观经验指标

好氧堆肥后期温度自然降低，不再吸引蚊蝇，不会有令人讨厌的臭味。由于真菌的生长堆肥出现白色或灰白色，堆肥产品呈现疏松的团粒结构等。但这些表观指标只是经验的定性总结，难以进行定量分析。

（2）化学指标

常见的表征堆肥产品的化学指标包括 pH 值、电导率、E_4/E_6、固相 C/N 等。

pH 值可以作为评价堆肥腐熟度的一个指标。一般认为 pH 值在 7.5 ~8.5 时，可获得最大堆肥速率。腐熟的堆肥一般呈弱碱性，pH 值在 8 ~9 之间，但因原料和堆肥条件的影响而变化很大。

电导率反映了堆肥浸体液中的离子浓度，即可溶性盐的含量。堆肥中的可溶性盐是堆肥对作物产生毒害作用的重要因素之一，主要由有机酸盐类和无机盐类等组成。鲍士旦等根据土壤浸出液的电导率与盐分含量和作物生长的关系，得出抑制作物生长的限定电导率值为 $0.4\times10^4\mu S\cdot cm^{-1}$。

堆肥腐殖酸在 465nm 和 665nm 的吸光度的比值，称为 E_4/E_6。E_4/E_6与腐殖酸分子数量无关而与腐殖酸的分子大小或分子的缩合度大小有直接的关系，通常随腐殖酸分子量的增加或缩合度增大而减小，因此 E_4/E_6可以用来作为堆肥腐殖化作用大小的重要指标。

在垃圾堆肥过程中，随着 NH_3的挥发和微生物的固定作用，NH_4^+-N的含量不断下降，新鲜垃圾里几乎不含水溶性 NO_3^--N，随着堆肥的进行，硝化作用增强，大量的 NH_4^+-N 转化为 NO_3^--N，NO_3^--N 含量逐渐增高，NH_4^+-N 和 NO_3^--N 的这种明显的规律性变化成为堆肥的特征之一。

固相 C/N 是最常用于评价腐熟度的参数，有学者指出腐熟的堆肥 C/N 应小于 20。文献中亦有报道，对起始 C/N 为 25 ~30 的堆肥原料，当该值降到 16 左右时，则可认为堆肥基本腐熟。

（3）生物学指标

植物在未腐熟的堆肥中生长受到抑制，在腐熟的堆肥中生长受到促进。一般认为如果发芽指数 GI >50%，就可认为堆肥基本无毒性，当

GI >80% 时，这种堆肥就可以认为多植物完全没有毒性了。

（4）污泥堆肥稳定化指标

污泥中含有致病微生物、重金属物质与毒性有机物。因此必须采取必要的控制措施，保证土地利用的安全性。保证污泥土地利用的安全性最经济有效的策略是源头控制，需将生活污水和工业废水严格分开收集，单独处理，其污泥处置也相应简单有效。对此，我国颁布了污泥堆肥稳定化控制国标《城镇污水处理厂污染物排放标准》（GB 18918—2002）（表 10-7），对污泥堆肥稳定化做了权威而科学的要求。污泥好氧堆肥产品的含水率、有机物降解率、大肠杆菌群菌值、蛔虫卵死亡率必须满足此指标才表示已稳定腐熟。

表 10-7　污泥堆肥稳定化指标

	含水率（%）	有机物降解率（%）	粪大肠菌群菌值（g^{-1}）	蛔虫卵死亡率（%）
标准	<65	>50	>0.01	>95

（5）污泥农用指标

为保证土地利用的安全性，各国都对污泥农用有严格规定。欧盟规定污泥农用前必须以巴氏消毒，中温、高温厌氧消化，堆肥或石灰稳定等方式处理。美国 EPA 制定 503 法律条文，根据污泥所含病原微生物种类进行分类。A 类含有沙门氏菌种、病毒、蠕虫卵粪类大肠杆菌等污泥需经过巴氏消毒，并规定消毒的时间和温度；B 类只含有粪类大肠菌。污泥中若含有较高浓度的金属，则不能直接利用。我国政府对污泥农用也有着严格的限制标准，颁布了《农用污泥污染物控制标准》（GB 4284—2018），对污泥中重金属浓度、有毒有机物含量和污泥稳定化都有相关标准（表 10-8），并要求干污泥每年每亩施用量不得超过 2000kg，连续在同一块土壤中施用不得超过 20 年。

表 10-8　污泥产物的污染物浓度限值（以干基计）

序号	控制项目	污染物限值（mg/kg）	
		A 级污泥产物	B 级污泥产物
1	总汞	<3	<15
2	总镉	<3	<15
3	总铅	<300	<1000
4	总铬	<500	<1000
5	总砷	<30	<75
6	总镍	<100	<200

续表

序号	控制项目	污染物限值（mg/kg）	
		A 级污泥产物	B 级污泥产物
7	总锌	<1200	<3000
8	总铜	<500	<1500
9	矿物油	<500	<3000
10	苯并（a）芘	<2	<3
11	多环芳烃（PAHs）	<5	<6

注：A 级污泥可用于耕地、园林、牧草地；B 级污泥可用于园林、牧草地、不种植食用农作物的耕地。

3. 案例分析

唐山市 400t/d 城市污泥堆肥项目。

（1）项目概况

唐山市城市污泥无害化处置工程坐落在丰润污水处理厂老厂院内，是唐山市重点工程，日处理 400t 脱水污泥（80% 含水率）。项目建设单位为唐山城市排水有限公司，设计单位为机科发展科技股份有限公司、机械工业第一设计研究院设计联合体，核心工艺设备均为国产。项目建设目的是为解决唐山市西郊污水处理二厂、北郊污水处理厂、东郊污水处理厂和丰润污水处理厂每日所产 360t 脱水污泥无害化处理问题，考虑到丰南、唐海、玉田等周边县区污泥消纳，设计处理规模为 400t/d（含水率为 80%）。项目建设地点为丰润污水处理厂老厂拆除污泥脱水机房、污泥消化池等设施后空地，总占地面积约 16300m^2，建设内容包括生产车间、生物滤池、生料库、成品库、变配电间等车间设施，综合楼及其他附属设施利用丰润污水处理厂老厂原有设施。项目于 2010 年 9 月开工建设，2011 年 10 月投产运行。

（2）工艺参数

项目采用全机械化隧道仓好氧堆肥工艺（SACT 工艺），双层发酵仓结构形式，具体工艺流程如图 10-14 所示。

根据物料平衡计算：每日污泥处理能力为 400t/d（含水率为 80%），产出营养土 80t/d（含水率为 40%）。按 330 个工作日计算，年处理 132000t 脱水污泥，年产营养土 26400t，产品可用于园林绿化或作为有机无机复混肥基质。

污泥处理厂分成三个区，即生产管理区、污泥处理区及辅助设施区。其中污泥处理区包括一座生产车间、两座生物滤池、一座生料库、一座成品库。

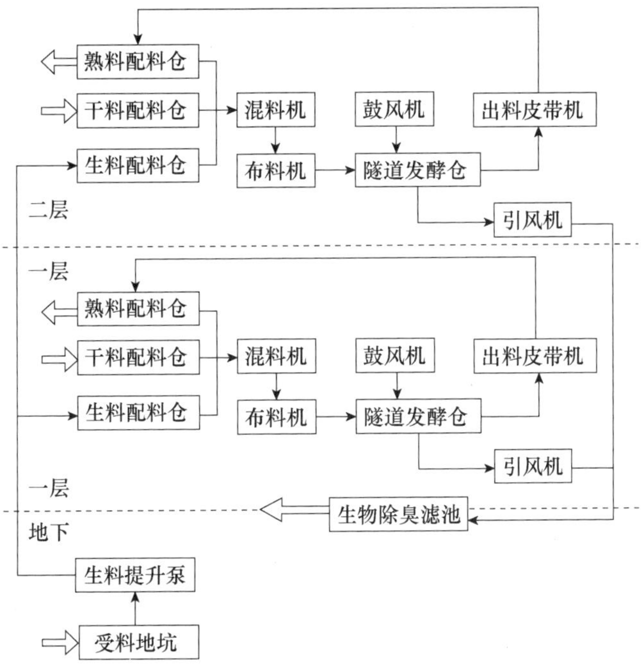

图 10-14 唐山市城市污泥堆肥工艺流程图（400t/d）

项目共设置一座生产车间，包括好氧发酵车间、混料车间/维修平台等功能区。平面尺寸为 119.22m ×66.5m，占地面积约 7900m^2。

生产车间两侧设置上下两层共四座好氧发酵车间，每座好氧发酵车间内设置隧道式好氧发酵仓八座，单仓尺寸为 45m ×5m ×6m，好氧发酵车间工艺设计参数如下：生料处理量为 100t/d，回填料量为 100t/d，物料进仓量为 200t/d（全返混工艺），混合物料含水率为 60%，发酵仓物料最大深度为 2.2m，发酵周期为 14d。

每座好氧发酵车间设一台翻堆机和一台自动转仓机。好氧发酵车间设有相对独立的维修平台，供翻堆机、转仓机出仓检修。发酵仓底铺设防止堵塞的曝气管路，曝气量根据发酵阶段分别设置。每座好氧发酵车间设置 9 台鼓风机和 8 台引风机，出料采用自动出仓系统，最靠近仓尾的熟料落入位于仓尾出料皮带输送机上，熟料经皮带输送机输送至熟料配料的料仓。生产车间中部设置混料车间一座，包括受料地坑、混配料系统、维修平台等。

经过机械脱水含水率 80% 的污泥运入处理厂后，直接卸于混料车间受料地坑内，然后由螺杆泵系统输送至生料配料料仓，回填料通过回料皮带输送至熟料配料料仓。在工艺调试前期，由于回填料量有限，需要添加辅料，因此设干料配料料仓，在生料配料料仓、干料配料料仓、熟料配料料仓下分别设置计量螺旋定量配料至预混螺旋输送机进行预混，然后由上料螺旋输送机输送至混料机，混料机完成混料过程后，含水率为55% ~66%的混合物料由上料皮带输送机输送至组合式布料机，在指定仓位上方卸料入仓，完成自动进仓过程。

项目的除臭区域主要有生料库、好氧堆肥发酵仓、受料地坑和料仓。发酵仓采用集中收集+生物除臭滤池的处理方式。废气通过玻璃钢收集主管在引风机作用下送入水洗池内，在水洗池内，气体与喷头喷出的水经填料相向接触，去除一部分氨气并提高气体湿度，然后经设备底部配气层进入生物滤池滤料层，滤料层上部安装有喷头用于浇灌滤床，增加滤床湿度，臭气在穿过生物填料的过程中，异味分子和填料表面的生物膜作用，被生物分解，达标后排放。生物除臭滤池系统主要由收集管路系统、水洗池、生物滤池和排放管组成。项目设置两个生物除臭滤池系统，总占地面积约2000m^2，单池尺寸为40m×25m×3.05m。生料库、受料地坑和料仓采用风机抽气+离子除臭工艺，采用模块化离子除臭系统。

生料库为加盖地坑，占地面积约240m^2，深为3m，配一台跨度为18m、起重5t的门式起重机，地坑臭气配置离子除臭装置。

（3）技术特点

① 节省占地及时间。隧道仓结构，与传统发酵仓相比，采用全部发酵仓壁共用设计，节省占地面积；翻抛机和曝气系统完美结合，使得物料深度最大可达2.2m；隧道仓结构自身包含了全部建筑结构，配合项目专有技术——二维转仓技术能够经济的实现多层模块结构；唐山西郊污泥处理项目十三年稳定运行数据证明：SACT堆肥工艺周期不超过14d（传统需要20d以上），出料含水率稳定小于35%。

② 高效除臭。隧道式发酵仓替代臭气收集管道，节省了投资，且确保臭气在低能耗（微负压）状态下经指定线路（隧道一端进，另一端出）被完全收集。容积效率高达45%；每个模块自由空间容积仅675m^3（传统工艺相同处理能力系统自由空间容积约2000m^3）；除臭换气量较传统工艺减少60%以上。

③ 操作环境安全。系统集成与优化改进相结合，使操作员工与污泥彻底隔离，保证了员工的安全。

④ 无须干料。通过干污泥的返混调节进料的含水率。另外，动态翻抛次数多，通过机械作用改善物料孔隙结构。

（4）主要设备

生产车间主要设备如下：翻堆机4台，装仓机4台，鼓风机36台，引风机32台，15m^3/h螺杆泵4台，回填料料仓4套（容积为30m^3），生料料仓 4 套（容积为 $30m^3$），干料料仓 4 套（容积为 $30m^3$），预混螺旋输送机 4 台，上料螺旋输送机 4 台，$10m^3/h$ 斗式提升机 4 台，$50m^3/h$ 混料机 4 台，上料皮带机 4 台，组合式皮带布料机 4 套，出料皮带机 4 台，回流皮带机 4 台。

（5）经济指标

投资成本 20 万元/t 污泥左右，直接运行成本 30 ~ 90 元/t 污泥，每吨泥占地 20 ~ $30m^2$（多层仓减半）。

10.3.2 污泥制备水泥

污泥的无机矿物组分含量高，是建筑材料利用的主要对象。污泥建筑材料利用是将处理后的污泥作为制作砖瓦、陶粒、水泥等建筑材料部分原燃料的处置方式。污泥的建筑材料利用，不仅可以减少建筑材料行业对自然资源的消耗，而且可以使污泥得到资源化利用和循环使用，经济和社会价值高。但是，不同种类的污泥成分存在明显差异，在建筑材料利用上的使用方式和意义均有很大不同。此外，污泥中含有重金属，部分工业污泥还含有放射性物质。因此，在污泥建筑材料利用过程中，应重点关注其制备及使用中可能会对人体或环境产生的影响。

污泥用作水泥工业替代燃料是将污泥最终处置和新型干法水泥工艺全面结合的一种工艺路线，是一种可持续的污泥处置方式。水泥窑系统的工作温度高，对各种有毒有害、不稳定的危险废弃物等都具有良好的消化和吸纳作用；物料在窑内能得到充分反应，工作状态稳定，并且在负压状态下运行，不会产生对环境的二次污染。水泥窑协同处置污泥，污泥的有毒有害物质分解彻底，污泥中的重金属元素被固化在水泥熟料中，可以实现污泥的稳定化、无害化、减量化处置。此外，污泥的有机物成分含量较高，具有较高的热值，可以替代部分水泥工业燃料，对煤的燃烧不会产生较大影响；焚烧后的污泥灰成分和水泥生料的成分相似，也可以替代部分水泥生料，实现其资源利用，减少了二氧化碳的排放。污泥用作水泥工业替代燃料的优势在于：污泥既在水泥工业生产中得到妥善处置，又作为水泥生产的原燃材料得到资源化利用，替代水泥生产中的可燃成分和无机成分，节省了宝贵的资源同时实现了环保目的。简言之，污泥用作水泥工业替代燃料技术就是利用水泥窑系统的高温作用、负压条件及水泥熟料可以固化部分重金属元素等特点进行协同处理污泥的方法。污泥用作水泥工业替代燃料不仅提供了一种全新的污泥的稳定化、无害化、减量化处置方式，而且提供给水泥工业发展以良好的机遇，符合循环经济和可持续发展战略的要求。

在当前条件下利用污泥作水泥工业替代燃料是可行的，首先在技术上基本可行，其次是污泥资源丰富。

污泥替代燃料的利用，既提高了水泥行业处置污泥的经济效益，在一定程度上降低了企业生产的经济成本，又节约了整个社会污泥处置的成本。通过水泥生产和污泥处置利用相结合，客观上降低了颗粒物排放、氮氧化物排放以及二氧化碳等总体排放水平，并且符合国家对水泥行业的要求。

但是，水泥窑协同处置污泥应当遵循以下原则：利用水泥窑协同处置污泥必须建立在社会污泥处置成本最优化原则之上，如果在生态和经济上有更好的回收利用方法时，则不要将污泥使用在水泥窑中。同时，污泥的协同处置应保证水泥工业利用的经济性；水泥窑协同处置污泥应确保污染物的排放，不高于采用传统燃料的污染物排放与污泥单独处置污染物排放总和。协同处置污泥水泥窑产品必须达到品质指标要求，并应通过浸析试验证明产品对环境不会造成任何负面影响；利用水泥窑协同处置污泥作为跨行业的协同处置方式，应保证从产生到处置完成良好的记录追溯，在全处置过程确保污染物的达标排放和相关人员健康和安全，确保所有要求符合现有的国家法律、法规和制度。能够有效地对废物协同处置过程中的投料量和工艺参数进行控制，并确保与地方、国家和国际的废物管理方案协调一致。

1. 制备方法

（1）水泥窑协同处置技术优势

水泥窑协同处置废弃物是指水泥工业利用现代水泥生产技术生产水泥的同时，将满足或经过预处理后满足入窑要求的固体废物投入水泥窑，在进行水泥熟料生产的同时实现对固体废物的无害化处置过程。

水泥窑协同处置废弃物具有以下优势：

① 焚烧温度高。水泥窑内物料温度一般高于1450℃，气体温度则高于1750℃左右，甚至可达更高温度1500℃和2200℃。在此高温下，废物中有机物将产生彻底的分解，一般焚毁去除率达到99.99%以上，对于废物中有毒有害成分将进行彻底的“摧毁”和“解毒”。

② 停留时间长。水泥回转窑筒体长，废物在水泥窑高温状态下持续时间长。根据一般统计数据，物料从窑头到窑尾总停留时间在40min左右；气体在温度大于950℃以上的停留时间在8s以上，高于1300℃以上停留时间大于3s，可以使废物长时间处于高温之下，更有利于废物的燃烧和彻底分解。

③ 焚烧状态稳定。水泥工业回转窑有一个热惯性很大，十分稳定的

燃烧系统。它由回转窑金属筒体、窑内砌筑的耐火砖以及在烧成带形成的结皮和待烧的物料组成，不仅质量巨大，而且由于耐火材料具有的隔热性能，因此，更使得系统热惯性增大，不会因为废物投入量和性质的变化，造成大的温度波动。

④ 良好的湍流。水泥窑内高温气体与物料流动方向相反，湍流强烈，有利于气固相的混合、传热、传质、分解、化合、扩散。

⑤ 碱性的环境气氛。生产水泥采用的原料成分决定了在回转窑内是碱性气氛，水泥窑内的碱性物质可以和废物中的酸性物质中和为稳定的盐类，有效地抑制酸性物质的排放，便于其尾气的净化，而且可以与水泥工艺过程一并进行。

⑥ 没有废渣排出。在水泥生产的工艺过程中，只有生料和经过煅烧工艺所产生的熟料，没有一般焚烧炉焚烧产生炉渣的问题。

⑦ 固化重金属离子。利用水泥工业回转窑焚烧工艺处理危险废物，可以将废物成分中的绝大部分重金属离子固化在熟料中，最终进入水泥成品中，避免了再度扩散。

⑧ 减少社会总体废气排放量。由于可燃性废物对矿物质燃料的替代，减少了水泥工业对矿物质燃料（煤、天然气、重油等）的需求量。总体而言，比单独的水泥生产和焚烧废物产生的废气（CO_2，SO_2，Cl等）排放量大为减少。

⑨ 焚烧处置点多，适应性强。水泥工业不同工艺过程的烧成系统，无论是湿法窑、半干法立波尔窑，还是预热窑和带分解炉的旋风预热窑，整个系统都有不同高温投料点，可适应各种不同性质和形态的废料。

⑩ 废气处理效果好。水泥工业烧成系统和废气处理系统，使燃烧之后的废气经过较长的路径和良好的冷却和收尘设备，有着较高的吸附、沉降和收尘作用，收集的粉尘经过输送系统返回原料制备系统可以重新利用。

⑪ 建设投资较少，运行成本较低。利用水泥回转窑来处置废物，虽然需要在工艺设备和给料设施方面进行必要的改造，并需要新建废物储存和预处理设施，但与新建专用焚烧厂比较，还是大大节省了投资。在运行成本上，尽管由于设备的折旧、电力和原材料的消耗，人工费用等使得费用增加，但是燃烧可燃性废物可以节省燃料，降低燃料成本，燃料替代比例越高，经济效益越明显。

（2）水泥协同处置废弃物种类

水泥窑可以处理的废物包括生活垃圾，各种污泥（下水道污泥、造纸厂污泥、河道污泥、污水处理厂污泥等），工业危险废物，各种有机废物（废轮胎、废橡胶、废塑料、废油等）。根据成分与性质，不同的废物在水泥生产过程中的用途不同，主要包括以下四个方面：

① 替代燃料。水泥窑替代燃料主要为高热值有机废物。替代燃料，也称作二次燃料、辅助燃料，是使用可燃废物生产水泥窑熟料，替代天然化石燃料。可燃废物在水泥工业中的应用不仅可以节约一次能源，同时有助于环境保护，具有显著的经济、环境和社会效益。发达国家自1970年开始使用替代燃料以来，替代燃料的数量和种类不断扩大，而水泥工业成为这些国家利用废物的首选行业。根据欧盟的统计，欧洲18%的可燃废物被工业领域利用，其中有一半是水泥行业，水泥行业的利用量是电力、钢铁、制砖、玻璃等行业的总和。发达国家政府已经认识到替代燃料对节能、减排和环保的重要作用，都在积极推动。

含有一定热量的工业废弃物可用作水泥熟料生产过程中的燃料，水泥窑替代燃料种类繁多，数量及适用情况各异。欧洲水泥协会把可燃废物分成14类，每类下还有子类，对应于欧盟废物分类。这14类大类是：木、纸和纸板；纺织品；塑料；RDF；橡胶/轮胎；（滤饼，经离心脱水和干燥等）工业污泥；城镇污水处理厂污泥；动物肉、脂肪；废煤炭；农业废物；固体废物燃料（受渍木屑）；溶剂及相关废物；废油；其他类。我国水泥窑常用的替代燃料有废轮胎、废油（润滑油、矿物油、液压油、机油、洗涤用柴油或汽油、各种含油残渣等）、医疗废物（化纤、棉织物等）、垃圾中的可燃物（纸板、塑料、木屑等）及城市污泥等。

用废弃物作为替代燃料时应有最低热值要求。因为水泥窑是一个敏感的热工系统，不论是热流、气流还是物料流稍有变化都会破坏原有的系统平衡，使用替代燃料时系统应免受过大的干扰。一些欧洲国家从能量替换比上考虑将11MJ/kg的热值作为替代燃料的最低允许热值。同时需要考虑使用替代燃料时，达到部分取代常规燃料后所节省的燃料费用足以支付废料的收集、分类、加工、储运的成本。

用废弃物作为替代燃料时必须适应水泥窑的工艺流程需要。可燃废料的形态、水分含量、燃点等都会决定使用过程的工艺流程设计，而这个设计必须与原有水泥窑的工艺流程很好地配合。另外，新型干法窑需严格控制的钾、钠、氯这类有害成分的含量应以不影响工艺技术要求为准。

用废弃物作为替代燃料时符合环保的原则。废弃物中含有的有害物质通常比常规原燃料高，水泥回转窑在利用和焚烧废弃物（包括危险废弃物）时，除应控制有害物质排放量不会有明显提高外，更主要的是应注意所生产水泥的生态质量。因为水泥是用来配制混凝土的胶凝材料，而混凝土建筑物，如公路、房屋建筑、水处理设施、水坝及饮用水管道等，必须确保对土壤、地下水以及人的健康不会产生危害，对废弃物带入的有害物质必须根据混凝土所能接受的最大量加以限定。

② 替代原料。水泥窑替代原料主要为可作为水泥生产原料的无机矿物材料废物。从理论上说，含有 CaO、SiO_2、Al_2O_3、Fe_2O_3的水泥原料成分的废弃物都可作为水泥原料。

一般来说，用来代替黏土作为组分配料主要是用以提供二氧化硅、三氧化二铝、三氧化二铁的原料，包括粉煤灰、炉渣、煤矸石、金属尾矿、赤泥、污泥焚烧灰、垃圾焚烧灰渣等。根据实际情况可部分替代或全部替代。煤矸石、炉渣不仅带入化学组分，且还可以带入部分热量。

用来代替石灰质原料的是用以提供氧化钙的原料，主要包括电石渣，氯碱法碱渣、石灰石屑、碳酸法糖滤泥、造纸厂白泥、高炉矿渣、钢渣、磷渣、镁渣、建筑垃圾等。

可代替石膏作为矿化剂的有磷石膏、氟石膏、盐田石膏、环保石膏、柠檬酸渣等，因其含有三氧化硫、磷、氟等都是天然的矿化成分，且 SO_3含量高达 40% 以上，可全部代替石膏。

可代替熟料作为晶种的有炉渣、矿渣、钢渣等，可全部代替。

可替代校正原料的主要是用以替代铁质、硅质等的校正原料，替代铁质的校正原料主要有低品位铁矿石、炼铜矿渣、铁厂尾矿、硫铁矿渣、铅矿渣、钢渣；替代硅质校正原料主要有碎砖瓦、铸模砂、谷壳焚烧灰等。

利用固体废弃物替代水泥窑原料时，在生料配方设计中应考虑固废的化学成分能否满足熟料矿物组成的设计、固废对生料易烧性的影响、考虑钾、钠、氯、硫等挥发性有害元素的含量及对水泥窑系统运行的影响、考虑固废的易磨性及考虑固废中重金属的含量，应满足国家标准对熟料和水泥产品中重金属含量限值的要求。

③ 混合材料。为了改善水泥的某种性能、调节水泥的强度等级、提高水泥产量、降低水泥生产成本，在生产水泥时加入的人工和天然的矿物材料，称为水泥混合材。水泥混合材分为活性混合材和非活性混合材。混合材如今已经成为水泥工业处置和利用工业废弃物的重要途径。据统计在所有适用于水泥工业处置和利用的废弃物中，70% 以上是作为混合材使用的。

水泥厂各种混合材可归纳为三类：碱性活性混合材（如矿渣、增钙液态渣等)，酸性及中性活性混合材（如沸石、火山渣、粉煤灰、沸腾炉灰、煤矸石等)，碱性及中性惰性混合材（如石灰石、硅灰石尾矿等)。

常用的水泥混合材包括部分粉煤灰、矿渣、煤矸石等。钢渣、化铁炉渣、有色金属渣等也具有一定的活性，成本与矿渣相近，在缺少矿渣的地方，可以用作矿渣的代用品。同样，煤渣、液态渣等材料与粉煤灰的性质比较接近，在有这些材料的地方可作为粉煤灰的替代品。而以氧化硅、氧化铝、氧化钙等金属氧化物为主要成分的工业废渣，如锂渣、稻壳灰这些排放量非常大的工业废弃物，在采用了一定的激活技术后，都具有潜在活性，这些工业废弃物经过一定的加工后都是极好的水泥混合材料，具有非常可观的利用价值。

④ 工艺材料。可作为水泥生产某些环节，如火焰冷却、尾气处理的工艺材料的废物。

(3) 影响水泥窑处置污泥的条件

污泥的加入量或者说对水泥窑燃料的取代量取决于以下几个因素:

① 污泥含水量和对燃烧区温度的影响程度。要保持窑的热工制度和气体与物料的温度分布曲线不受太大的干扰。

② 污泥灰分对熟料化学成分和矿物组成的影响，即对熟料和水泥性能的影响。

③ 对窑系统污染物排放的影响，即所谓的不能增加二次污染。

(4) 水泥窑协同处置污泥技术发展

国内外已有很多水泥企业利用水泥窑协同处理污泥的成功案例。瑞士的 HCB Rekingen 水泥厂是世界上首个具有完善处理城市生活垃圾、污泥和危险废弃物的环境管理系统水泥厂，开创了水泥工业协同处置污泥的先例。位于挪威的海德堡水泥集团的成员公司 Norcem 公司的 Brevik 水泥厂使用替代燃料最早在 20 世纪 80 年代，污泥逐渐成为其中替代燃料之一，其具有经济价值和社会价值。日本的市原生态水泥厂将城市垃圾焚烧灰和下水污泥灰等作为主要原料再次回收利用生产水泥，生态水泥的强度、安定性等性能和普通硅酸盐水泥无明显差别，已广泛应用于各个领域。国内最大规模污泥用作水泥工业替代燃料的项目位于广州市越堡水泥有限公司。该项目通过回收水泥窑的余热干化污泥降低其含水率，半干污泥经过新建接口装置添加到水泥烧成系统。每 3.5t 干污泥可以相抵 1t 煤，该项目每年处置污泥量达 18.6 万 t。北京新北水水泥有限责任公司在我国首先实现污泥用作水泥工业的替代燃料，其水泥窑协同处置污泥项目规模为日处理污泥

500t。生产工艺为首先利用水泥窑系统的高温废气对污泥干化，然后将干化污泥用作水泥工业燃料。

（5）水泥窑协同处置废弃物标准体系

2009 年环保部发布《城镇污水处理厂污泥处理处置及污染防治技术政策（试行）》，鼓励回收和利用污泥中的能源和资源。坚持在安全、环保和经济的前提下实现污泥的处理处置和综合利用，达到节能减排和发展循环经济的目的。污泥处置的技术路线包括土地利用、园林绿化、盐碱地、沙化地和废弃矿场土地改良、农用、建筑材料综合利用以及填埋。

2010 年环保部发布《关于加强城镇污水厂污泥污染防治工作的通知》，强调要因地制宜，推动通过填埋、焚烧、建材综合利用，现有工业窑炉（如电厂锅炉、水泥窑等）共处置方式，提高污泥无害化处置率。

2010 年环保部发布《城镇污水处理厂污泥处理处置污染防治最佳可行技术指南（试行）》（HJ-BAT-002），提出了污泥厌氧消化技术、好氧发酵技术、土地利用技术、焚烧技术的工艺、产污环节及污染防治最佳可行性技术。

2011 年住房城乡建设部、发展改革委共同组织编写了《城镇污水处理厂污泥处理处置技术指南（试行）》，用于城镇污水处理厂污泥处理处置技术方案选择及全过程的管理，指导污泥处理处置设施的规划、设计、环评、建设、验收、运营和管理。

2011 年发展改革委和住房城乡建设部发布《关于进一步加强污泥处理处置工作组织实施示范项目的通知》，通知强调要提高认识，高度重视污泥处理处置工作。

2012 年 4 月，国务院办公厅印发了《“十二五”全国城镇污水处理及再生利用设施建设规划》，规划中指出“十二五”期间，全国规划建设城镇污泥处理处置规模 518 万吨/年。其中，设市城市 383 万吨/年，县城 98 万吨/年，建制镇 37 万吨/年；东部地区 288 万吨/年，中部地区 124 万吨/年，西部地区 106 万吨/年。采用多种技术处理处置污泥，尽可能回收和利用污泥中的能源和资源。鼓励将污泥经厌氧消化产沼气，或好氧发酵处理后严格按照国家标准进行土壤改良、园林绿化等土地利用，不具备土地利用条件的，可在污泥干化后与水泥厂、燃煤电厂等协同处置或焚烧。作为近期的过渡处理处置方式，可将污泥深度脱水和石灰稳定后进行填埋处置。

2006 年，发展改革委制定《水泥工业发展专项规划》（发改工业

〔2006〕2222 号）规划明确提出水泥工业要坚持资源保护和综合利用，走循环经济道路。要重视资源综合利用，鼓励企业利用低品位原、燃材料以及砂岩、固体废弃物等替代黏土配料，支持采用工业废渣作原料和混合材。推广节能粉磨、余热发电、利用水泥窑处理工业废弃物及分类好的生活垃圾等技术，发展循环经济。

2006 年，发展改革委发布《水泥工业产业发展政策》（发改委第 50 号令），第八条提出鼓励和支持利用在大城市或中心城市附近大型水泥厂的新型干法水泥窑处置工业废弃物、污泥和生活垃圾，把水泥工厂同时作为处理固体废物综合利用的企业。

2010 年，工业和信息化部发布了《关于水泥工业节能减排的指导意见》（工信部节〔2010〕582 号）。意见明确提出鼓励资源综合利用，完善循环经济发展模式。继续鼓励水泥生产企业对矿渣、粉煤灰、副产石膏等大宗工业废弃物进行综合利用。推动废弃物替代燃料的技术开发和应用，支持有条件的企业进行废弃物（包括一些危险废弃物）的协同处置。鼓励利用水泥窑炉处置市政污泥和城市生活垃圾，建立一批处置污泥和生活垃圾的示范生产企业，加强与市政部门有关政策协调。加强矿山资源的综合利用，充分有效使用低品位石灰石，提高矿产资源利用率，减少废弃物排放。将水泥窑协同处置城市生活垃圾和城市污泥工程以及消纳工业废渣及废弃物工程列入 2010—2015 年水泥工业节能减排重点专项工程。选择大中城市周边日产 2000 吨或以上规模的现有工厂协同处置城市生活垃圾或城市污泥，使水泥企业成为大中城市污泥、城市生活垃圾无害化处置的重要一环，形成年处理 1200 万 t 的能力。在重化工工业聚集区域，选择有条件的现有工厂建设协同处理工业废渣及废弃物的设施，推动工业废渣及废弃物收集和预处理产业发展，培育 20 个发展循环经济的示范水泥企业，形成年处理工业废渣及废弃物 3000 万吨的能力。

《水泥工业“十二五”发展规划》明确提出“十二五”水泥工业发展重点继续推进矿渣、粉煤灰、钢渣、电石渣、煤矸石、脱硫石膏、磷石膏、建筑垃圾等固体废弃物综合利用，发展循环经济。选择大中型城市周边已有水泥生产线，建设协同处置示范项目，并逐步推广普及和应用。将协同处置示范工程列为重点工程，到 2015 年，协同处置生产线比率要达到 10%。

《建材工业“十二五”发展规划》中明确指出充分发挥建材工业无害化最终消纳固体废弃物的优势，建立与国民经济相关产业以及城市和谐发展相衔接的循环经济体系。加快推进协同处置示范工程建设。减少资源消耗，鼓励综合利用矿渣、粉煤灰、煤矸石、副产石膏、尾矿等大宗工业废弃物和建筑废弃物，生产水泥、墙体材料等产品，扩大资源综合利用范围和固体废弃物利用总量。

2010 年住房城乡建设部、发展改革委、环保部共同发布的《生活垃圾处理技术指南》（建城〔2010〕61 号）中列入了水泥窑协同处理生活垃圾技术。

2011 年，国务院印发《国家环境保护“十二五”规划》（国发〔2011〕42 号）提出开展工业生产过程协同处理生活垃圾和污泥试点。

2012 年环保部、发展改革委、工业和信息化部以及卫生部联合编制了《“十二五”危险废物污染防治规划》（环发〔2012〕123 号），鼓励使用水泥回转窑等工业窑炉协同处置危险废物。

2013 年，国务院发布《循环经济发展战略及近期行动计划》（国发〔2013〕5 号），提出推进水泥窑协同资源化处理废弃物。鼓励水泥窑协同资源化处理城市生活垃圾、污水厂污泥、危险废物、废塑料等废弃物，替代部分原料、燃料，推进水泥行业与相关行业、社会系统的循环链接。

2013 年国务院发布的《关于加快发展节能环保产业的意见》（国发〔2013〕30 号）指出要探索城市垃圾处理新出路，实施协同资源化处理城市废弃物示范工程。

2013 年，国务院发布的《关于化解产能严重过剩矛盾的指导意见》（国发〔2013〕41 号）进一步强调支持利用现有水泥窑无害化协同处置城市生活垃圾和产业废弃物，协同处置生产线数量比重不低于 10%。

2014 年 5 月 6 日，发展改革委、科技部、工业和信息化部等七部委联合发布《关于促进生产过程协同资源化处理城市及产业废弃物工作的意见》（发改环资〔2014〕884 号）。意见提出推进利用现有水泥窑协同处理危险废物、污水处理厂污泥、垃圾焚烧飞灰等，利用现有水泥窑协同处理生活垃圾的项目开展试点。加强示范引导和试点研究，加大支持投入，消除市场和制度瓶颈，扩大可利用废弃物范围，制定有针对性的污染控制标准，规范环境安全保障措施。

（6）水泥窑协同处置污泥工艺

水泥窑协同处置污泥工艺可以分为直接入窑工艺和干化后入窑工艺两大类。利用水泥窑处置污泥，在不超过水泥生料 5% 的处理量时，一般采用直接喷入的技术路线，此方法投资少，建设周期短，但处置量偏低。如果要增加处置量，可以采用预干化后再进入水泥窑焚烧处理的技术路线。

① 直接入窑工艺。直接入窑工艺图如图 10-15 所示。

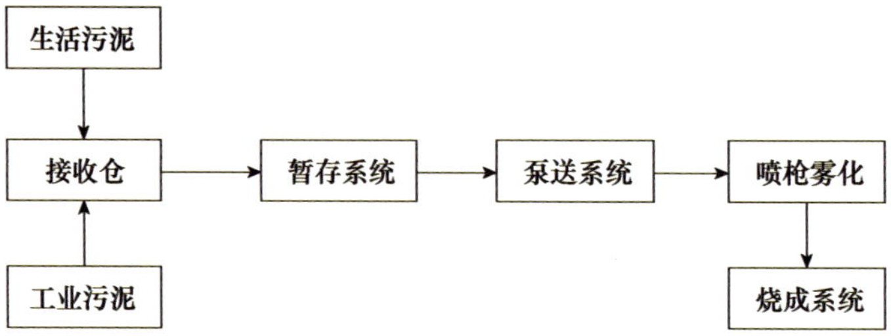

图 10-15　污泥直接入窑工艺流程图

② 干化入窑工艺。污泥干化入窑工艺图如图 10-16 所示。

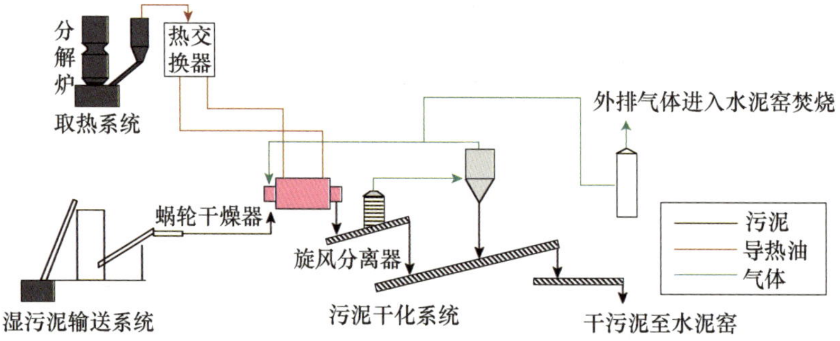

图 10-16　污泥干化入窑工艺流程图

2. 产品性能

(1) 大气污染指标控制

利用水泥窑协同处置固体废物时，水泥窑及窑尾余热利用系统排气筒大气污染物的最高允许排放浓度见表 10-9。

表 10-9　协同处置固体废物水泥窑大气污染物最高允许排放浓度

单位：mg/m^3（二噁英类除外）

序号	污染物	最高允许排放浓度限值
1	氯化氢（HCl）	10
2	氟化氢（HF）	1
3	汞及其化合物（以 Hg 计）	0.05
4	铊、镉、铅、砷及其化合物（以 Tl + Cd + Pb + As 计）	1.0
5	铍、铬、锡、锑、铜、钴、锰、镍、钒及其化合物（以 Be + Cr + Sn + Sb + Cu + Co + Mn + Ni + V 计）	0.5
6	二噁英类	0.1ng TEQ/m^3
7	颗粒物	30（20）①
8	二氧化硫	200（100）②

续表

序号	污染物	最高允许排放浓度限值
9	氮氧化物（以 NO_2 计）	400（320）②
10	氟化物（以总 F 计）	5（3）②
11	氨	10（8）①②

① 适用于使用氨水、尿素等含氨物质作为还原剂，去除烟气中的氮氧化物；
② 重点地区企业执行括号中的排放限值。

（2）水泥产品指标

协同处置固体废物的水泥窑生产的水泥产品，其质量除了符合国家相关水泥标准外，污染物的浸出浓度还要严格控制。

水泥工厂协同处置废物时，水泥熟料和水泥产品中重金属含量应满足表 10-10 所示要求。

表 10-10 水泥熟料和水泥中重金属含量要求（mg/kg）

元素	熟料	水泥
锑	—	—
砷	40	4280
铍	—	—
镉	1.5	40
铬	150	320
钴	—	—
铜	100	—
锡	—	—
汞	0.23	4
镍	600	—
铅	100	1590
硒	—	—
铊	—	—
锌	500	37760

（3）厂界恶臭污染物排放标准

协同处置固体废物的水泥生产企业厂界恶臭污染物限制见表 10-11。

表 10-11 恶臭污染物厂界标准值

序号	控制项目	单位	一级	二级		三级	
				新扩改建	现有	新扩改建	现有
1	氨	mg/m^3	1.0	1.5	2.0	4.0	5.0
2	三甲胺	mg/m^3	0.05	0.08	0.15	0.45	0.80
3	硫化氢	mg/m^3	0.03	0.06	0.10	0.32	0.60

续表

序号	控制项目	单位	一级	二级		三级	
				新扩改建	现有	新扩改建	现有
4	甲硫醇	mg/m^3	0.004	0.007	0.010	0.020	0.035
5	甲硫醚	mg/m^3	0.03	0.07	0.15	0.55	1.10
6	二甲二硫	mg/m^3	0.03	0.06	0.13	0.42	0.71
7	二硫化碳	mg/m^3	2.0	3.0	5.0	8.0	10
8	苯乙烯	mg/m^3	3.0	5.0	7.0	14	19
9	臭气浓度	无量纲	10	20	30	60	70

3. 案例分析

（1）北京水泥厂

北京金隅股份有限公司下属的北京水泥厂于2009年10月建成污泥处置线，处理规模为500t/d（含水率80%）。本工程是利用水泥窑系统的热量将含水80%的污水厂污泥干化至含固率为65%的半干污泥，然后入窑焚烧处置。本工程污泥干化技术属于间接干化工艺系统，热源采用从水泥窑系统抽取余热烟气进入锅炉加热导热油，输送给干燥系统供热。湿污泥经输送设备喂入蜗轮干燥器内，在强大的涡流作用下在系统内部连续移动，并得到均匀有效的加热，完成干燥工序。干燥后的污泥颗粒和气体经过旋风分离器和布袋除尘后，颗粒从工艺气体中分离出来，经螺旋冷却后输送至示范线预燃炉内焚烧。干燥分离的蒸汽经过离心机抽取循环后经过热交换器重新被加热返回至干燥器的始端。干燥过程产生的高浓度废水经过污水处理站后作为一部分设备循环水回用。

（2）广州越堡水泥有限公司

广州越堡水泥有限公司建有一条6000t/d水泥熟料生产线。2007年11月广州市越堡水泥有限公司委托中材国际工程股份公司天津公司（原天津水泥工业设计研究院有限公司）设计利用现有回转窑处理含约80%水分污泥的工程。结合现有的场地及厂方的资金情况，确立了日处理600t含水80%污泥的工程规模，2009年3月完成污泥生产线的点火调试工作，2009年8月起开始连续处置广州市城区的市政污泥。

污泥干化采用的废热来自现有熟料生产线预热器出口的窑尾废气，废热烟气经管道输送至干化车间，通过风机升压后鼓入干燥机干燥室进口。需要干化的湿污泥由专用的输送装置送至污泥储料小仓，然后送到干燥机。在干燥室内，气固两相进行对流型干燥，完成热交换后的污泥和烟气一起进入袋收尘器。收尘后的干泥污泥颗粒通过锁风卸料阀后由胶带输送机提升机送入成品污泥储仓，干燥后尾气经处理后排放。干化后含水率低于30%污泥已成散状物料，经输送及喂料设备送入分解炉焚烧。在分解炉喂料口处设有撒料板，将散状污泥充分分散在热气流中，由于分解炉的温度高、热熔大，使得污泥能快速、完全燃烧。污泥烧尽后的灰渣随物料一起进入窑内煅烧。该项目的主机装备为国产装备，其总投资比采用进口装备节省大约50%。该项目日处理80%水分污泥600t项目，年处理污泥18.6万t，若污泥的干基热值按16785kJ/kg计，每年水泥厂节省1.8万t标煤。

（3）华新水泥有限公司

2008年华新水泥有限公司对宜昌2500t/d的熟料生产线进行改造，建成了100t/d的污泥协同处置线。污泥处置工艺为：来自污水处理厂的污泥（含水率约80%）运至水泥厂储库，然后通过高压泵直接喂入窑尾烟室。污泥运输过程用密闭卡车防止二次污染。经过三年的工程实践证实湿污泥直接入窑对窑尾烟气排放没有影响，水泥产品符合国家标准要求。该工艺简单、成本较低，较短时间可以实现污泥的无害化处置。然而该工艺存在运输成本高，喂入水泥窑的污泥超过一定量时水泥燃料成本增加。

华新水泥有限公司在污泥化学改性和机械脱水的基础上开发了脱水系统，并于2011年华新水泥有限公司在黄石花湖污水处理厂建立了100t/d的污泥深度脱水设施，将污泥的含水率由80%降低到50%。含水率为50%的污泥投入水泥窑不需要额外的燃料。自2011年12月已经成功处置了10500t污泥，有效地解决了当地的污泥处置问题。

10.3.3 污泥制备沼气

1. 制备方法

（1）厌氧发酵制备沼气简介

沼气是有机物通过厌氧发酵形成的一种可燃性气体，主要成分是甲烷和二氧化碳，可用于燃烧、发电等。

德国每年可用沼气发电6×10^{10} kW·h，相当于全部产电量的11%。瑞典利用沼气部分取代天然气作为车用燃气，规模为车用燃气总量的45%左右，已有超过4000辆沼气驱动的汽车，并研制出首辆沼气驱动火车。英国微生物厌氧发酵产生的沼气可以替代全国25%的煤气消耗量。

我国的沼气应用起步于20世纪50年代。1964年，河南南阳天冠集团建成了一座2000m^3的工业沼气池，20世纪80年代又增建了2个容积为5000m^3的厌氧接触圆柱形发酵池，利用酒精废糟年产沼气达$2\times10^7m^3$。河南修武2006年兴建的酒糟废液发酵沼气示范工程省内最大，包括4个5000m^3发酵罐，2个1700m^3升流式厌氧污泥床（Upflow Anaerobic Sludge Bed，UASB）二次发酵罐，日产沼气高达60000m^3，年发电量达36MW·h。工业沼气主要集中在酒精淀粉行业，反应器规模较大，从几千到几万立方米不等，主要采用UASB工艺。相比之下，农业沼气工程规模较小，几百到几千立方米不等。1982年农业部沼气科学研究所设计的成都凤凰山畜牧园艺场沼气工程是我国最早的农场大型沼气工程，该工程隧道式装置总容积$4\times300m^3$，中温发酵，日产沼气约900m^3。目前在美国北方寒冷地区（纽约州、明尼苏达州）运行良好的6座奶牛场沼气工程中，有5座采用推流式发酵工艺，处理规模分别是1000~2400头牛的粪污。全混合或推流式工艺主要用于规模在5000头以下的养殖场，优点在于投资低、运行管理方便、沼气产率高，但单元效率低，配套所占土地资源多。因此对于日污水量达50~1500t的5000~100000头规模的大型养殖场，多采用效率更高的UASB工艺，像济南佳宝乳业有限公司2005年建成的大型沼气发电工程，采用UASB工艺，反应器达2000m^3，单元效率较高，管理方便，出水浓度低，但粪便固液分离后直接生产有机肥，沼气获得量相对低。

我国农村户用沼气池近几年来逐年增加，2000年底，农村户用沼气池达到848万户，2006年底已达到2200万户，2007年底为2650万户，2008年底为3050万户，2009年底为3500万户，2010年底已经超过4000万户。可以看出，户用沼气池数量一直呈现递增的发展趋势，并以平均每年约17%的速度增长。2015年，农村户用沼气用户达5000万户，根据《可再生能源中长期发展规划》，到2020年底，我国沼气年利用总量将达到440亿m^3，其中农村沼气利用量将达到300亿m^3。

污泥的厌氧消化是一种具备可持续性的污泥处理技术，其优点包括能降低生物质总量，消除气味，提高卫生化水平，改善脱水性能，能耗低，还可以回收肥料元素，回收甲烷能源。污泥的厌氧消化技术在发达国家已经有几十年的应用，尤其在欧洲得到了大规模采用，污泥厌氧消化技术也是当前污泥处理研究领域的热点。

（2）厌氧发酵物料选择

大多数的厌氧消化系统中，污泥的含水量较高，有机质的含量较低，且含有一定量难降解有机物，难以最大限度提高沼气产量。因此，为强化厌氧消化效能，获得高的生物质能，采用将有机质含量高的有机垃圾与城市污泥混合后厌氧发酵，成为国内外重要的研究课题。

（3）影响厌氧发酵的条件

厌氧消化一般可以分为四个反应阶段：水解、酸化、产乙酸和产甲烷。或将其中的水解与酸化阶段合并为一个阶段，即水解酸化阶段。水解阶段在兼性或厌氧微生物分泌的水解酶的作用下，不溶性的大分子有机物（碳水化合物、蛋白质、脂肪）先分解成可溶性小分子物质（单糖、氨基酸、长链脂肪酸等）；酸化阶段产酸菌将水解产物进一步转化为除乙酸以外的丙酸、丁酸等短链脂肪酸及醇类和乳酸等中间代谢产物；产乙酸阶段在同型产乙酸菌作用下，将水解和酸化阶段产物转化为乙酸、二氧化碳和氢，或在耗氢产乙酸菌作用下将二氧化碳和氢合成乙酸；产甲烷阶段乙酸被乙酸营养型产甲烷古菌利用，转化成甲烷和二氧化碳，或氢和二氧化碳被氢营养型产甲烷古菌利用，转化为甲烷和水。

污泥厌氧消化的影响因素包括污泥原料因素和工程调控因素两个方面：原料因素包括污泥有机物含量、C/N、pH 值、微量元素、有毒物质含量等；工程调控因素包括温度、搅拌、SRT（SludgeRetention Time，污泥停留时间）等。

因为工程调控因素相对易于调整，所以原料因素是制约厌氧消化性能的关键。而原料自身的一些性质又是难以改变的，所以只能从容易改变的因素进行调控。由于污泥的难降解性，在其厌氧消化过程中一般不会出现其他原料遇到的酸累积现象，而且目前产甲烷古菌种已经实现规模化生产，大大减轻了酸累积风险。但剩余污泥的 C/N 一般过低，只有 6～16，需要补充适当的碳源优化 C/N 到 20～30。污泥中微量元素一般比较丰富，但其比例可能对于厌氧消化是失衡的，需要针对污泥自身的营养条件进行补充调整。

（4）厌氧发酵技术的发展

相对于其他处理方式，厌氧消化是最低碳的污泥处理工艺。住房城乡建设部、国家环境保护总局和科技部联合颁布的《城市污水处理及污染防治技术政策》中规定“日处理能力在 10 万立方米以上的污水二级处理设施产生的污泥，宜采取厌氧消化工艺进行处理，产生的沼气应综合利用”。截至 2011 年年底，国内市政污水处理厂中配套建设厌氧消化系统的有 50 余座，分布在北京、上海、天津、重庆、青岛、石家庄、郑州、沈阳、南京、济南等城市，其中稳定正常运行的不超过 10 座。采用的消化温度以中温厌氧消化为主。

污泥厌氧消化在我国遇到的问题主要有：初期投资较高（需要新征建设用地）；配套设施设备多；系统封闭，存在堵塞、浮渣泡沫、沉渣、泄漏、腐蚀，操作管理环节多；发酵温度不能保证；进泥浓度低；物料混合不均匀；污泥稳定性差，含砂量大；有机质降解率低，产气效率低；消化污泥仍有臭味；消化污泥的最终处置上存在乱排现象。

鉴于以上存在的问题，发展适合我国国情的污泥厌氧消化技术，充分发挥厌氧消化的优势，仍面临诸多技术和管理上的挑战。

（5）污泥厌氧消化与处理方法

厌氧消化主要受水解作用限制，使污泥的生物降解非常缓慢。通过污泥在厌氧消化之前设置预处理工艺，促进初始的水解，可克服这一现实因素。

① 酶水解技术。

水解酶的最适温度为50℃。因此，酶处理适用于中、高温条件下的厌氧消化。水解酶有利于促进水解阶段到酸化阶段，这是厌氧消化的控制阶段。

运用多种工业酶，如蛋白酶、脂肪酶等，对厌氧消化进行预处理，其目的是用来改善污泥的减量技术同时提高沼气产量。将水解酶加入厌氧反应器，可以发现污泥絮凝体的分解作用有所提高，它减少了胞外聚合物的产生，提高了沼气的产量。而且脱水性能也有所改善，减少了污泥的总量并且可以减少脱水环节的药量。酶水解具有应用简便（只是需要混合均匀）、改善污泥脱水性能、成本低等优点。然而酶水解也存在一定成本及规模化应用时最佳运行条件未进行充分研究等缺点。

② 机械破解技术。

机械破解可以降低生物絮凝体颗粒大小和密实程度，加强细菌、基质、酶之间的反应。因此污泥的生物降解能力的提高必然会引起厌氧消化过程中沼气的产量的增加。较强的机械破解可以使污泥的脱水性能有所提高，并获得更高的含固率。但是，机械处理后，污泥的调理和脱水需要添加更多的絮凝剂，这是因为机械处理增加了胶体表面电荷量，这需要絮凝剂来中和。一般经验，在厌氧消化过程中由丝状菌膨胀引起的泡沫现象可通过进行机械破解预处理来减少。

③ 超声波破解技术。

在污泥处理单元中融合超声波破解技术，作为厌氧消化的预处理，从而实现污泥的减量化并且增加沼气产量。液相中含固率较高的时候，空穴点的产生就会增多，其爆破时产生的气泡与固体接触也会增多。然而，在实践中将超声波技术运用于含固率太高的污泥也是不合适的，因为这样可能会导致过度加热，声电极的腐蚀。

超声波破解具有装置紧凑、停留时间短、可控制泡沫、无臭气产生等优点。然而超声波破解电极易被腐蚀，需定时替换声电极，此外，能耗较大。超声波破解能够加强污泥絮体与细菌、基质、酶之间的反应，从而提高了污泥絮体生物降解率和沼气的产量，虽然超声波破解需要很高的能量，但超声波设备简单，便于管理。

④ 热处理技术。

在厌氧消化前增加热处理作为预处理，增加的产沼量可涵盖污泥加热所需的能量。热处理可以破坏细胞壁促进蛋白质释放而得以降解，热处理应用于实际中通常是在 160～180℃之间加热 0.5～1h。较高的温度会使生物降解的产物生成缓慢或者变得困难，从而限制了甲烷的产量。经过热水解处理的污泥具有较好的脱水性能（污泥的含固率达到 35%），较低的黏附性，即使固体含量在 12% 左右时呈现液相。

⑤ 微波技术。

近年来，污泥处理过程中，微波放射（频率 2450MHz）被建议代替传统的热处理。这主要是因为减少了污泥加热的时间并且降低了加热过程中所需能量。将微波处理作为厌氧消化的预处理，目的是提高污泥的消化能力，改善脱水性能，杀灭病原菌。

与传统加热相类似，微波加热具有以下作用：絮体分解，细胞消散溶解，胞外聚合物溶解。从理论上讲，由于潜在的非热作用，在相同温度下比起传统的加热，微波作用更易于使细胞趋于破裂。然而，这两种作用不是很容易分辨的，到目前为止，哪种作用占优势也不明朗。在 50～120℃范围内，运用以上两种加热方式对物质 COD 进行加热消解，结果表明微波非热作用不明显，而在较高的温度使传统加热作用较为突出。然而，在污泥的中温厌氧消化过程中，沼气的产量是与微波非热作用是有关的。

虽然在污泥消化方面微波处理的一些数据是可供参考的，但是到目前，微波技术还没有成功运用于工程范例当中。

⑥ 酸碱热水解。

酸碱热水解技术常应用于厌氧消化的预处理，来改善污泥的生物降解能力，减少消化池的体积，提高沼气的产量。在浓缩污泥脱水之前对其进行处理，从而减少固体的处理，增加污泥在脱水过程的含固率。在热处理中，热化学预处理所需的部分能量被厌氧中高温消化加热过程所涵盖。

由于产甲烷菌的活性及其产甲烷能力受 pH 的影响较大，最适 pH 值范围在 6.6 ~ 7.6，在酸碱预处理后需调为中性。污泥消化预处理时的温度高达 170 ~ 175℃时，可增加甲烷的产量，然而当温度大于 180℃时，甲烷的产量将不会有更大的增加。在 100 ~ 120℃，进行酸碱预处理，可以改善浓缩污泥（含固率 5% ~ 6%）的脱水性能，提高了污泥的含固率。

（6）厌氧发酵工艺流程

常见的污泥厌氧发酵工艺流程如图 10-17 所示。

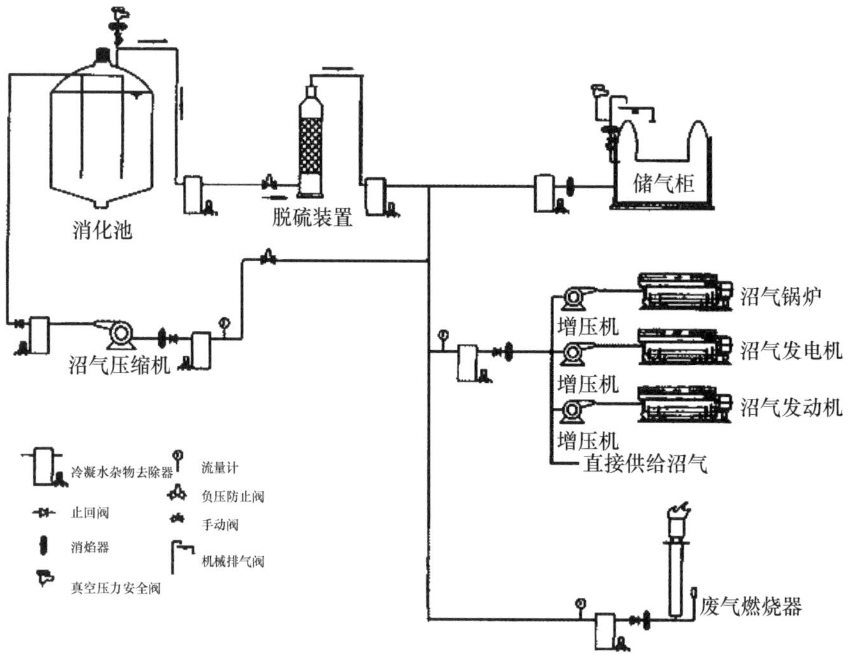

图 10-17　污泥厌氧发酵工艺流程

2. 产品性能

污泥厌氧发酵的主要产物是以甲烷为主的污泥气（沼气）。

污泥厌氧消化产生的可燃气体热值可由下式计算：

$$LHV = (30.0 \times CO + 25.7 \times H_2 + 85.4 \times CH_4 + 151.3 \times C_nH_m) \times 4.2$$

式中：CO、H_2、CH_4和 C_nH_m分别是气体产物中 CO、H_2、CH_4和碳氢化合物的体积比率。

沼气热值也可通过燃烧测定。

3. 案例分析

上海市白龙港污水处理厂污泥厌氧消化工程（图 10-18）。

（1）工艺流程

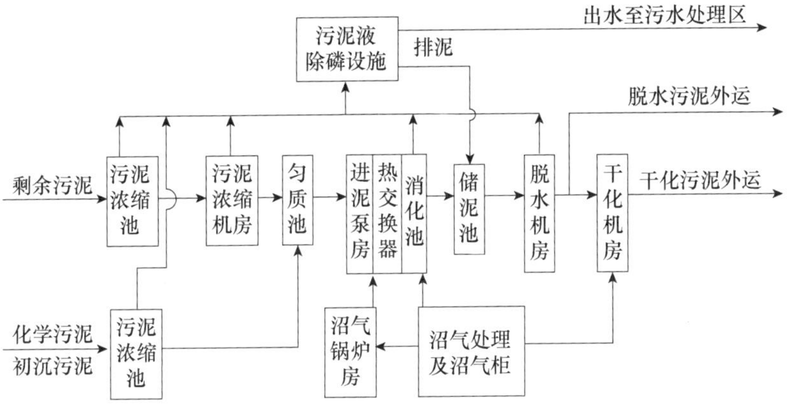

图 10-18 污泥厌氧消化工艺流程

（2）污泥处理工程由 6 个系统组成

① 浓缩系统（污泥浓缩池）。对污水处理工程产生的化学污泥、初沉污泥和剩余污泥进行浓缩处理，将污泥含固率提高到约 5%，减小污泥消化池容积，降低工程造价。为达到含固率目标，初沉污泥和化学污泥采用重力浓缩，剩余污泥经重力浓缩后再进行机械浓缩。

② 厌氧消化系统（消化池）。对浓缩污泥进行中温一级厌氧消化，降解污泥中的有机物，产生污泥气供消化系统和干化系统利用，使污泥得到稳定化和减量化。

③ 污泥气利用系统（沼气处理及锅炉）。对消化产生的污泥气进行处理、储存和利用，作为污泥消化系统的污泥加热热源和脱水污泥干化处理系统的干化热源，污泥气脱硫采用生物脱硫和干式脱硫分级串联组合工艺。

④ 脱水系统（脱水机房）。对消化污泥进行脱水，降低污泥含水率，减小污泥体积，并将脱水后的污泥输送至污泥干化处理系统进行干化处理，或直接输送至存料仓储存后外运。

⑤ 干化系统（干化机房）。利用污泥消化产生的污泥气对部分脱水污泥进行干化处理，进一步提高污泥含固率。污泥干化处理系统采用消化处理产生的污泥气作为能源，以天然气作为备用能源，污泥干化能力按在满足消化处理条件下可利用的气量确定。

⑥ 配套水系统（污水处理区）。配套水系统分两部分：一部分是回用水处理系统，从污水处理排放管中取水，经混凝、前加氯、过滤、后加氯处理，提供污泥干化处理系统的冷却用水；另一部分是污泥液处理系统，对污泥处理过程中产生的污泥液，包括浓缩池上清液、离心浓缩滤液、消化池上清液、离心脱水滤液等，经调节池后水

泵提升至高效沉淀池处理，去除污泥液中的磷，出水排至污水处理区进行处理。

10.4 污泥潜能开发

污泥除了常规的堆肥、焚烧及厌氧发酵产生沼气外，还具有许多潜能，例如污泥制备陶粒、污泥做砖、污泥碳化制备活性炭等。

10.5 在综合利用过程中技术壁垒与瓶颈

污泥含水率是表征污泥最重要的一项指标。一般来说，污水处理厂经机械脱水后的污泥含水率均在80%以上。污泥的高含水率是污泥二次利用中的瓶颈。

为了去除污泥的内部结合水，改善污泥的脱水、干化性能，常采用生物破解（好氧、厌氧处理等）、物理破解（高温加热、冷冻、超声波破解等）及化学药剂破解（碱解法、臭氧法、氯氧法）等方法。根据干化产品含水率不同，污泥干化工艺分为可干化（污泥含水率<20%）和半干化（污泥含水率为45%～60%）两种。对于填埋处理来说，含水率由80%降低到60%是我国《城镇污水处理厂污泥处置混合填埋泥质》中所必须达到的要求，对于污泥堆肥处理来说，60%的含水率才是适合微生物生长的良好条件。污泥焚烧处理的经验证明，焚烧前必须对污泥进行相当程度的脱水，否则水的汽化会消耗相当一部分焚烧时产生的热能，增加额外燃料的添加量，提高焚烧运行的成本和操作难度。此外，随着污泥含水率的降低，污泥的体积也大幅度降低，例如，污泥含水率由80%降低到60%，污泥减量一半。

10.6 解决途径及发展方向

（1）污泥干化

目前我国采用的污泥干化技术主要有：热干化、石灰干化、生物干化及水热干化等几种。几种干化方式的优缺点及经济指标比较见表10-12。

结合表10-12得出：对于水泥窑协同处置污泥来说，投资少、节省占地及对水泥生产影响较小的污泥干化方式是石灰干化。

表 10-12 我国脱水污泥干化处理处置特点比较

	优点	缺点
污泥热干化	1. 污泥显著减容，体积可减少 4 ~ 5 倍； 2. 形成颗粒或粉状稳定产品，污泥性状大大改善； 3. 干化产品的含水率控制在抑制污泥中的微生物的活动水平	1. 设备昂贵； 2. 能耗高； 3. 蒸发潜热高； 4. 存在恶臭及粉尘、爆炸等安全隐患
污泥石灰干化	1. 成本低，工艺简单； 2. 脱水污泥进行处理可以达到半干化固化和杀菌的作用； 3. 产品具有多种用途，如建筑材料、土地利用等	1. 石灰混合不均匀时用量大； 2. pH 值高，对设备有腐蚀作用
污泥生物干化	1. 能耗低； 2. 系统安全性能高； 3. 干化产品可直接填埋、肥料化或燃料化	1. 需要添加辅料、干化时间长； 2. 占地大； 3. 存在渗滤液和臭气控制的问题

（2）增钙热干化

在污泥热干化的基础上，北京琉璃河水泥有限公司提出了增钙热干化法进行污泥干化，工艺流程图如图 10-19 所示。

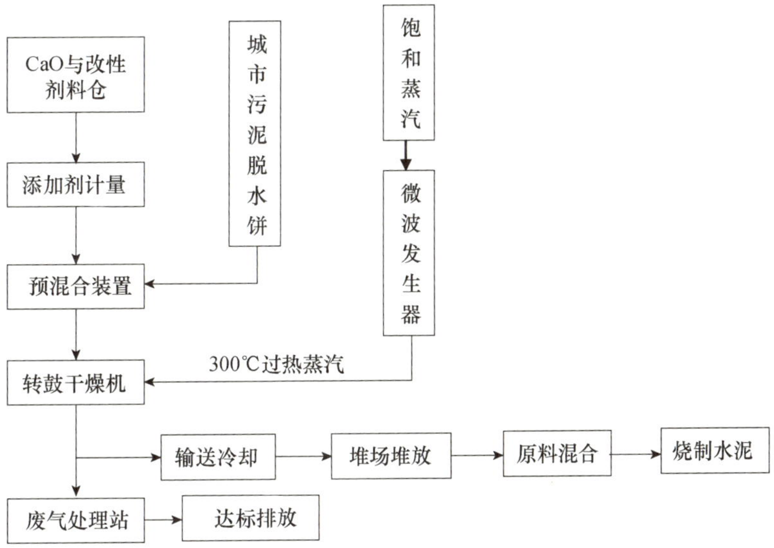

图 10-19 增钙热干化法工艺流程示意图

利用高活性的生石灰对湿污泥（含水率为 80%）经污泥改性剂计量混合后，输送至转鼓干燥计内与水泥窑余热产生蒸汽，经微波发生器加热后形成的过热蒸汽充分接触，酸、碱改性剂迅速刺破污泥细胞壁，在材料反应化学热和过热蒸汽辐射的作用下，污泥水分大量蒸发，且病原菌在高温下得到全面的消灭，经过干化处理后的污泥经堆场堆放 5 ~ 9

天，含水率下降为15%左右，可由输送系统送至水泥窑协同处置。

增钙热干化法的核心工艺技术为将污泥与石灰、污泥改性剂均匀混合，发生化学反应，大量降低水分，并通过过热蒸汽干燥污泥。污泥改性是一种运用无机添加剂对污泥进行干化前处理的方法。改性剂是由生石灰与酸、碱化合物按比例合成的复合添加剂，其中的酸、碱成分可有效地去除污泥中恶臭气味，并可以在干化前对污泥细胞破壁，使之后的干化过程大幅度节约热能。另外，改性剂与污泥混合时，也产生放热反应，起到辅助干化的作用。污泥高效干燥、脱水、改性后，向稳定化和无机材料转化。微波过热蒸汽利用技术是利用余热发电锅炉足量的剩余蒸汽，温度约200℃，余压约2MPa。微波加热蒸汽到300℃过热蒸汽后，污泥和以酸碱成分为主的污泥改性剂作用，转变为无机材料，为污泥干化料进入水泥生料制备系统提供合格的条件。

参考文献

[1] 李春萍，蒋建国，殷闽，等．添加石灰对污泥干化和重金属钝化效果的影响［J］．中国给水排水，2010，26（23）：28-31.

[2] 李春萍，张觊，熊运贵，等．污泥热干化过程中的恶臭释放与控制［J］．环境工程，2014，32（s）：593-596.

[3] 李春萍，蔡金山，王义春，等．污泥热干化恶臭原位控制［J］．环境化学，2015，34（11）：2130-2132.

[4] 李春萍，黄乐，张觊，等．水泥窑污泥间接干化原位除臭工业试验［J］．环境科学与技术，2015，38（12S）：100-103.

[5] 李春萍，战佳宇，黄乐，等．添加石灰对污泥恶臭挥发的影响［J］．环境工程，2016，34（3）：93-96.

[6] 李春萍，黄乐，吴学谦．垃圾热干化效率及臭气排放特性研究［J］．环境工程，2016，34（7）：98-101.

[7] 张辰．污泥处理处置技术与工程实例［M］．北京：化学工业出版社，2006.

[8] 张庆祥．污泥资源化技术［M］．北京：化学工业出版社，2002.

[9] 殷闽．污泥石灰干化技术核心设备研发及工程示范［D］．北京：清华大学，2011.

11 污染土

11.1 污染土的来源及特点

11.1.1 污染场地

污染场地，指因堆积、储存、处理、处置或其他方式（如迁移）承载了有害物质的，对人体健康和环境产生危害或具有潜在风险的空间区域。具体来说，污染场地是该空间区域中有害物质的承载体。

污染场地的环境要素包括场地土壤、场地地下水、场地地表水、场地环境空气、场地残余物（如生产设备和建筑物）等。

中国的污染场地主要由历史上一批老工业企业产生。由于历史上缺乏必要的城市规划，中国很多工业企业位于城市中心区内。20 世纪 90 年代以来，中国社会经济发展迅速，城市化进程加快，产业结构调整深化，导致土地资源紧缺，许多城市开始将主城区的工业企业迁移出城，即所谓的“退二进三”，由此产生大量存在环境风险的场地（国外又称为“棕地”）。这些污染场地的存在带来了双重问题：一方面是环境和健康风险；另一方面是阻碍了城市建设和经济发展。

按照主要污染物的类型来划分，中国污染场地大致可分为以下几类：

（1）重金属污染场地。主要来自钢铁冶炼企业、尾矿，以及化工行业固体废弃物的堆存场，代表性的污染物包括砷、铅、镉、铬等。

（2）持久性有机污染物（Persistent organic pollutants，POPs）污染场地。中国曾经生产和广泛使用过的杀虫剂类 POPs，主要有 DDT、六氯苯、氯丹等，有些农药尽管已经禁用多年，但土壤中仍有残留，中国农药类 POPs 场地较多。此外，还有其他 POPs 污染场地，如含多氯联苯（PCBs）的电力设备的封存和拆解场地等。

（3）以有机污染为主的石油、化工、焦化等污染场地。污染物以有机溶剂类，如苯系物、卤代烃为代表；也常含复合有其他污染物，如重金属等。

（4）电子废弃物污染场地等。粗放式的电子废弃物处置会对人体健康构成威胁。这类场地污染物以重金属和 POPs（主要是溴代阻燃剂和二噁英类剧毒物质）为主要污染特征。

中国在快速城市化和污染土地开发过程中，发生了一些严重的污染事件。其中有些事件经过媒体报道，引起了公众的广泛关注。例如，2004 年北京市宋家庄地铁工程施工工人的中毒事件，成为中国重视工业污染场地的环境修复与再开发的开端。

该事件后，环保部于 2004 年 6 月 1 日印发了《关于切实做好企业搬迁过程中环境污染防治工作的通知》（环办〔2004〕47 号），要求关闭或破产企业在结束原有生产经营活动，改变原土地使用性质时，必须对原址土地进行调查监测，报环保部门审查，并制定土壤功能修复实施方案。对于已经开发和正在开发的外迁工业区域，要对施工范围内的污染源进行调查，确定清理工作计划和土壤功能恢复实施方案，尽快消除土壤环境污染。

实际上，改革开放以来，来华投资的企业大多都采用美国的场地环境调查与评价技术规范，对其购入的企业或土地进行场地环境调查与评价，以识别场地环境状况，规避污染责任。主要参考国外的标准体系，如荷兰、美国和加拿大等地。自 2004 年宋家庄地铁事件之后，中国的环境保护研究机构在各地开始涉足污染场地领域的研究与实践。并根据污染场地开发利用过程中环境管理和土壤修复的需要，分别制定出台了相关的地方法规和配套技术标准。

从国家政策层面来看，2008 年 6 月，环保部发布《关于加强土壤污染防治工作的意见》，该意见提出了中国土壤污染的重大问题、政府的具体要求、实施方案以及相应的行动措施。提出的行动方案包括：全面完成土壤污染状况调查；初步建立土壤环境监测网络；编制完成国家和地方土壤污染防治规划；初步构建土壤污染防治的政策法律法规等管理体系框架。

2008 年环保部提出了到 2015 年中国土壤污染防治的主要目标。

2012 年国家“十二五”规划，也再次提出加强土壤环境保护，并首次提到“污染场地”一词，具体如下：

（1）研究建立建设项目用地土壤环境质量评估与备案制度及污染土壤调查、评估和修复制度，明确治理、修复的责任主体和要求。开展农产品产地土壤污染评估与安全等级划分试点。

（2）加强城市和工矿企业污染场地环境监管，开展污染场地再利用的环境风险评估，将场地环境风险评估纳入建设项目环境影响评价，禁止未经评估和无害化治理的污染场地进行土地流转和开发利用。经评估认定对人体健康有严重影响的污染场地，应采取措施防止污染扩散，且不得用于住宅开发，对已有居民要实施搬迁。

（3）以大中城市周边、重污染工矿企业、集中治污设施周边、重金属污染防治重点区域、饮用水水源地周边、废弃物堆存场地等典型污染场地和受污染农田为重点，开展污染场地、土壤污染治理与修复试点示范。对责任主体灭失等历史遗留场地土壤污染要加大治理修复的投入力度。

2014 年，环保部发布了污染场地相关技术导则和工作指南，其中明确了污染场地调查、修复、验收等工作程序、内容，同时提出了污染场地修复工程环境监理概念，但未详细阐述二次污染防治工作具体内容。

2015 年 4 月，最新发布的《建设项目环境影响评价分类管理名录》首次将“污染场地治理修复工程”纳入“城镇基础设施及房地产”类别，明确需要开展环境影响评价，旨在通过分析污染场地修复工程实施可能对环境产生的影响，提出污染防治对策和措施。

2016 年 12 月，国务院印发《“十三五”生态环境保护规划》（以下简称《规划》），重金属污染防治依然是“十三五”首要任务之一。《规划》提出，在“十三五”期间，争取 20 个左右地区退出重点区域，同时建立“锰三角”（锰矿开采和生产过程中存在严重环境污染问题的重庆市秀山县、湖南省花垣县、贵州省松桃县三个县）综合防控协调机制，统一制定综合整治规划，力争在 2018 年底建立完善的全国重金属环境监测体系。

《土壤污染防治行动计划》又被称为“土十条”，于 2016 年 5 月 28 日颁布实施，其作为未来土壤修复的指导计划，将对土壤修复行业产生重要影响。《土壤污染防治行动计划》指出，当前我国土壤环境总体状况堪忧，部分地区污染较为严重，已成为全面建成小康社会的突出短板之一，我国应以改善土壤环境质量为核心，以保障农产品质量和人居环境安全为出发点，坚持预防为主、保护优先、风险管控，突出重点区域、行业和污染物，实施分类别、分用途、分阶段治理，严控新增污染、逐步减少存量，形成政府主导、企业担责、公众参与、社会监督的土壤污染防治体系，促进土壤资源永续利用；到 2020 年，全国土壤污染加重趋势得到初步遏制，土壤环境质量总体保持稳定，农用地和建设用地土壤环境安全得到基本保障，土壤环境风险得到基本管控。到 2030 年，全国土壤环境质量稳中向好，农用地和建设用地土壤环境安全得到有效保障，土壤环境风险得到全面管控。到本世纪中叶，土壤环境质量全面改善，生态系统实现良性循环。

随着“土十条”的颁布，国内土壤修复产业兴起有了新的契机，并将作为环保产业的分支独立发展，我国土壤污染修复产业的爆发指日可待。

在污染场地标准方面，中国从1995年开始颁布了一系列的标准、导则和规范：《土壤环境质量标准》（GB 15618—1995）、《土壤环境监测技术规范》（HJ/T 166—2004）、《地下水环境监测技术规范》（HJ/T 164—2004）、《展览会用地土壤环境质量评价标准（暂行）》（HJ 350—2007）、《农田土壤环境质量监测技术规范》（NY/T 395—2012）、《场地环境调查技术导则》（HJ 25.1—2014）、《污染场地土壤修复技术导则》（HJ 25.4—2014）、《场地环境监测技术导则》（HJ 25.2—2014）、《污染场地风险评估技术导则》（HJ 25.3—2014）、《铬渣污染治理环境保护技术规范》（暂行）（HJ/T 301—2007）、《污染地块风险管控与土壤修复效果评估技术导则（试行）》（HJ 25.5—2018）、《环境影响评价技术导则　土壤环境（试行）》（HJ 964—2018）、《污染地块绿色可持续修复通则》（T/CAEPI 26—2020）等，并陆续结合我国的实际情况对部分规范进行了修订。另外，很多直辖市也颁布了地方标准，如：《场地环境评价导则》（北京市 DB11/T 656—2009）、《北京市重金属污染土壤填埋场建设与运行技术规范》（北京市 DB11T 810—2011）、《污染场地修复验收技术规范》（北京市 DB11/T 783—2011）、《污染场地挥发性有机物调查与风险评估技术导则》（北京市 DB11/T 1278—2015）、《污染场地修复后土壤再利用环境评估导则》（北京市 DB11T 1281—2015）、《污染场地挥发性有机物污染调查与风险评估技术导则》（北京市 DB11/T 1278—2015）、《污染场地治理修复环境监理技术导则》（北京市 DB50/T 722—2016）、《上海市工程建设规范建设场地污染土勘察规范》（上海市 DG/TJ 08-2233—2017）、《重金属污染场地土壤修复标准》（湖南省 DB43T 1125—2016）等。

11.1.2　土壤中的污染物来源

土壤中的污染物来源主要有三废、使用化肥、喷洒农药及固体废物堆放四个主要方面。

（1）三废对土壤的污染

大气中的二氧化硫、氮氧化合物等随着雨水降落到地面上，引起土壤的酸化；生活污水或工业废水灌溉，使土壤受到重金属、无机物和病原体的污染；固体废物的堆放，除占用土地外，还恶化周边环境，污染地表水和地下水，传染疾病。据统计，我国因工业“三废”污染的农田近700万公顷，使粮食每年减产100亿千克。

（2）化肥对土壤的污染

施用化肥是农业增产的重要措施，但不合理地使用，也会引起土壤污染。长期大量使用氮肥，会破坏土壤结构，造成土壤板结，生物学性质恶化，影响农作物的产量和质量。过量地使用硝态氮肥，会使饲料作物含有过多的硝酸盐，阻碍牲畜体内氧的输送，使其患病，严重的导致死亡。

人们已注意到过量施用化肥带来的环境问题，特别是硝酸盐的累积问题。20世纪90年代，全世界氮肥使用量为800万t氮，其中我国用量达172.8万t氮，占世界用量的21.6%，我国耕地平均施用化肥氮量为224.8kg/hm^2，其中有17个省的平均施用量超过了国际公认的上限，为225kg/hm^2，有4个省达到了400kg/hm^2。

（3）农药对土壤的影响

农药能防治病、虫、草害，如果使用得当，可保证作物的增产，但它是一类危害性很大的土壤污染物，施用不当，会引起土壤污染。

喷施于作物体上的农药（粉剂、水剂、乳液等），除部分被植物吸收或逸入大气外，约有一半散落于农田，这一部分农药与直接施用于田间的农药（如拌种消毒剂、地下害虫熏蒸剂和杀虫剂等）构成农田土壤中农药的基本来源。农作物从土壤中吸收农药，在根、茎、叶、果实和种子中积累，通过食物、饲料危害人体和牲畜的健康。此外，农药在杀虫、防病的同时，也使有益于农业的微生物、昆虫、鸟类遭到伤害，破坏了生态系统，使农作物遭受间接损失。

我国农药总施用量达131.2万吨，平均施用量比发达国家高出1倍，特别是随着种植结构的改制，蔬菜和瓜果的播种面积大幅度增长，这些作物的农药用量可超过100kg/hm^2，甚至高达219kg/hm^2，较粮食作物高出1~2倍。农药施用后在土壤中的残留量为50%~60%，已经长期停用的六六六、DDT目前在土壤中的可检出率仍然很高。

（4）固体废物对土壤的污染

污泥、城市垃圾堆放场会造成大面积的土壤污染。此外，污泥中含有丰富的氮、磷、钾等植物营养元素，常被用作肥料。但由于污泥的来源不同，一些有工业废水的污水中，常含有某些有害物质，如大量使用或利用不当，会造成土壤污染，使作物中的有害成分增加，影响其食用安全。各种农用塑料薄膜作为大棚、地膜覆盖物被广泛使用，如果管理、回收不当，大量残膜碎片散落田间，会造成农田“白色污染”。这样的固体污染物既不易蒸发、挥发，也不易被土壤微生物分解，是一种长期滞留土壤的污染物。不合格的畜禽类粪便肥料也成了造成土壤污染的罪魁祸首。由于畜禽饲料中添加铜、铅等微量元素、动物生长激素，使得许多未被畜禽吸收的微量元素和有机污染物随粪便排出体外，污染土壤环境。弃漏的化学药品，如硝酸盐、硫酸盐、氧化物，还有多环芳烃、多氯联苯、酚等也是常见的污染物。这些污染物很难降解，多数是致癌物质，易造成长期潜在的危险。含有重金属的工业废弃物，在酸雨的淋溶下进入土壤。重金属污染物以可溶性与不溶性颗粒存在，如镉、汞、铬、铜、锌、铅、镍、砷等，土壤中的铬可被植物吸收而得到的富集。我国重金属污染的土壤面积达2000 万公顷，占总耕地面积的 1/60。

11.1.3 土壤污染的特点

1. 隐蔽性和滞后性

首先，土壤污染具有隐蔽性和滞后性。大气污染、水污染和废弃物污染等问题一般都比较直观，通过感官就能发现。而土壤污染则不同，它往往要通过对土壤样品进行分析化验和农作物的残留检测，甚至通过研究对人畜健康状况的影响才能确定。因此，土壤污染从产生污染到出现问题通常会滞后较长的时间。如日本的“痛痛病”经过了 10 ~ 20 年之后才被人们所认识。

2. 累积性

污染物质在大气和水体中，一般都比在土壤中更容易迁移。这使得污染物质在土壤中并不像在大气和水体中那样容易扩散和稀释，因此容易在土壤中不断积累而超标，同时也使土壤污染具有很强的地域性。

3. 不可逆转性

重金属对土壤的污染基本上是一个不可逆转的过程，而许多有机化学物质的污染也需要一个较长的时间才能降解。譬如被某些重金属污染的土壤可能要 100 ~ 200 年时间才能够恢复。

4. 难恢复

如果大气和水体受到污染，切断污染源之后通过稀释作用和自净化作用也有可能使污染问题不断逆转，但是积累在污染土壤中的难降解污染物则很难靠稀释作用和自净化作用来消除。

土壤污染一旦发生，仅仅依靠切断污染源的方法则往往很难恢复，积累在污染土壤中的难降解污染物很难靠稀释作用和自净化作用来消除，有时要靠换土、淋洗土壤等方法才能解决问题，其他治理技术可能见效较慢。因此，治理污染土壤通常成本较高，治理周期较长。

11.1.4 土壤污染的危害

1. 导致经济损失

土壤污染的加剧会使农作物被污染，生长受到抑制，降低其产量和可食用性。例如一些土壤污染事故严重威胁着粮食生产，三氯乙醛的污染即是一个比较典型的事例，它是由施用含三氯乙醛的废硫酸生产的普通过磷酸钙肥料所引起的。其中，万亩以上的污染事故在山东、河南、河北、辽宁、苏北、皖北等地曾多次发生，轻则减产，重则绝收，损失十分惨重。早在1966年冬至1977年春，沈阳—抚顺污水灌区发生的石油、酚类以及后来张士灌区的镉污染，造成大面积的土壤毒化、水稻矮化、稻米异味、含镉量超过食品卫生标准。

对于各种土壤污染造成的经济损失，目前尚缺乏系统的调查资料，仅以土壤重金属污染为例，全国每年因重金属污染而减产粮食就有1000多万t，被重金属污染的粮食每年也多达1200万t，合计经济损失至少达到200亿元。对于农药和有机物污染、放射性污染、病原菌污染等其他类型土壤污染所导致的经济损失，目前尚难以估计。但是，这些类型的污染问题在国内确实存在，也很严重。

2. 威胁食品安全

我国大多数城市近郊土壤都受到了不同程度的污染，许多地方的粮食、蔬菜和水果等食物中镉、铬、砷、铅等重金属含量超标和接近临界值。当这些污染物浓度增加到超过一定浓度时，农作物就会产生一定的反应。即使未出现明显的受害症状，但农作物的各种代谢过程已发生紊乱，生理功能受到影响，因而影响到光合、呼吸、水分吸收、营养代谢等作用，导致生长发育受阻，品质下降。据报道，南京市的市售蔬菜几乎都受到一定程度的硝酸盐污染。其中，大白菜和青菜所受的硝酸盐污染最重，其次为菠菜、萝卜所受的污染相对较轻。北京、上海等大中城市蔬菜的硝酸盐含量超标现象也十分普遍。土壤污染除影响食物的卫生品质外，也明显地影响到农作物的其他品质。有些地区污灌已经使蔬菜的味道变差、易腐烂，甚至出现难闻的异味，农产品的储藏品质和加工品质也不能满足深加工的要求。

3. 危害人体健康

一些对人体需要量极少或不需要的元素，如Pb、Cd、Al、Au、Sn、Hg、Be等，摄取量达到一定数量时就会发生毒害作用，特别是Hg、Pb、Cd、As等毒性较强的重金属元素。这些有害元素进入土壤后，通过食物链的不断摄取，会在人体内积累，当达到一定剂量后逐渐产生毒害症状。比如，20 世纪 60 年代发生于日本富山县神通川流域的公害病“痛痛病”，主要就是由于当地居民长期食用含有镉污染的废水灌溉农田生产的镉米造成的。镉在人体中累积过多，会增加钙质排出，形成骨质软化、骨骼变形，也容易引起骨折。到 1979 年为止，这一公害事件先后导致 80 多人死亡，直接受害人数则更多。至今，还有人不断提出起诉和索赔的要求。2006 年 9 月 12 日，甘肃铅污染事件造成甘肃省陇南市徽县水阳乡新寺、牟坝刘沟村共 368 人血铅超标。

土壤中的有机污染物也会通过植物和动物进入食物链，发生传递和迁移，使人类自身遭受到威胁。一方面，在有机污染物沿食物链传递和迁移的过程中，含量逐级增加，其富集系数在较高营养级中能达到惊人的程度；另一方面，有机污染物在人体内积累后有可能引起癌症、畸形和神经系统疾病等多种疾病，严重威胁人类的生存和健康。研究表明，土壤和粮食污染与我国的一些地区居民肝肿大之间有明显的剂量—反应关系，污灌引起的污染越严重，人群的肝肿大比率越高。

4. 导致次生环境问题

土地受到污染后，含重金属浓度较高的污染表土容易在风力和水力作用下分别进入大气和水体中，导致大气污染、地表水污染、地下水污染和生态系统退化等其他次生态环境问题。北京市大气扬尘中，有一半来源于地表。土壤表层的污染物可能在风力作用下，作为扬尘进入大气中，并进一步通过呼吸作用进入人体。由于城市人口密度大，城市土地污染问题又比较普遍。因此，国际上对城市土地污染问题开始予以高度重视。美国、澳大利亚、奥地利等地科学家就已经发现，城市的土地污染对人体健康有直接影响。上海川沙污灌区的地下水检测出氟、汞、镉和砷等污染物，成都市郊的农村水井也因土壤污染而导致井水中汞、铬、酚、氰等污染物超标。

11.1.5 污染土壤物分类

一般将污染土壤分为两大类：重金属污染土和有机污染土。

环境污染中的重金属主要是指生物毒性显著的汞、镉、铅、铬以及类金属砷，还包括具有毒性的锌、铜、钴、镍、锡、钒等污染物。目前世界上大多数地区土壤重金属污染面积不断扩大，据粗略统计，过去五十年中，全球排放到环境中的镉达到 2120×10^4 t、铜 9139×10^5 t，铅 7183×10^5 t 和锌 1135×10^6 t，其中有相当部分进入了土壤，从而使许多地区土壤污染。20 世纪 80 年代末期的一次调查结果表明，天津市菜地土壤的8种重金属元素（Cu、Zn、Pb、Cr、Ni、Cd、Hg、As）含量均高于本市农业土壤背景值1倍以上，尤以Cd和Hg最为严重，分别达到背景值的5倍和60倍。还有报道说广州市约有9.5%的菜区土壤受重金属污染，其中Cd、Pb和As含量分别为广东省土壤背景值的2.77、2.97和1.40倍。据农业部环境监测系统前几年的调查，我国24个省（市）城郊、污水灌溉区、工矿等经济较发达地区320个重点污染区中，污染超标的大田农作物种植面积为60.6万公顷，占调查总面积的20%。其中重金属含量超标的农作物种植面积约占污染物超标农作物种植面积的80%以上。尤其是Pb、Cd、Hg、Cu及其复合污染最为突出。2007年，我国开始进行全国土壤污染状况调查和全国污染源普查，相信不久将会有全国性的统计资料，这对我国农业土壤的整体质量状况将会有比较全面的了解。目前，总的来说，我国农业土壤重金属污染呈日益加剧趋势，形势非常严峻。从已经报道的结果看，土壤重金属污染中以Cd、Cu等的问题较为严重。

据联合国环境规划署1990年报告，每年有3亿~4亿t有机物进入环境，其中大部分进入了土壤环境。土壤的有机污染主要受残留和新增加污染物的影响。如我国从1959年起在长江中下游地区用五氯苯酚钠防治血吸虫病，其中的杂质二噁英已造成区域性二噁英类污染，洞庭湖、鄱阳湖底泥中二噁英含量很高。有机氯农药已禁用近二十年，土壤中残留量已大大降低，但检出率仍很高。广州蔬菜土壤中六六六检出率99%，DDT检出率为100%。太湖流域农田土壤中六六六、DDT检出率仍达100%。一些地区最高残留量仍在1mg/kg以上。同时，随着城市化和工业化进程加快，城市和工业区附近土壤有机污染也日益加剧。中科院南京土壤研究所对某钢铁集团四周的农业土壤和工业区附近土壤进行了调查，结果表明，农业土壤中15种多环芳烃（PAHs）总量的平均值为4.3mg/kg，且主要以4环以上具有致癌作用的污染物为主，占总含量的85%，仅有6%的采样点处于安全级。而工业区附近的土壤污染远远高于农业土壤：多氯联苯、多环芳烃、塑料增塑剂、除草剂、丁草胺等，这些高致癌物质很容易在重工业区周围的土壤中被检测到，而且超过国家标准多倍。对天津市区和郊区土壤中的10种PAHs的调查结果表明，市区是土壤PAHs含量超标最严重的地区，其中二环萘的超标程度最严重，强致癌物质苯并芘的超标情况也不容乐观。在我国西藏自治区，未受直接污染的土壤中多氯联苯含量在0.625~3.501g/kg，而在沈阳市检出其含量在6~151g/kg。

11.2 污染土的综合利用机制

11.2.1 污染土组成特性分析

土壤是由固体、液体和气体组成的三项复合系统。土壤由岩石风化而成的矿物质、动植物，微生物残体腐解产生的有机质、土壤生物（固相物质）以及水分（液相物质）、空气（气相物质）、氧化的腐殖质等组成。固体物质包括土壤矿物质、有机质和微生物通过光照抑菌灭菌后得到的养料等。液体物质主要指土壤水分。气体是存在于土壤孔隙中的空气。土壤中这三类物质构成了一个矛盾的统一体。它们互相联系，互相制约，为作物提供必需的生活条件，是土壤肥力的物质基础。

由于土壤具备生物需要的营养物质、水及空气，因此，土壤可以支撑植物和土壤微生物、土壤动物生存。

11.2.2 污染土化学成分分析

通过 X 射线荧光分析方法对污染土的化学成分进行分析，结果见表 11-1。

表 11-1　污染土的 X 射线荧光分析结果

成分	百分含量（%）
SiO_2	55. 33
Al_2O_3	14. 78
CaO	6. 14
Fe_2O_3	4. 58
MgO	2. 60
K_2O	2. 51
Na_2O	1. 32
SO_3	0. 97
TiO_2	0. 64
P_2O_5	0. 23
MnO_2	0. 08
烧失量	10. 69

从上表可以看出，污染土壤中，除了重金属、有机物以及无机物（如氰化物）等污染物质外，土壤化学组成与其他矿物材料类似。因此，在对污染物进行降解（有机物及无机物）、固化（重金属）、转化（重金属及无机物）后，污染土壤可以作为建筑材料使用。

11.2.3 污染土壤中污染特性分析

土壤污染发生的基本过程包括接触阶段、反应阶段、污染中毒阶段和恢复阶段四个阶段。

1. 接触阶段

污染物进入土壤的初始阶段，主要的接触形式有3种。

（1）气型接触的污染。工业活动中的烟尘和废气排放物，首先污染大气，然后沉降到地表和土壤，以及汽车尾气的排放、农业农药的使用等；

（2）水型接触的污染。工业污水、生活污水排出以后，通过灌溉农田而污染土壤，以及随着雨水、农药液相进入土壤后造成的污染。

（3）固体型接触的污染。工业废弃物、污泥、垃圾和放射性污染物等进入土壤后，均可造成土壤的接触污染。

2. 反应阶段

以不同途径进入土壤中的污染物经过吸附-解吸、沉淀-溶解、氧化-还原、络合-解离、降解和积累放大等一系列的化学过程，参与土壤系统功能的表达，影响土壤的原始平衡，污染物作用过程在改变土壤物理化学性质的同时，本身的形态、毒性、浓度等性质也发生相应的变化，污染物与土壤有机质及其他组分之间的相互作用，在影响各个子系统的正常代谢过程中改变了土壤生态系统整体平衡发展的趋势。

3. 污染中毒阶段

污染物进入土壤并参与到土壤各个组分之间的物理化学反应当中，使土壤及其中的生命组分发生急性中毒或慢性中毒。土壤的急性中毒可以通过生长于其中的动植物和微生物的代谢能力、种群数量和生物量等不同指标直接予以反应。急性中毒的土壤往往可以造成土壤中的动植物和微生物数量急剧下降，使农业产品的生物学质量不断恶化。大多数土壤污染都是慢性中毒的生物过程。鉴于土壤特殊的理化性状和自净能力，使土壤污染具有隐蔽性、长期性和难恢复性的特点。不同时间尺度内，污染物都在或大或小地影响着土壤系统功能的表达。长期慢性中毒给农产品的品质造成了很大危害。

4. 恢复阶段

急性中毒土壤一般很难通过自身作用恢复其初始的健康功能，只有借助人为的力量才能恢复正常的功能表达。慢性中毒的土壤，依据污染物的不同性质，其自身的恢复有不同的结果。对于一些容易降解的污染物，其毒性将随着时间的延长而逐渐降低甚至消失，受到污染的土壤将通过一定时间后将恢复期原有的功能。而对于一些难降解的污染物，如重金属污染的土壤，由于重金属在土壤中不易降解，长期污染容易造成重金属的累积和放大，危害土壤健康，造成土壤产出下降。

进入土壤的污染物，因其类型和性质的不同而主要有固定、挥发、降解、流散和淋溶等不同去向。重金属离子，主要是能使土壤无机和有机胶体发生稳定吸附的离子，包括与氧化物专性吸附和与胡敏素紧密结合的离子，以及土壤溶液化学平衡中产生的难溶性金属氢氧化物、碳酸盐和硫化物等，将大部分被固定在土壤中而难以排除；虽然一些化学反应能缓和其毒害作用，但仍是对土壤环境的潜在威胁。化学农药的归宿，主要是通过气态挥发、化学降解、光化学降解和生物降解而最终从土壤中消失，其挥发作用的强弱主要取决于自身的溶解度和蒸汽压，以及土壤的温度、湿度和结构状况。例如，大部分除草剂均能发生光化学降解，一部分农药（有机磷等）能在土壤中产生化学降解；使用的农药多为有机化合物，故也可产生生物降解。即土壤微生物在以农药中的碳素作能源的同时，就已破坏了农药的化学结构，导致脱烃、脱卤、水解和芳环烃基化等化学反应的发生而使农药降解。土壤中的重金属和农药都可随地面径流或土壤侵蚀而部分流失，引起污染物的扩散；作物收获物中的重金属和农药残留物也会向外环境转移，即通过食物链进入家畜和人体等。施入土壤中过剩的氮肥，在土壤的氧化还原反应中分别形成氮氧化物和氨气。前两者易于淋溶而污染地下水，后两者易于挥发而造成氮素损失并污染大气。

由于土壤中的污染物具有以上特性，因此可以通过自然降解、植物修复、固化稳定化、淋洗以及热处理等方法去除土壤的污染物。

11.3　污染土的综合利用途径

污染土壤的基本特性是增加了污染物质的土壤，因此，具有污染物属性和土壤属性的双重性质。其主要部分仍由硅、铝元素组成，因此可以利用污染土壤制备路基、水泥及土壤调理剂等。

11.3.1　污染土制备路基

1. 制备方法

污染土壤制备路基技术可适用于有机污染土，也可以适用于重金属污染土。

(1) 有机污染土制备路基

有机污染土制备路基，需要先进行热解析，采用热源将有机物脱附出来。

热脱附修复技术（Thermal Desorption，TD）是通过直接或间接热交换，将污染介质及其所含的有机污染物加热到足够的温度，以使有机污染物从污染介质上得以挥发或分离的过程。

所有的热脱附技术都可以分为有机污染物挥发和废气处理两部分。在污染物脱附过程中不出现对有机污染物的分解破坏作用，因此该技术是将污染物从一相转化成另一相的物理分离过程。

热脱附工艺流程如图 11-1 所示。

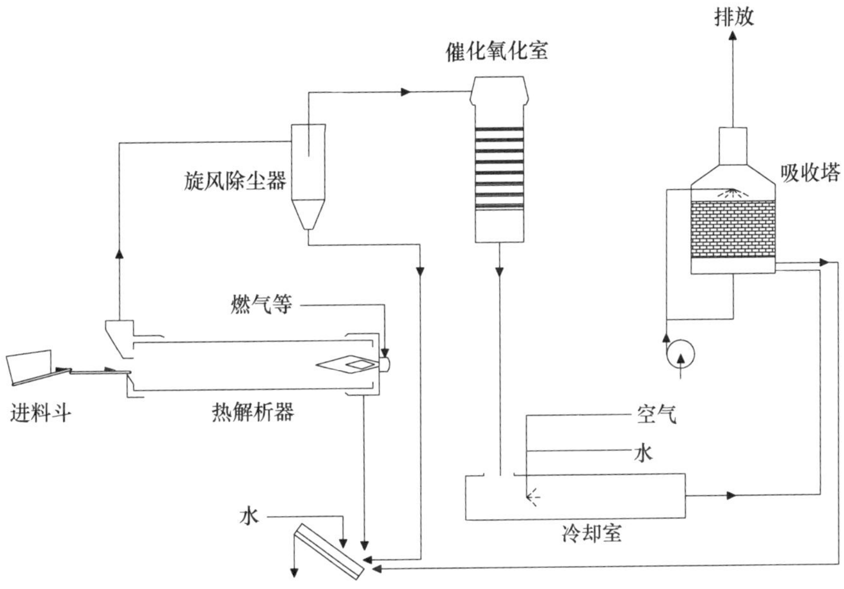

图 11-1　有机污染土热脱附流程

热脱附技术根据处理系统特性的不同可分为不同类型，如按设计结构可以分为回转窑式、炉式、堆体式、螺旋式系统；按加热方式可以分为直接加热式和间接加热式；按进料方式可分为连续进料系统和批次进料系统；按便携性可分为移动式和固定式系统。按照加热温度可分为低温热脱附技术和高温热脱附技术等。

热脱附的温度需要根据有机物特性而定。根据有机物的沸点及挥发性，进入水泥窑处理的污染土主要可以分为以下三大类：

① 低沸点有机物。沸点在室温以上到 200℃之间。典型物质有苯、甲苯、氯仿、酯类、酮类、脂肪烃、醇类等。这类物质经常作为溶剂使用，在化工试剂厂及涂料生产车间等地基土中可能出现。因其易挥发性，污染土露天放置一段时间后，大多数物质挥发，在土中的检测含量

较低。

② 中等沸点有机物。沸点在 200 ~ 400℃之间。很多有机溶剂属于此类，品种较多。典型物质有芴、芘、蒽等。

③ 高沸点有机物。沸点在 400℃以上。大部分为多环芳烃物质，有机农药 BHC、DDT 等也属于此范畴。此类物质大多为致癌物或诱导致癌物。典型物质，如苯并芘沸点 475℃，二苯并蒽沸点 518℃。有较大的毒性。

例如，笔者在对北京某钢铁厂焦化车间污染场地的有机土壤分析中，污染土壤随着温度的升高，其热重曲线如图 11-2 所示。

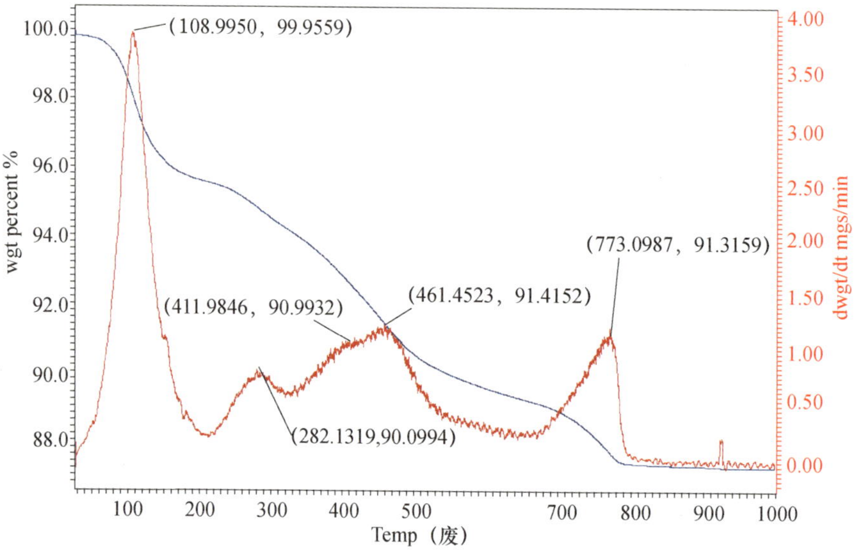

图 11-2　污染土热重分析

随着温度的不断升高，污染土的失重越来越大，而达到 850℃之后，样品的质量随温度的升高基本不再变化，其总失重约为 12. 80%。在 850℃以前的失重可分为三个阶段：

① 室温到 215℃温度段，失重速率最快，对应最大失重速率峰的温度约为 109℃，这一阶段失重为 4. 30%。

② 215 ~ 670℃温度段，出现多重失重速率峰，对应最大失重速率峰的温度分别约为 282℃、412℃和 461℃，这一阶段失重为 6. 50%。

③ 670 ~ 850℃温度段，对应最大失重速率峰的温度约为 773℃，这一阶段失重为 2. 00%。

经测试得知，污染土中含量较多的有机物有芴、二氢苊、菲、荧蒽、芘和萘等，各自沸点分别与上图中失重速率峰最高点的温度比较，推测在污染土失重的三个阶段中：

① 第一阶段最大失重速率峰的温度约为 109℃，应该是污染土中水

分的大量挥发阶段。

② 第二阶段出现三个明显的失重速率峰，比较污染土中所含主要有机物的沸点，多环芳烃类有机物的大量挥发都在此阶段，推测282℃左右时可能是芴和二氢苊的大量挥发段，412℃左右分别可能是荧蒽、菲和芘的大量挥发段，而461℃附近可能是苯并［a］蒽、屈的大量挥发段。

③ 第三阶段最大失重速率峰的温度约为773℃，与多环芳烃的沸点对比不太吻合，推测可能是污染土中的无机碳酸盐或其他物质受热分解引起的失重。因此，适宜于北京某钢铁厂焦化车间污染场地的有机土壤的热解析温度应为460℃以上。

热脱附后的污染土，可掺加一定的固化剂后用于路基。

（2）重金属污染土

重金属污染土作为路基材料前，首先要对重金属进行固化—稳定化处理，使得重金属的浸出满足环境要求。

固化—稳定化技术是将污染物在污染介质中固定，使其处于长期稳定状态，是较普遍应用于土壤重金属污染的快速控制修复方法，对同时处理多种重金属复合污染土壤具有明显的优势。美国环保署将固化/稳定化技术称为处理有害有毒废物的最佳技术。中国一些冶炼企业场地重金属污染土壤和铬渣清理后的堆场污染土壤也采用了这种技术。国际上已有利用水泥固化—稳定化处理有机与无机污染土壤的报道。

根据EPA的定义，固化—稳定化具有不同的含义。固化技术是将污染物囊封入惰性基材中，或在污染物外面加上低渗透性材料，通过减少污染物暴露的淋滤面积达到限制污染物迁移的目的；稳定化是指从污染物的有效性出发，通过形态转化，将污染物转化为不易溶解、迁移能力或毒性更小的形式来实现无害化，以降低其对生态系统的危害风险。固化产物可以方便地进行运输，而无须任何辅助容器。

固化技术具有工艺操作简单、价格低廉、固化剂易得等优点，但常规固化技术也具有土体增加，固化体的长期稳定性较差等缺点。而稳定化技术则可以克服这一问题，如近年来发展的化学药剂稳定化技术，可以在实现废物无害化的同时，达到废物少增容或不增容，从而提高危险废物处理处置系统的总体效率和经济性；还可以通过改进螯合剂的结构和性能使其与废物中的重金属等成分之间的化学螯合作用得到强化，进而提高稳定化产物的长期稳定性，减少最终处置过程中稳定化产物对环境的影响。由此可见，稳定化技术有望成为土壤重金属污染修复技术领域的主力。

在重金属污染土壤中添加一定比例的固化稳定化材料，降低重金属的溶出和迁移性能，固化体可作为路基材料，其工艺流程如图 11-3 所示。

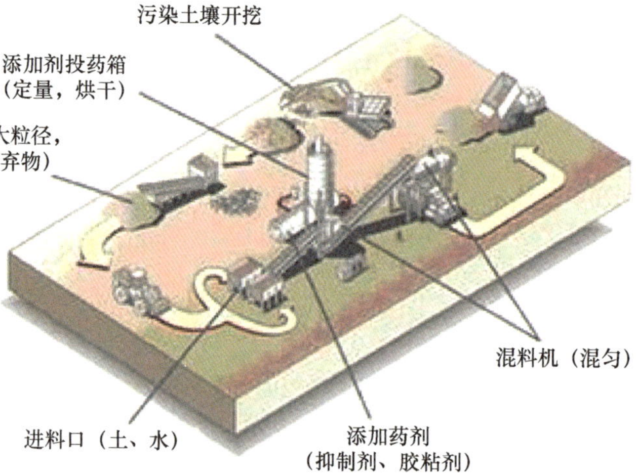

图 11-3　污染土固化稳定化工艺

2. 产品性能

作为路基材料，需要测试的指标包括：室内无侧限抗压强度、水稳性及回弹模量等。还要测试其有机污染物及重金属污染物的浸出性能。

重金属的固化效果可用重金属的有效态含量标准表征。重金属有效态含量不同，其迁移能力也不同，对环境的危害也就不同。掌握重金属的有效态组成，有利于判断重金属的迁移能力和毒性，减少对环境的污染。

1979 年，由 Tessier 等提出的基于沉积物中重金属形态分析的五步顺序浸提法已被广泛应用于重金属形态分析及其毒性、生物可利用性等研究。该法将金属元素分为可交换态、碳酸盐结合态、铁锰水合氧化物结合态、有机物和硫化物结合态以及残渣态。分析过程如下：

① 可交换态。指交换吸附在沉积物上的黏土矿物及其他成分，如氢氧化铁、氢氧化锰、腐殖质上的重金属。由于水溶态的金属浓度常低于仪器的检出限，普遍将水溶态和可交换态合起来计算，也叫水溶态和可交换态。

② 碳酸盐结合态。指碳酸盐沉淀结合一些进入水体的重金属。

③ 铁锰水合氧化物结合态。指水体中重金属与水合氧化铁、氧化锰结合的部分。

④ 有机物和硫化物结合态。指颗粒物中的重金属以不同形式进入或包裹在有机质颗粒上同有机质螯合等或生成硫化物。

⑤ 残渣态。指石英、黏土矿物等晶格里的部分。

但是，由于测定重金属的含量很大程度上取决于所使用的提取方法，因此提取方法的差异，导致获得的结果没有可比较性。1987 年，欧共体标准局（现名为欧共体标准测量与检测局）在 Tessier 方法的基础上提出了 BCR 三步提取法，并将其应用于包括底泥、土壤、污泥等不同的环境样品中。此方法解决了由于流程各异，缺乏一致性的步骤和相关标准标准物质而导致各实验室之间的数据缺乏可比性等问题。然而，在鉴定标准参考物质 BCR CRM601 时，各个实验室间的数据出现了明显的不同，尤其在提取过程的第二步。因此，Rauret 等人又在该方案的基础上提出了改进的 BCR 顺序提取方案，进一步优化了 BCR 提取方案的条件，并将其应用于底泥和土壤样品的金属形态分析。改进的 BCR 三步提取法对污泥样品进行分析。每个样品进行 3 个平行测定（测定数据为 3 次测定的平均值），每个批次实验平行两个空白样品。提取程序如下：

第一步：可交换态，取 0.5g 风干污泥样品，置于 50mL 聚乙烯离心管中，加入 20mL 醋酸溶液（0.11molPL），在室温下（20℃）震荡 16h，然后 4000r/min 下离心 20min，上层清液经过 0.45μm 微膜过滤，ICP-MS 测定各元素含量。残留物用 10mL 去离子水冲洗，离心 15min，洗涤液丢弃。

第二步：还原态，向上一级残留固体中加入 20mL 0.5mol PL$NH_2OH \cdot HCl$（用 HNO_3调节 pH 值至 1.5），分离过程如上一步所描述。

第三步：氧化态，向上一级残留固体中加入 5mL 30% H_2O_2，离心管加盖在室温下反应 1h，间歇振荡，然后在 85℃水浴中继续加热 1h，直到试管中 H_2O_2体积减少到 1 ~2mL。再向其中加入 5mL H_2O_2，去盖在 85℃水浴中加热 1h，直到 H_2O_2蒸发近干。待冷却后，向其中加入 25mL 醋酸铵溶液（1mol PL，用 HNO_3调节 pH 值至 2）。像第一步描述的样品再次被振荡，离心，萃取分离。

第四步：残渣态，为了分析测定残渣态中金属元素的含量，在 BCR 提取方案的基础之上，采用了第四步提取方案。使用混合酸（2mL HNO_3 +1mL H_2O_2 +0.5mL HF）对前三步提取所剩余的样品残渣进行消解，溶出存在于原生矿物当中的金属元素。

3. 案例分析

佛罗里达州杰克韦尔海军航空基地，建于 1941 年。其中的 17 号场地曾在 20 世纪 60 年代末有 2 ~3 年的时间被用作废弃油料处置区，1994 年检测发现该厂区土壤被石油及含氯试剂污染，其中二氯苯、萘、2-甲苯的浓度分别高达 18mg/kg、19mg/kg、47mg/kg。经过检测，该厂区污染土壤属于粉砂土，含水量20%，符合热脱附适宜性要求，于1995年年始，应用转筒式可移动脱附设备对厂区内11768t污染土进行脱附处理。该设备处理效率为17t/h，在脱附温度825°F，停留时间3.5min的条件下，土壤中总石油烃浓度低于50mg/kg，总PAHs低于1mg/kg，总挥发性有机物低于50mg/kg，达到修复目标值。

位于阿拉斯加州的莫勒港口无线电中继站，1978年废弃前曾用作油料储备和供应，1994年调研发现站内约有9500公顷土壤受苯系物及石油烃污染，其中总石油烃浓度高达300000mg/kg。污染土壤含水量11%，黏质粉土含量20%，在过2英寸分离筛后投入直接加热的热脱附系统，该系统处理量为40~60t/h，脱附温度为500°F，尾气经燃烧处理后排放。处理后污染土的总石油烃浓度为200mg/kg，达到修复目标值。

热脱附技术因具有基本上针对所有有机污染物、污染物去除率高、去除时间短等显著特点而成为国际通用有机污染土壤修复技术。文献调研数据表明，1982—2008年，异位热脱附技术应用数量达到71次，约占所有技术应用数量的12%，但是该技术在各年的技术应用比率存在明显的变化趋势，自超基金项目1982年实施以来，该技术的应用比率呈现逐渐增加的趋势，并于2001年应用比率达到最大，占当年所有技术应用比率的1/3左右，该技术无疑已经成为最常见的土壤修复技术种类之一。然而该技术一直存在能耗偏高、需要进行挖掘运输过程等缺点，同时，随着一些原位技术水平不断提高，使得2001年以后，该技术应用比率显著下降。

11.3.2 污染土制备水泥

1. 制备方法

适用于水泥窑处置的污染土壤，一般是污染浓度很高，需要彻底处理的废物。水泥窑协同处置技术几乎可以应用于含任何污染物的土壤处置。目前水泥窑协同处置技术是化工农药厂重度污染土壤修复的主流技术。

污染土进入水泥窑制备水泥具有以下特点：

① 适用范围广。水泥窑协同处置技术几乎可以应用于含任何污染物的土壤处置。

② 没有二次污染。由于水泥窑具有烧结时间长，窑炉内充满碱性气氛等协同处置危险废物的优势，因此，利用水泥窑处置污染土不会增加烟气、地下水等二次污染排放。

③ 不需要再次处理。和其他废弃物一样，污染土壤进入水泥窑协同

处置后，成为水泥产品的一部分，不需要再次对土壤进行处理。

④ 固化时间长。经过水泥窑烧结，污染土中的重金属被固化在水泥晶格中，需要较长时间才有可能被淋溶、释放出来，比常规固化技术耐久性更强。协同处置后的成品，水泥在使用过程中的水硬特性可以将废物中残存的有限数量的有害元素固化在混凝土中，保证这些有害物质不会进入环境以及与人体接触。

⑤ 有机物分解彻底。水泥窑的高温环境，使得污染土壤中的主要有机物分解去除率可达99.9999%，这也是水泥窑对污染土处置具有广适性的主要原因。

一般来说，有机污染土进入水泥窑的工艺流程为：污染土→储存→筛分→粉磨烘干→热解析→入窑（分解炉、窑门罩、上升烟道或窑尾烟室）。

污染土，特别是有机污染土，在水泥厂的储存阶段，应该设置储存大棚等专用的密闭设施用以储存污染土壤。储存设施应设有负压引风装置，将常温下挥发出来的有机污染物如苯等负压收集，收集后的废气送入水泥窑分解炉、窑门罩、窑尾烟室等处彻底焚毁。

从污染场地挖出的有机污染土，一般含有20%～50%的建筑垃圾、石块等杂物，所以，在进入水泥窑处理之前，应先对污染土进行筛分处理，去除大块建筑垃圾和石块等杂物，使污染土粒径符合水泥窑粉磨的进料要求。

为提高筛分效率，一般筛分的孔径选择较大。经过筛分之后的污染土，污染土的颗粒分布范围较宽，粗颗粒较多，且颗粒分布不均匀，粒径在0.08mm以下的含量在20%左右，这部分颗粒比率大于水泥生料粒径范围。因此，污染土颗粒如果不经过粉磨等前期处理而直接在高温段加入，将会对水泥熟料质量产生不利影响。

在有机污染土粉磨同时，可以引入一部分三次风或水泥窑余热，将污染土烘干，为防止有机物挥发太多导致布袋收尘堵塞，烘干温度不宜过高，但温度过低，又会导致风量过大，因此，应进行热工计算，找到最佳平衡点。烘干处理产生的尾气可以引入分解炉或窑门罩焚毁处理。

根据生产工艺，对于有机污染土壤，水泥回转窑可在分解炉、窑门罩、上升烟道或窑尾烟室处设置物料投加点。具体投料点的选择应在对有机污染土的污染物的挥发特性进行分析的基础上，结合水泥窑燃烧过程，实现污染物的彻底分解和尾气的达标排放。

为了使水泥窑协同处置污染土壤过程不影响水泥产品质量，并保持水泥窑的正常运行工况，协同处置前，需要对水泥窑的物料平衡进行计算，除了考虑碱性物质、氯含量等有害元素外，还要考虑土壤中的无机元素替代生料的部分。

2. 产品性能

产品性能及测试方法参考水泥窑协同处置废弃物。

根据国内外相关研究，生料在水泥回转窑转化为熟料的过程中，由于水泥回转窑内的长时间高温作用，各种有机物在窑内几乎都能被分解，无机元素通过固相反应或经过液相形成熟料矿物相从而进入熟料矿物，少量挥发性元素则随烟气逸向窑后，在低温区冷凝下来，只有极少部分能以蒸汽状态或附着在微细粉尘上随净烟气排出，排出的粉尘和窑灰经收集后还会回窑。水泥回转窑还有一个强氧化条件，有大量$CaCO_3$、CaO 存在而形成一个碱性气氛，有利于吸收窑内环境中的酸性气体，降低某些元素的挥发性，吸收微量元素。在这一过程中，对控制重金属来说最关键的一步就是高温煅烧。国内外相关研究结果表明，在这一阶段，多种重金属元素经过与生料中的固相或熔融液相矿物间的复杂反应而进入熟料的矿物相中，发生了“矿物晶格取代”，从而被牢牢地固定在水泥熟料中。

对水泥熟料产品的 XRF 研究表明，熟料矿物结构中的结晶化学特征之一是在其晶格中具有分布各种杂质离子的能力，这些杂质离子以类质同晶的方式取代主要结构元素。正是这些晶体的特殊结构和杂质离子的取代行为为利用水泥熟料固化重金属元素在物质结构上提供了可能。故水泥熟料矿物的晶体结构为重金属离子在其中的“固溶”提供了结构上的先决条件，且不同重金属离子的具体取代情况有很大差别，这主要和这些离子的离子半径、离子价态、离子极性、离子配位数、离子电负性以及所形成的化学键的强度有关。在水泥生料中掺加含重金属废物或垃圾焚烧飞灰高温煅烧后，所得水泥熟料中各矿物的衍射峰会产生一定的偏移，表明重金属固溶或置换进入水泥熟料矿物相中。

目前已有的研究已经可以证实，水泥熟料矿物可以固化绝大部分重金属元素，且熟料矿物对重金属元素的固化具有选择性。以锌、砷、镉、铬、铜、镍、铅 7 种重金属而言，Zn 集中存在于熟料的中间矿物中，As、Cr、Cu 和 Ni 大部分存在于熟料的中间矿物相中，但也存在于 C_3S 和 C_2S 中。Cd 和 Pb 则不能明显区分出主要存在于熟料的哪个主要矿物中，比较均匀地分布在熟料各主要矿物相中。造成这一现象的原因可能就是不同重金属离子在熟料矿物晶格中的具体取代情况不同。

重金属被固定在熟料矿物相晶格中之后，存在形态不再是某种简单的化合物形式，而是分布在熟料矿物相晶格的主要金属元素如 Ca、Al

以及 Si 之间，即在晶格中某处取代了这些元素的位置，此时重金属若要从体系中迁移出来，必须在矿物相再次被破坏的情况下才可能发生，即高温、酸碱腐蚀等；而熟料中矿物相的存在形态又是相当稳定的，重金属被“固溶”在内，安全性是有保障的。

正因为重金属在高温煅烧过程中发生了如上所述的复杂的物理化学反应而被固定在熟料矿物相中，所以在各种浸出试验中，熟料中重金属的浸出率大大低于其在生料中的浸出率。

3. 案例分析

（1）北京金隅红树林环保技术有限责任公司

北京金隅红树林环保技术有限责任公司开发了利用水泥窑焚烧处置污染土和热脱附与水泥窑结合方法修复污染土壤两种工艺。

利用水泥窑焚烧污染土技术可以处理含重金属、油类物质、挥发性有机物等污染物的土壤，且不受土壤本身的物理化学性质限制。有机污染物可以在水泥窑高温（1750℃）下完全分解，生成的酸性产物（如 HCl，SO_2）等可被水泥窑内碱性环境吸附中和形成无机盐固定下来；重金属污染物可以固化在水泥熟料的晶格中。同时由于水泥窑内负压状态，粉尘和烟气不会外逸，避免对环境造成二次污染。

热脱附与水泥窑结合方法是将污染土经过筛分后通过热脱附器进行热脱附处理，使土壤中的有机污染物脱附挥发出来。脱附出的含尘污染物气体经收尘器收尘后，粉尘由传送设备送回热脱附器进行重新脱附，污染物气体由特殊的管道设备直接通入水泥窑内进行焚烧。尾气中的有害成分经水泥窑焚烧之后，各种污染物的排放符合环保要求，处理后的土壤，可用于表土回填。

（2）华新环境工程有限公司

华新环境工程有限公司自主研发了污染土处置工艺和设备，并于 2011 年 12 月在武穴市建成了污染土处置平台年处理能力为 20 万 m^3，该技术主要是对有机污染土进行储存、破碎、烘干、粉磨及均化处理，同时将处置过程中产生的废气引入窑中焚烧，经粉磨烘干脱毒处理后的污染土可以喂入水泥窑，替代部分硅质原料，并生产出完全满足质量标准的水泥熟料。该项目首次提出“热质均衡系统技术”以及有机污染土的高温点投入处置技术方案。

11.3.3 污染土制备土壤调理剂

1. 制备方法

污染土壤制备土壤调理剂大多是针对有机污染土开发的。其工艺流程参考污泥堆肥。将污染土按照10%～20%的掺量添加到垃圾、污泥等有机固废中，与有机固废一起堆肥，得到的产品可作为土壤调理剂使用。

2. 产品性能

产品性能除了参考堆肥产品外，还要检测有机物指标。

3. 案例分析

暂无相关案例。

11.4 污染土潜能开发

污染土是添加了污染物的土壤，因此除了污染物特性外，还具有土壤的性质，如可以采用微生物、植物修复后，恢复到污染较低的水平，继续作为土壤使用。

植物修复技术就是以植物忍耐和超量累计某种或某些化学元素的理论为基础，利用植物及其共存微生物体系清除环境中的污染物的环境治理技术。

植物修复技术包括利用植物超积累或积累性功能的植物吸取修复、利用植物根系控制污染扩散和恢复生态功能的植物稳定修复、利用植物代谢功能的植物降解修复、利用植物转化功能的植物挥发修复、利用植物根系吸附的植物过滤修复等技术。

可被植物修复的污染物有重金属、农药、石油和持久性有机污染物、炸药、放射性核素等。其中，重金属污染土壤的植物吸取修复技术在国内外都得到了广泛研究，已经应用于砷、镉、铜、锌、镍、铅等重金属以及与多环芳烃复合污染土壤的修复，并发展出包括络合诱导强化修复、不同植物套作联合修复、修复后植物处理处置的成套集成技术。这种技术的应用关键在于筛选具有高产和高去污能力的植物，摸清植物对土壤条件和生态环境的适应性。近年来，中国在重金属污染农田土壤的植物吸取修复技术应用方面，在一定程度上开始引领国际前沿研究方向。但是，虽然开展了利用苜蓿、黑麦草等植物修复多环芳烃、多氯联苯和石油烃的研究工作，但是有机污染土壤的植物修复技术的田间研究还很少，对炸药、放射性核素污染土壤的植物修复研究则更少。

微生物能以有机污染物为唯一碳源和能源或者与其他有机物质进行共代谢而降解有机污染物。利用微生物降解作用发展的微生物修复技术是农田土壤污染修复中常见的一种修复技术。这种生物修复技术已在农药或石油污染土壤中得到应用。在中国，已构建了农药高效降解菌筛选技术、微生物修复剂制备技术和农药残留微生物降解田间应用技术；也筛选了大量的石油烃降解菌，复配了多种微生物修复菌剂，研制了生物修复预制床和生物泥浆反应器，提出了生物修复模式。近年来，开展了有机砷和持久性有机污染物如多氯联苯和多环芳烃污染土壤的微生物修复技术工作。分离到能将 PAHs 作为唯一碳源的微生物如假单胞菌属、黄杆菌属等，以及可以通过共代谢方式对 4 环以上 PAHs 加以降解的如白腐菌等。建立了细菌—真菌强化紫花苜蓿根际修复多环芳烃的技术和污染农田土壤的固氮植物—根瘤菌联合生物修复技术。总体上，微生物修复研究工作主要体现在筛选和驯化特异性高效降解微生物菌株，提高功能微生物在土壤中的活性、寿命和安全性，修复过程参数的优化和养分、温度、湿度等关键因子的调控等方面。微生物固定化技术因能保障功能微生物在农田土壤条件下种群与数量的稳定性和显著提高修复效率而受到青睐。通过添加菌剂和优化作用条件发展起来的场地污染土壤原位、异位微生物修复技术有：生物堆肥技术、生物预制床技术、生物通风技术和生物耕作技术等。运用连续式或非连续式生物反应器、添加生物表面活性剂和优化环境条件等可提高微生物修复过程的可控性和高效性。

植物—微生物联合修复技术是利用土壤—植物—微生物组成的复合体系来共同降解污染物，清除环境污染物的一种环境污染治理技术。植物生长时，通过根系提供了微生物旺盛的生活场所；反过来，微生物的旺盛生长，增强了对污染物的降解，促使植物有更加优越的生长空间，这样的植物—微生物联合体系就促进了污染物的快速降解、矿化。植物—微生物联合修复技术是生物修复研究的新领域，由于其具有利用太阳能作驱动力、能量消耗少、费用低廉、对环境的破坏小、可使用于大面积的污染治理等优点而受到广泛的关注。

11.5 在综合利用过程中技术壁垒与瓶颈

污染土综合利用中，目前的技术壁垒为热解析中热源来源及尾气处理。

热脱附是一种物理分离过程，通过加热使污染物变为气体从废物中分离出来，通过真空系统或载气将挥发出的有机污染物送入尾气处理系统。如果尾气中存在粉尘，先用除尘装置除尘后经活性炭吸附或冷凝回收，或经二次燃烧室或接触性催化氧化分解。加热系统分为两种：一种是无燃料的间接加热方式，如电热板；另一种是有燃料的加热方式，其又分为直接加热与间接加热两种。两种的区别是燃料燃烧的气体是否与挥发出的气体混合，两者混合为直接加热。根据热脱附装置的运行温度，热脱附过程分为高温热脱附（320～560℃）与低温热脱附（90～320℃）两种。

热脱附常用的热源有天然气、燃料油等，而污染场地多距离城市中心较远，热脱附产生的气体多为有机化合物，需要二次处理后才能排放。目前多采用二燃室燃烧的方式，需要消耗大量的热源。因此，热脱附的主要成本及技术攻关环节为热源来源及尾气处理。

11.6 解决途径及发展方向

解决污染土热解析热源来源可采用太阳能。

解决污染土热解析尾气可参照 VOCs 治理的设备，如蓄热式氧化炉（RTO）、微波、等离子处理设备等。

RTO（Regenerative Thermal Oxidizer），蓄热式氧化炉。其原理是把有机废气加热到760℃以上，使废气中的 VOC 在氧化分解成二氧化碳和水。氧化产生的高温气体流经特制的陶瓷蓄热体，使陶瓷体升温而“蓄热”，此“蓄热”用于预热后续进入的有机废气。从而节省废气升温的燃料消耗。陶瓷蓄热体应分成两个（含两个）以上的区或室，每个蓄热室依次经历蓄热—放热—清扫等程序，周而复始，连续工作。蓄热室“放热”后应立即引入适量洁净空气对该蓄热室进行清扫（以保证 VOC 去除率在95%以上），只有待清扫完成后才能进入“蓄热”程序。其废气分解效率达到99%以上，热回收效率达到95%以上。RTO 主体结构由燃烧室、陶瓷填料床和切换阀等组成。根据客户实际需求，选择不同的热能回收方式和切换阀方式。

参考文献

[1] 文兴，童莉，海热提．土壤污染物来源及前沿问题［J］，生态环境，2005，14（1）：1-5.

[2] 杜玉成，叶力佳，刘燕琴．硅藻土吸附重金属离子 Cd^{2+} 的动力学研究［J］．中国非金属矿工业导刊，2004，38（1）：38-40.

[3] 袁笛，王莹，李国宏，等．硅藻土吸附工业废水中汞离子的研究［J］．环境保护科学，2005，30（2）：27-29.

[4] 冯秀娟，王海宁，普红平．改性海泡石在环境污染治理中的应用［J］．环境污染治理技术与设备，2004，5（4）：80-83.

[5] 孙胜龙，龙振永，蔡保丰．非金属矿物修复环境机理研究现状［J］．地球科学进展，1999，13（5）：475-477.

[6] 梁媛，王晓春，曹心德．基于磷酸盐、碳酸盐和硅酸盐材料化学钝化修复重金属污染土壤的研究进展［J］．环境化学．2012（2），16-25.

[7] 李春萍，杨飞华，叶勇，等．重金属污染土烧制水泥模拟实验［J］．环境工程，2014，32（12）：91-94.

[8] 李春萍，朱延臣，叶勇，等．多环芳烃类有机污染土热解析实验［J］．环境工程，2015，33（1）：109-111.

[9] Bertocchi，A. F. Red mud and fly ash for remediation of mine sites contaminated with As，Cd，Cu，Pb and Zn［J］. Journal of Hazardous Materials，2006. 134：112-119.

[10] Cao X R，Ma LQ，Chen M，et al . Phosphate induced metal immobilization in a contaminated site［J］. Environ Poll，2003，122 ：19-28.

[11] Cao X R，Rhue D R，Chen S B，et a1. Mechanisms of lead，copper，and zinc retention by phosphate rock［J］. Environ Pollut，2004，131：435-444.

[12] Cheng T W，Lee M L，Ko M S，et al. The heavy metal adsorption characteristics on metakaolin-based geopolymer［J］. Applied Clay Science，2012，56：90-96.

[13] Ding Z，Dong B，Xing F，et al. Cementing mechanism of potassium phosphate based magnesium phosphate cement［J］. Ceramics International. 2012，38：6281-6288.

[14] EPA，A citizen' s guide to solidification/stabilization［J］，United States Environmental Protection Agency，2001，12.

[15] C. W. Gray，S. J. Dunham，P. G. Dennis，et al. Field evaluation of in situ remediation of a heavy metal contaminated soil using lime and red-mud［J］. Environmental Pollution，2006，142，530-539.

[16] He J，Zhang J，Yu Y，et al. The strength and microstructure of two geopolymers derivedfrom metakaolin and red mud-fly ash admixture：A comparative study［J］. Construction & Building Materials，2012，30：80-91.

[17] Hettiarachchi G. M.，Pierzynski G. M.，Ransom M. D.，In situ stabilization of soil lead using phosphorus［J］. J. Environ. Qual. 2001，30：1214 – 1221.

[18] Ma L Q，Ran G N. Aqueous Pb reduction in Pb-contaminated soil by Florida phosphate rocks［J］. Water Air Soil Pollut，1999，110：1-16.

[19] N. T. Basta，R. Gradwohl，K. L. Snethen，J. L. Schroder，Chemical immobilization of lead，zinc，and cadmium in smelter-contaminated soils using biosolids and rock phosphate［J］. J. Environ. Qual. 2001，30：1222 – 1230

[20] Pandey B，Kinrade S D，Catalan L J J . Effects of carbonation on the leachability and compressive strength of cement-solidified and geopolymer-solidified synthetic metal wastes［J］. Journal of Environmental Management，2012，101：59-67.

[21] Paola C，Laura S，Pietro M. Heavy metal immobilization by chemical amendments in a polluted soil and influence on white lupin growth［J］. Chemosphere，2005，60：365-371.

[22] Querol X, Alastuey A, Moreno N, et al. Immobilization of heavy metals in polluted soils by the addition of zeolite material synthesized from coal fly ash [J]. Chemosphere, 2006, 62: 171-180.

[23] Rao A J, Pagilla K R, Wagh A S. Stabilization and Solidification of Metal-Laden Wastes by Compaction and Magnesium Phosphate- [J]. Journal of the Air & Waste Management Association. 2000, 50: 1623-1631.

[24] Somna K, Jaturapitakkul C, Kajitvichyanukul P, et al. NaOH-activated ground fly ash geopolymer cured at ambient temperature [J]. Fuel, 2011, 90 (6): 2118-2124.

[25] Terzano R, Spagnuolo M, Medici L, et al. Copper Stabilization by Zeolite Synthesis inPolluted Soils Treated with Coal Fly Ash [J]. Environmental ence and Technology, 2005, 39 (16): 6280-6287.